新一代信息技术（网络空间安全）系列丛书

网络安全协议的形式化分析

付玉龙　曹　进　李　晖　蔺如嫣　编著

西安电子科技大学出版社

内 容 简 介

本书系统地讲解了利用形式化方法对网络协议及系统进行安全性分析的原理、流程和典型工具,结合科研实例深入浅出地介绍了形式化安全方法的范畴、类型和使用技巧。全书内容密切围绕国家安全战略需求,紧跟时代发展,是对多年来该领域的科学研究与工程实践中基本原理与共性技术的归纳总结。本书分为三个单元,共 8 章。第一单元(第 1~4 章)主要介绍网络协议形式化安全分析方法的相关基础知识,包括绪论、离散数学基础知识、密码学基础知识、协议工程与软件工程基础知识等内容,明确了采用形式化方法对计算机系统中网络协议和软件的安全性进行分析的主要步骤,以及形式化安全方法发展的历史和趋势。第二单元(第 5~7 章)主要介绍现有的网络协议形式化安全分析方法,系统地讲解了相关方法在确保通信协议和软件实现的安全性方面的关键应用,包括基于演绎推理和自动机模型的形式化安全方法和基于进程演算的形式化方法。第三单元(第 8 章)主要介绍通信软件安全性的形式化验证实例,展示了形式化方法在实际安全应用中的具体实施和效果。

本书适合作为高等院校网络空间安全、信息安全专业或其他相关专业本科生和研究生的教材,也可供相关领域的科研人员参考。

图书在版编目(CIP)数据

网络安全协议的形式化分析 / 付玉龙等编著. -- 西安 :西安电子科技大学出版社,2025. 4. -- ISBN 978-7-5606-7517-6

Ⅰ. TP393.08

中国国家版本馆 CIP 数据核字第 2025ES1337 号

策　　划　李惠萍
责任编辑　李惠萍
出版发行　西安电子科技大学出版社(西安市太白南路 2 号)
电　　话　(029) 88202421　88201467　　邮　编　710071
网　　址　www. xduph. com　　　　电子邮箱　xdupfxb001@163. com
经　　销　新华书店
印刷单位　陕西天意印务有限责任公司
版　　次　2025 年 4 月第 1 版　2025 年 4 月第 1 次印刷
开　　本　787 毫米×1092 毫米　1/16　印张 15.5
字　　数　365 千字
定　　价　42.00 元
ISBN 978-7-5606-7517-6
XDUP 7818001-1

＊＊＊ 如有印装问题可调换 ＊＊＊

前　言

密码学的发展为人们提供了保护隐私和保障通信安全的有力工具，然而，密码技术本身并不足以完全确保信息安全。如何正确、合理地使用密码，如何确保密码在应用中的有效性和安全性，这需要更深层次的理解和更高的智慧。1978 年，NSPK 协议（Needham-Schroeder Public Key Protocol）首次提出时，因其结构简洁且巧妙地运用了公钥密码技术而备受推崇。但仅三年后，该协议的安全漏洞即被形式化安全分析专家发现。这一事件表明，即使是被广泛认可的安全协议，也可能隐藏着潜在的安全风险，这一事例凸显了形式化安全分析的重要性。形式化安全分析方法及其相关的自动化验证工具为网络协议和复杂系统的安全性检测提供了可靠的技术支持。随着网络系统规模的不断扩大和复杂性的持续增加，安全漏洞检测的难度和重要性显著提升，而采用形式化分析方法可通过数学逻辑和形式化建模发现系统中的潜在问题，确保协议在严苛条件下的安全性和可靠性。形式化安全分析不仅对密码安全协议的设计至关重要，也为协议的实际系统实现提供了关键保障。

近年来，随着无线通信技术的飞速发展，适用于不同网络环境的密码安全协议层出不穷，而形式化安全分析方法也因此备受关注并得到广泛应用。例如，在物联网（IoT）环境中，研究人员利用 ProVerif 和 Tamarin 等形式化工具，成功识别并修复了物联网安全传输协议（如 CoAP 和 MQTT）中的潜在问题，从而显著提升了这些协议的安全性和鲁棒性。此外，形式化分析工具如 KEVM 和 Isabelle 等已被用于区块链中智能合约的代码逻辑分析，可帮助人们及时发现并修复潜在漏洞，避免因漏洞而导致的财产等损失。形式化方法在现代移动支付协议中的应用也取得了显著进展。研究人员利用形式化方法对 Apple Pay、Google Pay 等协议进行了深入分析，以确保用户信息的机密性和交易过程的完整性，并有效预防重放攻击和恶意中间人攻击。

本书以网络安全协议的形式化分析为主题，系统地介绍了相关的基础理论和方法。内容涵盖了形式化安全分析的数理基础、信息安全系统和网络协议的形式化建模方法、形式化安全规约的定义以及如何通过形式化验证工具进行安全性分析等内容。全书系统且详尽地阐述了形式化安全分析方法的应用范围、基本原理、主要类型和证明流程，并结合大量实例与实际应用中的问题，通过生动的案例帮助读者深入理解和掌握形式化安全验证的理论、方法和技巧，从而夯实读者利用代数逻辑推理和计算机软件进行安全性验证的能力，提升读者的科学研究水平，推动形式化安全分析方法在信息安全领域的实践应用。

本书在讲解形式化安全分析和密码安全协议的同时，特别注重融入课程思政内容，以帮助读者在掌握专业知识的过程中建立科学的安全观与责任意识。密码学不仅是保护个人隐私的技术手段，更是构筑国家信息安全屏障的关键技术，直接关系到国家的网络主权和社会的和谐稳定。在学习和研究密码学及形式化安全分析的过程中，读者可以理解和认识到个人隐私与国家信息安全的重要性，增强保障数据安全的使命感。此外，形式化安全分析强调严谨的逻辑思维和科学的推理方法，深入研究密码协议的安全性，可以培养读者严谨求实的科学态度，锻炼理性分析和批判性思维能力。这种能力不仅对信息安全领域至关重要，也将影响到其他专业领域的学习与工作，能够帮助读者成为具有高度社会责任感和严谨思维素养的专业人才。

  本书的编写历时一年有余，其间作者参考了大量的形式化方法书籍和科研论文资料，如清华大学出版社出版的《形式化方法导论》和科学出版社出版的《安全协议形式化分析与验证》等，获得了极大启发。因作者个人工作的缘故，书稿一度搁置半年多时间，后在出版社李惠萍老师的多次督促与协助下，作者克服诸多困难，最终完成了本书的编写。尽管作者力求内容周全，但限于时间仓促，书中难免存在不足之处，恳请读者不吝赐教，提出宝贵的意见和建议，以便进一步完善和提升。

作 者

2024 年 9 月于西安

目　录

第一单元　基 础 知 识

第三单元　形式化安全方法的综合应用

第一单元　基础知识

本书的第一单元将简要介绍形式化方法在网络空间安全中的重要作用，明确采用形式化方法对计算机系统中网络协议和软件的安全性进行分析的主要步骤，以及形式化方法发展的历史和趋势。

形式化方法是一个多学科交叉的方法，想要充分理解和运用形式化方法分析计算机系统软件和协议的安全性并不是一件容易的事情。一般来说，形式化方法涉及的基础知识主要包括以下几个领域：

（1）**逻辑学**。形式化方法的核心是逻辑推理，包括命题逻辑和谓词逻辑。逻辑学提供了一套严格的语法和推理规则，用于表达和验证命题的真伪。

（2）**数学基础**。形式化方法依赖于数学工具和概念，如集合论、图论、函数、概率论等，这些都是用于建模和分析系统行为的关键数学工具。

（3）**形式语言与自动机理论**。这一领域研究不同类型的形式语言和自动机模型，如有限自动机、上下文无关语法等，这些都是用于描述和分析算法及其计算性质的基本工具。

（4）**类型理论**。类型理论是一种强大的形式化框架，用于定义和推理计算对象的类型，并构建安全可靠的类型系统，以应用于编程语言、逻辑证明和形式化验证。

（5）**模型检测**。模型检测是自动验证系统模型是否满足某种规范（通常是临时逻辑公式）的技术。它广泛应用于硬件和软件系统的验证。

（6）**证明助理和定理证明**。这些工具用于构建和验证复杂的数学证明，支持逻辑推导和验证过程的自动化。

通过这些基础知识，形式化方法能够提供一种严格的分析和验证途径，帮助设计和验证复杂系统的正确性和安全性。这些方法在计算机科学、工程应用以及其他需要精确和可靠验证的领域都有广泛应用。为了方便读者快速熟悉相关基础知识，本单元将回顾一些与形式化方法直接相关的内容，已经完全掌握该部分知识的读者可以跳过本部分内容，从本书的第5章开始阅读。

第1章 绪 论

随着互联网的普及，人们越来越依赖网络来获取信息、存储数据和进行日常活动，如购物、聊天和转账。这种便捷性虽然大大丰富了人们的生活，但也带来了双刃剑的效应。在这个虚拟世界中，个人信息的泄露、数据篡改和网络攻击已成为现实威胁，这些问题不仅影响个人的经济安全，还可能威胁到国家的政治、经济和军事安全。网络的开放性和不可预见性导致用户难以辨别接收到的数据是否具有恶意，使得网络安全问题更为复杂，迫切需要解决。

本章将深入探讨形式化方法在网络安全领域中的应用，从而提供一个系统性的视角来理解和解决这些复杂的安全问题。具体而言，本章内容主要包括三个部分，即形式化安全方法概述、通信安全中的形式化方法与软件安全中的形式化方法。通过对这三部分内容的深入讨论，为读者提供一套全面的工具和策略，用于加强网络和软件系统的安全性，从而有效抵御日益复杂的网络威胁。

1.1 形式化安全方法概述

网络空间通常是指通过数字通信网络连接起来的虚拟环境。这个概念最初是由威廉·吉布森在其1984年的科幻小说《神经漫游者》中提出的。在现实世界中，网络空间涵盖了所有通过互联网进行的交互和活动，包括网站、社交媒体、在线服务以及所有通过网络传输的信息。随着5G/6G、云计算、AR/VR、人工智能等信息技术的不断发展，信息物理系统逐步打破了物理世界的边界，使得信息虚拟空间与物理现实空间相互交融，网络空间逐步与现实空间重叠、融合，并成为人们日常生产和生活中不可或缺的关键一环。然而，近年来，随着技术发展和国际局势的变化，网络空间上的攻防对抗事件频发，网络空间安全受到严重挑战：2006年"震网"(Stuxnet)病毒奇袭伊朗核电站，成为首个攻击真实世界基础设施的病毒；2015年黑客攻击了乌克兰电网，造成其停电长达6小时，直接影响超过20万居民的生产生活；2017年WannaCry勒索病毒影响了全球至少150个国家的20万台计算机；2023年英国选举委员会的系统被黑客攻击，导致约4000万选民的个人信息泄露；等等。这些网络空间中真实发生的事件都折射出网络空间安全防御的重要性。网络空间安全成为当今社会无法逃避的话题之一，网络空间已经成为继陆、海、空、天之外的第五疆域。

2014年，习近平总书记在中央网络安全和信息化领导小组第一次会议上指出："没有网络安全就没有国家安全，没有信息化就没有现代化。"建设网络强国，要有自己的技术，有过硬的技术，要有高素质的信息安全和信息化人才队伍。然而，网络空间是一个复杂、宏大的概念，如何保护网络空间的安全是一个持续发展的困难问题，它会随着问题空间的复杂变得更加复杂。一般而言，在相对成熟和完善的信息安全的研究中，往往通过 CIA 三个维度，即机密性(confidentiality)、完整性(integrity)和可用性(availability)来界定信息系统的安全性，并进一步指导软件、硬件和通信等不同领域上的安全内容(见图 1-1)。随着网络空间安全技术的不断发展，人们可能会听到一些耳熟能详的与网络安全相关的概念，如密码学、隐私保护、访问控制、入侵检测等，与之相关的技术通过保障不同侧面的安全性，最终实现对软件、硬件、系统、网络等的安全防护。然而，在网络空间中，随着信息技术与物理空间的融合，涉及安全的场景越来越丰富，新的加密方法、加密机制、安全协议、安全策略等被不断地提了出来，面对如此多的密码安全协议和通信协议，应该如何确定这些给定的协议或策略是安全的呢？一般而言，我们需要对所提方案的安全性进行证明。而形式化方法就是一种应用较为广泛的面向安全协议和通信系统的安全性证明方法，通过使用形式化方法可以对所提出的协议、系统、软件产品等的安全性进行证明。

图 1-1 CIA 用于信息安全研究

近年来，形式化方法受到来自国内外计算机学术界越来越多的重视。欧洲设有专门的形式化方法组织 FME(Formal Method Europe)；美国计算机学会在 2014 年成立了 SIGLOG(Special Interest Group on Logic and Computation)，涵盖计算机逻辑、自动机理论、形式语义和程序验证等方向；中国计算机学会在 2015 年成立了形式化专业组，2018 年成立了形式化方法专业委员会。形式化方法还成功应用于各种硬件设计，特别是芯片设计。IBM、Intel、AMD 和华为等各大制造商都设有专门的形式化方法团队，为保障系统的可靠性提供技术支持。由于形式化方法能够有效保证计算机软硬件系统和计算机通信系统的正确性与可靠性，因此许多国际标准化组织也将形式化方法列为保证安全攸关(safety-critical)系统必备的技术手段。形式化方法受到国内外行业越来越多的重视，使得用形式化方法验证软硬件产品的安全性和可靠性逐渐成为各行各业的首要选择。

本书编纂的目的是通过系统地讲解形式化方法相关的基础理论、内涵和外延知识，帮助读者梳理并掌握与安全协议分析和系统安全分析相关的形式化安全分析方法，为成为一名网络空间安全人才打好坚实的基础。由于篇幅和能力限制，下面仅对通信安全和软件安全这两个主要应用方向中的形式化方法进行简单介绍。

1.2 通信安全中的形式化方法

通信安全是指在信息传输过程中保护通信内容和通信参与者安全性的一系列措施和技术。在信息通信的过程中，为了确保不同设备或系统之间能够正确地进行通信和交换信息，信息交互的双方需要使用一致或相容的通信协议，这些通信协议定义了数据在网络中传输的格式和规范、数据的传输方式和控制机制、错误检测和纠正的机制等，包括数据的组织方式、编码规则、传输顺序，以及数据的分段、重传和流量控制等内容。通过遵循通信协议，发送方和接收方能够按照相同的规则解析和处理数据，确保数据能够正确地交换和理解，确保数据能够可靠传输，减少数据丢失和错误，提高传输效率和稳定性。为了确保通信协议设计及其实现的安全性，协议的形式化分析技术被提了出来。

通信协议的概念最早是由英国国家物理实验室（National Physical Laboratory，NPL）的 R. A. Scantlebury 和 K. A. Bartlett 在一份备忘录中提出的，他们将"协议"（protocol）一词用于描述数据通信过程，并给出"协议是分布式系统进行信息交换时的一种约定，协议应按语言的方式进行定义"。基于他们的观点，网络通信协议就是一种具有规定文法、语法和语义的语言，其中文法给出了有效信息的精确格式，语法描述了数据交换的规则，语义规定了可交换信息的词汇及其含义。随着技术的发展，网络、通信系统的复杂性增加了协议的复杂性和描述的难度，人们必须借助一种语言或一种技术来准确地描述协议。这种语言不能是自然语言，虽然自然语言具有方便、易懂的特点，但是其语法、语义上的不严格、不精确、有二义性、结构不好、没有描述标准等缺陷使得不同的人对协议描述的理解不一样，容易导致不同协议之间不能实现互联，甚至还会得出错误的协议，并且由自然语言定义的通信协议很难进行协议验证、协议实现和测试的自动化。为了解决上述问题，形式化描述技术（Formal Description Techniques，FDT）应运而生。

使用 FDT 分析通信协议的安全性一般包含以下三个步骤：

（1）**形式化建模**。为要验证的系统建立一个数学模型，用精确可靠的方式将要验证的系统抽象成数学模型来表达，从而去掉不重要的细节，便于简单有效地推理。

（2）**形式化规约**。利用建立的数学模型将系统所要求的性质规约表述，便于形式化推导和验证。

（3）**形式化验证**。在建立的数学模型中推理说明系统的性质是否满足，最好推理过程可以自动化。

通过 FDT 提供的简洁而准确的形式化词法、语法和语义结构，通信协议的过程可以得到精确、高效和规范化的描述，但是这样仅仅解决了通信协议的描述问题，要实现对通信协议的安全性的描述和分析，还需要模拟网络攻击的情况。针对这一点，基于形式化方法，人们提出了不同强度的攻击者模型。一般而言，通常将通信网络上可能出现的攻击分为被动攻击(通过非法手段窃取通信信息,获得通信内容)和主动攻击(通过对通信系统进行非法修改、重放等手段,达到窃听和干扰的目的)。1983 年 Dolev 和 Yao 提出了著名的 Dolev-Yao 攻击者模型。他们在不考虑攻击者的计算能力和资源限制,并假定密码算法是安全的基础上,研究认证协议的安全性,提出了攻击安全协议的攻击者模型,认为攻击者具有的能力应包括以下几个方面:

- 可以窃取在网络上通信的消息;
- 可以阻止和截获所有经过网络的消息;
- 可以存储所获得的消息或自身制造的消息;
- 可以根据存储的消息伪造消息并发送消息;
- 可以作为合法的主体参与协议的运行。

除此之外,在对密码通信协议进行安全性分析时,一般认为攻击者还需具备以下能力:

- 熟悉各种密码算法及与密码学相关的知识和能力;
- 熟悉协议参与主体的标识和公钥;
- 具备密码分析能力;
- 具备各种可以利用的攻击方法。

通过形式化方法,在将通信协议的过程和网络场景中出现的攻击者模型进行形式化描述后,通过形式化规约和形式化验证即可实现对通信过程中的安全协议的分析与验证。

协议的形式化分析技术已经有 40 多年的历史,并日趋成熟。随着 5G/6G 网络、车联网、物联网等技术的发展,安全协议面临着新的威胁,电子商务、多方通信、匿名通信和拒绝服务等问题的出现对安全协议设计与分析提出了更高的要求。随着网络环境愈加开放、攻击者能力不断增强和新型协议不断增多,形式化分析方法也在不断地发展。针对安全协议的形式化分析方法主要有如下几种:

(1) **基于逻辑推理的分析方法**。基于逻辑推理的形式化分析方法是一种常用的信息安全协议分析方法,它使用数学逻辑和形式化方法来对协议的安全性进行推理和验证。常见的逻辑推理类形式化方法有 BAN 逻辑、GNY 逻辑、SVO 逻辑、AT 逻辑、AUTOLOG 逻辑、WK 逻辑、Kailar 逻辑等。

(2) **基于模型检测的分析方法**。基于模型检测的形式化安全分析方法是一种常用的信息安全协议分析方法,它通过建立协议的形式化模型,并使用模型检测工具对模型进行自动化验证,以发现协议中的安全漏洞和攻击路径。常见的基于模型检测的形式化分析方法有基于 FSM 类的模型检测、基于 PetriNet 类的模型检测、基于时序逻辑类的模型检测等。

(3) **密码学可证明的安全性分析方法**。基于密码学可证明的安全性分析方法是一种常用的信息安全分析方法,它通过使用密码学的理论和技术,形式化地证明协议、算法或系统的安全性。这种方法通常是通过构建一个形式化的模型,利用安全规约将待解决的问题划归为困难问题,并使用密码学技术,如零知识证明、模拟器、红蓝模型、预言机模型等,来证明系统在安全模型下满足安全属性。

1.3 软件安全中的形式化方法

随着技术的发展，软件已经渗透到国家的经济、国防以及日常生活的每一个角落。特别是在核反应堆控制、航空航天和铁路调度等关键领域，软件的可靠性直接关系到公共安全和国家安全。历史上一些重大的安全事故，如阿丽亚娜 5 号火箭的发射失败和诺基亚软件的故障，都强调了强化软件安全的紧迫性。此外，软件漏洞的不断增加，加之越来越复杂的攻击手段，更是对软件安全提出了新的挑战。为了回应这些挑战，本节将详细介绍软件安全的重要性、面临的挑战以及为解决这些问题而发展的各种技术。

1.3.1 软件安全的重要性与漏洞历史案例

软件的可靠性已成为国家经济与国防系统正常运转的关键因素之一。在核反应堆控制、航空航天以及铁路调度等重要领域，这种需求尤为明显。这些关键系统要求具有绝对的安全性和可靠性，任何疏漏都可能导致灾难性的后果。例如，1996 年 6 月 4 日，欧洲航天局耗资 80 亿美元的阿丽亚娜 5 号火箭发射升空仅 37 秒后便爆炸。调查显示，主发动机启动后制导和姿态信息完全丢失，这是由于惯导制导系统软件的规约和设计错误所致。2000 年 10 月，诺基亚软件中的一个错误导致德国一家移动电话公司的通信服务中断超过 3 个小时。类似事件在战争环境下的后果将更加严重，因此如何保障这些系统的安全性和可靠性成为计算机科学与控制论领域共同关注的焦点。

软件可靠性主要取决于两个方面：一是软件开发的方法与过程；二是软件产品的测试与验证。为了从根本上保证软件系统的可靠安全，包括图灵奖得主 A. Pnueli 在内的许多计算机科学家都认为，采用形式化方法（formal methods）对系统进行验证和分析，是构造安全可信软件的一个重要途径。

1.3.2 软件漏洞的挑战与统计

软件安全问题涉及的方面较为广泛，并且针对不同的软件安全问题，应对措施也有所不同。引起软件安全问题主要有两个方面的原因：一是软件自身存在漏洞；二是来自软件外部的安全威胁。虽然软件安全问题在软件的开发过程中已经得到一定的关注，但不可避免地仍然存在一些很容易被开发人员忽视的软件漏洞。据统计，大多数成功的攻击都针对并利用已知的、未修补的软件漏洞和不安全的软件配置，这些软件安全问题在软件的设计和开发过程中出现。因此，只要存在软件漏洞，就有可能被利用，并且随着软件运行的环境变得越来越复杂，软件就会面临越来越多的外部安全威胁。

软件漏洞是当前软件安全面临的最大挑战。软件漏洞是指软件在设计、开发、使用过程中，以及配置管理策略方面存在的缺陷，可能会使攻击者在未授权的情况下访问或破坏系统。比较常见的软件漏洞大致可分为缓冲区溢出漏洞、整数溢出漏洞、逻辑漏洞等。软件漏洞在概念上与传统软件缺陷不同，软件漏洞标示着软件功能被滥用。换句话说，软件漏洞允许使用超出系统预期的软件功能，从而增加恶意滥用软件功能的风险。软件漏洞也可以被视为攻击者可以发现的隐藏特征。而其他的传统软件缺陷表现为函数功能缺失、不足或不正确。软件漏洞属于一类软件缺陷，可以归类为软件安全方面的缺陷。每个月，成千上万的此类漏洞都会报告给公共漏洞和暴露（Common Vulnerabilities & Exposures，CVE）数据库。根据 CVE 数据库发布的统计数据，1999 年发现的软件漏洞数量达到 1600个，而截至 2022 年，CVE 和国家漏洞数据库（National Vulnerability Database，NVD）涵盖的软件漏洞数量超过 176000 个。在开发人员编写补丁之前，每个软件漏洞都代表着一种威胁。

1.3.3 软件安全技术与形式化方法的发展

为提高软件安全性，目前主流的技术包括软件安全形式化验证、符号执行、污点分析和软件漏洞发掘技术。其中，形式化指的是分析、研究思维形式结构的方法。软件安全形式化验证能够对程序的状态空间进行穷尽式搜索。不同于测试、模拟和仿真技术，它可以用于找到并根除软件设计的错误，并可以在特定条件下验证软件是否有设计缺陷。通过将高效且灵活的布尔逻辑表达以及一组精妙的数据结构和搜索策略相结合，形式化验证能够验证包含成百上千个变量的函数。当前，形式化验证方法分为定理证明和模型检测两种。符号执行技术是指不为程序中的变量赋予具体值，而用符号变量代表程序变量，模拟程序的执行过程。符号执行技术的基本思想是使用符号变量代表具体值作为程序或函数的参数，并模拟执行程序中的指令，各指令的操作都是基于符号变量进行的，使用符号和常量组成的表达式来标示操作数，程序计算的输出被表示为输入符号值的函数，根据程序的语义，遍历程序的执行空间。

软件形式化方法最早可追溯到 20 世纪 50 年代后期对于程序设计语言编译技术的研究，即 Backus 提出巴克斯范式（BNF）作为描述程序设计语言语法的元语言，使得编译系统的开发从"手工艺制作方式"发展成具有牢固理论基础的系统方法。20 世纪 60 年代，Floyd 提出的不变式断言和 Hoare 提出的公理化方法都是用数学方法来证明程序的正确性。20 世纪 80 年代，Dolev 等开发了一系列的多项式时间算法，用于分析一些协议的安全性。Dolev 和 Yao 还提出了多个协议并行执行环境的形式化模型，模型中包括一个可获取、修改和删除信息并可控制系统合法用户的入侵者，成功地找到了协议中未被人工分析发现的漏洞。1989 年 Burrows 等提出 BAN 逻辑，引起了人们广泛的关注。BAN 逻辑的规则十分简洁、直观，易于使用。BAN 逻辑成功地对 NS、Kerberos 等几个著名的协议进行了分析，并找到了其中已知的和未知的漏洞。BAN 逻辑的成功，激发了研究者对于安全协议形式化分析的兴趣，许多安全协议形式化分析方法在此影响下接连产生。1996 年 Brackin 推广了 GNY 逻辑，并给出了该逻辑的高阶逻辑 HOL 理论，之后利用 HOL 理论自动证明在该系统内与安全相关的命题，并首次把递归神经网络运用到定理证明问题上。2000 年Denker 和 Millen 开发的 CAPSL（Common Authentication Protocol Specification Language）为协议形式化分析工具提供了通用说明语言，标志着不同形式化分析技术的日趋成熟。

针对软件的安全性检测，有时也称为程序的正确性证明。早期的形式化方法（20 世纪60～70 年代）主要研究如何使用数学方法，严格证明串行程序的正确性（也称程序验证）。对一个串行程序来说，传统的测试方法，即对程序输入数据的某一子集，用人工复算的简单过程进行验证，然而这最多只是验证了程序正确的必要条件而不是充分条件。正如荷兰计算机科学家 E. W. Dijkstra 所言,"测试只能表明程序中存在错误,而不能表明程序中没有错误"。1969 年,英国计算机科学家 C. A. R. Hoare 将 Floyd 归纳断言法形式化,首次提出程序验证的公理系统,称为 Hoare 逻辑公理化方法。该方法建立了程序语言的公理语义学,奠定了程序正确性研究的理论基础。20 世纪 70 年代以来出现了各种基于谓词(断言)逻辑演算的程序证明方法,如 E. W. Dijkstra 于 1975 年在前后断言法的基础上提出的最弱前置条件方法等。

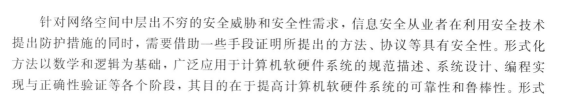

本 章 小 结

针对网络空间中层出不穷的安全威胁和安全性需求,信息安全从业者在利用安全技术提出防护措施的同时,需要借助一些手段证明所提出的方法、协议等具有安全性。形式化方法以数学和逻辑为基础,广泛应用于计算机软硬件系统的规范描述、系统设计、编程实现与正确性验证等各个阶段,其目的在于提高计算机软硬件系统的可靠性和鲁棒性。形式化方法在网络空间安全中的应用是多方面的,归纳起来主要包括以下几个方面:

(1)**协议验证**。形式化方法可以用来验证各种网络协议的安全性,确保它们能够抵抗不同类型的攻击。通过构建协议的数学模型并进行严格的逻辑推理,研究者能够发现和修复潜在的安全漏洞。

(2)**软件验证**。使用形式化方法来分析和验证软件代码的正确性和安全性。这包括静态分析技术,可以在软件运行前识别潜在的安全漏洞,如缓冲区溢出或权限控制错误。

(3)**系统安全性分析**。形式化方法可以应用于整个系统的安全性分析,包括操作系统、网络架构和云计算环境。通过形式化建模,可以验证系统设计的健壮性和抵抗特定威胁的能力。

(4)**密码学应用**。在密码学领域,形式化方法用于证明加密算法和协议的安全性。例如,可以通过形式化证明来确保加密协议不会泄露关键信息,以及它们对抗攻击者的能力。

(5)**自动化测试和验证**。形式化方法能够支持自动化测试工具的开发,这些工具可以自动识别并报告系统中的安全漏洞。这种自动化过程可以显著提高安全测试的效率和覆盖范围。

形式化方法的这些应用,通过提供精确的验证和分析手段,极大地增强了网络空间的安全性和可靠性。这些技术尤其在高安全性要求的领域,如军事、政府通信和金融服务等,发挥着关键作用。

本 章 习 题

1. 简述形式化方法在网络空间安全中的应用场景。
2. 利用形式化方法分析通信协议的安全性的主要步骤有哪些?
3. 简述软件安全中使用形式化方法进行分析的典型应用场景。

第 2 章　离散数学基础知识

离散数学是一门研究离散对象及其关系的数学学科。它包括集合论、图论、逻辑和关系等多个分支，广泛应用于计算机科学、信息论、网络通信等领域。离散数学与形式化方法之间有着密切的关系，特别是在计算机科学和网络空间安全领域中。离散数学提供了形式化方法所需的数学工具和理论基础，使得形式化方法在应用中更为精确和有效。例如，离散数学中介绍的数理逻辑，如命题逻辑和谓词逻辑，是形式化方法中证明软件和硬件系统正确性的基础，这些逻辑工具用于构建系统的规格说明和验证这些规格的正确性；集合论理论也广泛用于形式化方法中，特别是在数据结构的建模、系统状态的描述以及复杂性理论分析中；图论被用来描述和分析系统组件之间的关系和交互；关系和函数概念被用于定义和操作系统组件之间的接口及其相互作用，这对于设计与验证通信协议和交互系统至关重要。离散数学中的一些基础知识和概念不仅支持了形式化方法的理论发展，也直接影响了其实际应用的效率和有效性。在网络空间安全领域，运用这些理论和技术可以更好地设计安全的系统和协议，以及验证现有系统的安全性。

本章将介绍形式化方法所需要的离散数学的基本知识，具体包括数理逻辑、集合论、代数结构、图论等内容，以帮助读者了解这门学科的基本知识。

2.1　数　理　逻　辑

逻辑是研究推理的学科，是形式化方法中证明软件和硬件系统正确性的基础。这些逻辑工具用于构建系统的规格说明和验证这些规格的正确性。逻辑一般而言可分为形式逻辑和辩证逻辑。数理逻辑是用数学的方法研究形式逻辑的一门学科，也就是用数学方法研究推理科学。所谓数学方法，主要是指引进一套符号体系的方法，因此数理逻辑又叫符号逻辑。现代数理逻辑有四大分支，即证明论、模型论、递归论和公理化集合论。数理逻辑研究的中心是推理，而推理的基本要素是命题，所以数理逻辑也称命题逻辑，要研究命题逻辑的符号化体系，需要从命题开始。

2.1.1　命题逻辑与安全断言

在命题逻辑中，断言是一种表达式，用来声明一个事实或命题的真假，一个命题是一个或真或假而不能两者都是的断言。例如，"今天是晴天。"是一个简单断言，描述了一个单一的观察或状态，可以直接验证其真实性；"如果今天是晴天，那么我将去跑步。"是一个复合断言。如果命题是真，那么它的真值为真；如果命题为假，那么它的真值为假。一般情况，我们可以用真值表来表示一个命题的结果。

若一个命题已不能分解成更简单的命题，则这个命题叫作**原子命题**或**本原命题**。原子命题可相互拼接构造出更加复杂的命题。由已有的命题构造出新命题所用的词语就是联结词，它就是命题逻辑中的运算符，叫作逻辑运算符或逻辑联结词。常见的逻辑运算符有否定、且、或、如果……则……、当且仅当、要么……要么……6 种，其定义表述如下。

定义 2-1　设 P 为一命题，则 P 的**否定**记作 $\neg P$，叫作 P 的否定。

否定的真值表如表 2-1 所示。

定义 2-2　设 P 和 Q 为命题，P、Q 的**合取**即命题"P 并且 Q"，记作 $P \wedge Q$。当 P 和 Q 都为真时，$P \wedge Q$ 命题为真，否则为假。

合取的真值表如表 2-2 所示。

表 2-1　否定真值表

P	$\neg P$
0	1
1	0

表 2-2　合取真值表

P	Q	$P \wedge Q$
0	0	0
0	1	0
1	0	0
1	1	1

定义 2-3　设 P 和 Q 为命题，P、Q 的**析取**即命题"P 或 Q"，记作 $P \vee Q$。当 P 和 Q 都为假时，$P \vee Q$ 命题为假，否则为真。

析取的真值表如表 2-3 所示。

定义 2-4　设 P 和 Q 为命题，P 和 Q 的**异或**（记作 $P \oplus Q$）是指当 P 和 Q 中恰好有一个命题为真时，$P \oplus Q$ 命题为真，否则为假。

异或的真值表如表 2-4 所示。

表 2-3　析取真值表

P	Q	$P \vee Q$
0	0	0
0	1	1
1	0	1
1	1	1

表 2-4　异或真值表

P	Q	$P \oplus Q$
0	0	0
0	1	1
1	0	1
1	1	0

定义 2-5　设 P 和 Q 为命题，那么"P **蕴含** Q"也是命题，记为 $P \rightarrow Q$，称为蕴含式。运算对象 P 叫作前提、假设或前件，而 Q 叫作结论或后件。

蕴含的真值表如表 2-5 所示。

定义 2-6　设 P 和 Q 为命题，那么"P **等值于** Q"也是命题，记为 $P \leftrightarrow Q$，称为等值式。

等值的真值表如表 2-6 所示。

表 2-5　蕴含真值表

P	Q	$P \rightarrow Q$
0	0	1
0	1	1
1	0	0
1	1	1

表 2-6　等值真值表

P	Q	$P \leftrightarrow Q$
0	0	1
0	1	0
1	0	0
1	1	1

给定命题 $P \rightarrow Q$，通常把 $Q \rightarrow P$，$\neg P \rightarrow \neg Q$，$\neg Q \rightarrow \neg P$ 分别叫作命题 $P \rightarrow Q$ 的逆命题、反命题、逆反命题。

2.1.2　命题逻辑的推理理论

所谓推理，是指从一组前提合乎逻辑的命题推理出结论命题的过程。通常用命题公式来表达前提和结论。

P，$P \rightarrow Q$ 推得 Q，所对应的永真蕴含式为 $P \wedge (P \rightarrow Q) \Rightarrow Q$，从这个永真蕴含式可看出，它正是代表"若 P 并且 $P \rightarrow Q$ 是真，则 Q 是真"的意义，这里 P 和 Q 表示任意命题。所以，它恰好代表前面的推理规则。这条推理规则称为假言推理，从形式上看结论 Q 是从 $P \rightarrow Q$ 中分离出来的，所以又叫分离规则。它是推理规则中最重要的一条。表 2-7 列出了常用的推理规则。

表 2-7　常用的推理规则

推 理 规 则	重 言 式 形 式	名　字
$\dfrac{P}{\text{所以 } P \vee Q}$	$P \Rightarrow P \vee Q$	加法式
$\dfrac{P \wedge Q}{\text{所以 } P}$	$P \wedge Q \Rightarrow P$	简化式
$\dfrac{P \rightarrow Q}{P}$ 所以 Q	$P \wedge (P \rightarrow Q) \Rightarrow Q$	假言推理
$\dfrac{\neg Q}{P \rightarrow Q}$ 所以 $\neg P$	$\neg Q \wedge (P \rightarrow Q) \Rightarrow \neg P$	拒取式
$\dfrac{P \vee Q}{\neg P}$ 所以 Q	$(P \vee Q) \wedge \neg P \Rightarrow Q$	析取三段论
$\dfrac{P \rightarrow Q}{Q \rightarrow R}$ 所以 $P \rightarrow R$	$(P \rightarrow Q) \wedge (Q \rightarrow R) \Rightarrow P \rightarrow R$	前提三段论
$\dfrac{P}{Q}$ 所以 $P \wedge Q$	—	合取式
$\dfrac{(P \rightarrow Q) \wedge (R \rightarrow S)}{P \vee R}$ 所以 $Q \vee S$	$(P \rightarrow Q) \wedge (R \rightarrow S) \wedge (P \vee R) \Rightarrow Q \vee S$	构造性二难推理
$\dfrac{(P \rightarrow Q) \wedge (R \rightarrow S)}{\neg Q \vee \neg S}$ 所以 $\neg P \vee \neg R$	$(P \rightarrow Q) \wedge (R \rightarrow S) \wedge (\neg Q \vee \neg S) \Rightarrow \neg P \vee \neg R$	破坏性二难推理

定义 2-7　若 $H_1 \wedge H_2 \wedge \cdots \wedge H_n \Rightarrow C$，则称 C 是 H_1，H_2，$\cdots$，H_n 的有效结论。

推理规则如下：

（1）规则 P（称为前提引用规则）：在推导的过程中，可以随时引入前提集合中的任意一个前提。

（2）规则 T（称为逻辑结果引用规则）：在推导的过程中，可以随时引入公式 S，公式 S 是由其前面一个或者多个公式推导出来的逻辑结果。

（3）规则 CP（称为附加前提规则）：若能从给定的前提集合 Γ 与公式 P 推导出 S，则能从前提集合 Γ 推导出 S。

（4）所有的推理定律构成相应的推理规则（I）。

例 2-1 若 a 是奇数，则 a 不能被 2 整除；若 a 是偶数，则 a 能被 2 整除，因此若 a 是偶数，则 a 不是奇数。

符号化 p：a 是奇数。q：a 是偶数。r：a 能被 2 整除。

前提：$p \rightarrow \neg r$，$q \rightarrow r$。结论：$q \rightarrow \neg p$。

证明：
① $p \rightarrow \neg r$	前提引入	P
② $\neg p \vee \neg r$	①置换	T①E
③ $\neg r \vee \neg p$	②置换	T②E
④ $r \rightarrow \neg p$	③置换	T③E
⑤ $q \rightarrow r$	前提引入	P
⑥ $q \rightarrow \neg p$	④⑤假言三段论	T④⑤I

需要强调的是，引入依据只需要写出其中一种即可，显然用汉字描述时，需要知道推理定理的具体名称，而用字母表示时，则所有的推理定理均用 I 表示，所以用字母表示会简单些，后面主要用字母表示。

例 2-2 "如果下雨，春游就改期；如果没有球赛，春游就不改期，结果没有球赛，所以没有下雨"，证明这是有效的论断。

符号化 A：天下雨。B：春游改期。C：没有球赛。

前提：$A \rightarrow B$，$C \rightarrow \neg B$，C。结论：$C \Rightarrow \neg A$。

证明：
① $A \rightarrow B$		P
② $C \rightarrow \neg B$		P
③ $B \rightarrow \neg C$		T②E
④ $A \rightarrow \neg C$		T①③I
⑤ $C \rightarrow \neg A$		T④E
⑥ C		P
⑦ $\neg A$		T⑤⑥I

2.1.3 一阶逻辑

在考察、研究命题和推理时，为了研究本质性的问题，有必要对简单命题作进一步分析，分析出其中的主词、谓词等，并考虑到一般和个别、全称和存在，研究它们的形式结构、逻辑性质及其之间的逻辑关系，从而总结出正确的推理形式和规则。这部分内容就是一阶逻辑所研究的内容。

一阶逻辑也称谓词逻辑、一阶谓词逻辑，允许量化陈述公式，是适用于数学、哲学、语言学及计算机科学中的一种形式系统。不同于命题逻辑只处理简单的陈述命题，一阶逻辑还额外包含了谓词和量词，下面介绍谓词和量词。

1. 谓词

断言像是一个会传回真或伪的函数。例如，"苏格拉底是哲学家""柏拉图是哲学家"。在命题逻辑中，这两句被视为两个不相关的命题，简单标记为 P 及 Q。然而，在一阶逻辑中，这两句可以使用谓词以更相似的方法来表示。其断言为 $P(x)$，表示 x 是哲学家。因此，若 s 代表苏格拉底，则 $P(s)$ 为第一个命题；若 b 代表柏拉图，则 $P(b)$ 为第二个命题。一阶逻辑的一个关键要点在此可见：字串"P"为一个语法实体，通过判断某个对象是否为哲学家来赋予其语义。一个语义的赋予称为解释。

对此通常把"苏格拉底""柏拉图"叫作个体，代表个体的变元叫作个体变元。刻画个体性质或几个个体间关系的模式叫作谓词。例如，"是哲学家"就是谓词。

2. 量词

为了表达全称判断和特称判断，有必要引入量词。量词有两个，即全称量词和存在量词。

1）全称量词

$\forall x$ 读作"对一切 x"或"对任一 x"，其中 $\forall$ 为全称量词，x 标记 $\forall$ 所作用的个体变元。

$\forall x P(x)$ 表示"对一切 x，$P(x)$ 是真"。

$\forall x \neg P(x)$ 表示"对一切 x，$\neg P(x)$ 是真"。

$\neg \forall x P(x)$ 表示"并非对一切 x，$P(x)$ 是真"。

$\neg \forall x \neg P(x)$ 表示"并非对一切 x，$\neg P(x)$ 是真"。

2）存在量词

$\exists x$ 读作"存在一 x""对某些 x"，其中 $\exists$ 为存在量词，x 标记 $\exists$ 所作用的个体变元。它的意思是肯定存在一个，但不排斥多于一个。

$\exists x P(x)$ 表示"存在一 x 使 $P(x)$ 是真"。

$\exists x \neg P(x)$ 表示"存在一 x 使 $\neg P(x)$ 是真"。

$\neg \exists x P(x)$ 表示"至少存在一 x 使 $P(x)$ 是真，并非这样"。

$\neg \exists x \neg P(x)$ 表示"至少存在一 x 使 $\neg P(x)$ 是真，并非这样"。

在谓词 $P(x)$，$Q(x,y)$，…前加上全称量词 $\forall x$ 或存在量词 $\exists x$，表示变元 x 被全称量化或存在量化。

3. 自由变元与约束变元

量词之后最小的子公式叫作量词的辖域，例如：

（1）$\forall x P(x) \rightarrow Q(x)$。

（2）$\exists x (P(x,y) \rightarrow Q(x,y)) \vee P(y,z)$。

$\forall x$ 的辖域是 $P(x)$，$\exists x$ 的辖域是 $(P(x,y) \rightarrow Q(x,y))$，辖域不是原子公式，其两侧

必须有括号，否则不应有括号。

在量词 $\forall x$、$\exists x$ 的辖域内变元 x 的一切出现叫约束出现，称这样的 x 为**约束变元**。

在一个公式中，变元的非约束出现叫作变元的自由出现，称这样的变元为**自由变元**。

4. 谓词逻辑的推理规则

谓词逻辑是一种比命题逻辑范围更为广泛的形式语言系统，命题逻辑中所有的推理规则都是谓词逻辑中的推理规则；另外，谓词逻辑中的所有永真蕴含式、恒等式和代入规则也都可以作为推理规则。

(1) **全称指定规则**，简记为 US。$\forall xA(x)$ 推得 $A(x)$ 或 $\forall xA(x) \Rightarrow A(x)$。它的意义是：全称量词可以删除。

(2) **存在指定规则**，简记为 ES。$\exists xA(x)$ 所以 $A(y)$。它的意义是：如果已证明 $\exists xA(x)$，那么可以假设某一确定的个体 y 使 $A(y)$ 是真，其中 y 只是一个自由变元。因而应用这一规则的条件如下：

· y 不是任何给定的前提和居先的推导步骤中的自由变元，也不是居先的推导步骤中由于使用本规则而引入的表面自由变元。为满足这一条件，通常使用 ES 规则时，就选用前面未曾用过的字母作为公式中的 y。

· $A(x)$ 对于 y 必须是自由的。

(3) **存在推广规则**，简记为 EG。$A(y) \Rightarrow \exists xA(x)$。应用这一规则的条件是：$A(y)$ 对于 x 是自由的。

(4) **全称推广规则**，简记为 UG。$\Gamma \Rightarrow A(x)$，所以 $\Gamma \Rightarrow \forall xA(x)$。其中 Γ 是公理和前提的合取，Γ 中没有 x 的自由出现。这一规则的意义是：如果从 Γ 可推出 $A(x)$，那么从 Γ 也可推出 $\forall xA(x)$。换句话说，如果 $A(x)$ 是可证明的，可推得 $\forall xA(x)$ 也是可证明的。应用这一规则的条件如下：

· 在推出 $A(x)$ 的前提中，x 都必须不是自由的，且 $A(x)$ 中的 x 不是由使用 ES 而引入的。

· 在居先的步骤中，如果使用 US 而求得 x 是自由的，那么在后继步骤中，使用 ES 而引入的任何新变元都没有在 $A(x)$ 中自由出现。

例 2 - 3　证明"苏格拉底三段论"。

证明：将谓词符号化 $F(x)$：x 是人。$G(x)$：x 是要死的。a：苏格拉底。

前提：$\forall x(F(x) \rightarrow G(x))$，$F(a)$。

结论：$G(a)$。

推理过程如下：

① $\forall x(F(x) \rightarrow G(x))$	P
② $F(a) \rightarrow G(a)$	T①US 规则
③ $F(a)$	P
④ $G(a)$	T②③I

在例 2 - 3 中，因为没有指定个体域，所以应该取全总个体域为个体，故引入特性谓词 $F(x)$。

2.1.4　时序逻辑与高阶逻辑

1. 时序逻辑

时序逻辑是一种用来处理和表达时序关系的逻辑系统。它可以使用有限的语法来表示先后次序关系，从而实现精确定义和对时间变化的描述。时序逻辑主要用于描述和定义给定时间段内发生的事件，并提供一种特殊的逻辑，帮助用户理解时序关系。它主要包括事件、时间、条件和行动等元素。

时序逻辑的使用类似于一般逻辑的句子结构，即"If A then B"。"A"代表一种条件，而"B"代表直接对"A"的结果。若 A 条件被满足，则 B 会发生，反之则不会发生。时序逻辑也可以使用特殊符号来表示不同类型的时间关系，如"＋"表示顺序关系，"·"代表相同关系，"/"代表并列关系，"×"表示停止关系等。

在处理实际问题时，一些常用的时序逻辑构造也会有不同的应用。例如，"if-then-else"构造，即"若 A 发生，则 B 发生；否则 D 发生"；或"while-then-end"构造，即"只要 A 发生，则一直做 B，直到 C 发生为止"。

2. 高阶逻辑

高阶逻辑亦称"广义谓词逻辑""高阶谓词逻辑"。它是一阶逻辑（见一阶理论及其元逻辑）的推广。在一阶逻辑中，量词只能用于个体变元，即只有个体约束变元，并且只有个体变元能作谓词变元的主目（见谓词逻辑）。这样就限制了一阶逻辑的语言表达能力。如果去掉一阶逻辑中的上述限制，命题变元和谓词变元也能作约束变元，即受量词约束，并且作谓词变元的主目，以此构造起来的逻辑系统就是高阶逻辑。它包括二阶逻辑、三阶逻辑以至无穷阶逻辑。

一阶逻辑的一个很自然的推广是二阶逻辑。修改一阶逻辑中与量词有关的形成规则：若 $A(\alpha)$ 为合式公式，α 为自由变元（个体变元、命题变元或谓词变元），则 $\forall \alpha A(\alpha)$ 和 $\exists \alpha A(\alpha)$ 是合式公式；同时，确定适当的公理和变形规则，所得到的系统就是一个二阶逻辑（二阶谓词演算）。例如，$\forall x[F(x) \vee \neg F(x)]$ 是一阶逻辑中的合式公式，$\forall F \forall x[F(x) \vee \neg F(x)]$ 就是一个二阶逻辑的合式公式，它表示 $\forall x[F(x) \vee \neg F(x)]$ 对一切性质 F 都成立。二阶逻辑具有比一阶逻辑更强的表达能力。例如，对于数学归纳原则"如果一个公式对数 0 成立，并且若它对某一个数成立则对该数的后继也成立，那么这个公式就对所有的（自然）数成立"，就不能在一阶逻辑陈述的算术理论中用一个公式表达。而在二阶逻辑中，由于有了谓词量词，就可以用一个公式把该数学归纳原则表示为

$$\forall F[F(0) \wedge \forall x(F(x) \rightarrow F(x+1)) \rightarrow \forall x F(x)]$$

高阶逻辑的一个重大不足是没有完全性，它的任何公理系统都不能证明系统中的全部普遍有效公式。

2.2　集　合　论

集合论是现代数学的重要组成部分，在科学和技术的诸多领域中都得到了广泛的应

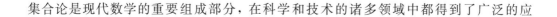

用。在计算机科学中，集合论是不可缺少的数学工具，在程序设计、形式语言、自动机、人工智能、数据库等许多领域都有着重要的作用。集合论也广泛用于形式化方法中，特别是在数据结构的建模、系统状态的描述以及复杂性理论分析中。本节介绍集合论的基础知识，主要内容包括集合代数、二元关系与函数等。

2.2.1 集合代数

集合在某些场合又称为**类**、**族**或**搜集**，它是数学中最基本的概念之一，如同几何中的"点""线"等概念一样，不可精确定义。一般而言，一个集合是能作为整体论述的事物的集体，组成集合的每个事物叫作这个集合的元素或成员。

在离散数学中，通常称含有有限个元素的集合为有限集合，称不是有限集合的集合为无限集合或无穷集。有限集合的元素个数称为该集合的**基数**或**势**。集合 A 的基数记为 $|A|$，若 $A=\{a,b\}$，则 $|A|=2$，$|\{A\}|=1$。

下面介绍集合的一些基本定义与公理。

外延公理 两个集合 A 和 B 相等，即 $A=B$，当且仅当它们有相同的成员（即 A 的每一元素也是 B 的一个元素，而 B 的每一元素也是 A 的一个元素）。

定义 2-8 设 A 和 B 是集合，如果 A 的每一元素是 B 的一个元素，那么 A 是 B 的子集，记为 $A\subseteq B$，$A\subseteq B$ 有时也记作 $B\supseteq A$，称 B 是 A 的扩集。

定义 2-9 如果 $A\subseteq B$ 且 $A\neq B$，那么称 A 是 B 的真子集，记作 $A\subset B$。

要注意区分从属关系"$\in$"及包含关系"$\subseteq$"。从属关系是集合元素与集合本身的关系，包含关系是集合与集合之间的关系。

定义 2-10 没有元素的集合叫作**空集**或**零集**，记作 $\varnothing$。

定义 2-11 设 A 和 B 是集合，那么

（1）A 和 B 的并记为 $A\bigcup B$，是集合，记作 $A\bigcup B=\{x\mid x\in A \vee x\in B\}$。

（2）A 和 B 的交记为 $A\bigcap B$，是集合，记作 $A\bigcap B=\{x\mid x\in A \wedge x\in B\}$。

（3）A 和 B 的差，或 B 关于 A 的相对补，记为 $A-B$，是集合，记作 $A-B=\{x\mid x\in A \wedge x\notin B\}$。

定义 2-12 设 U 是论述域而 A 是 U 的子集。A 的（绝对）补记作 $\bar{A}$，是集合，且 $\bar{A}=U-A=\{x\mid x\in U \wedge x\notin A\}=\{x\mid x\notin A\}$。

德·摩根定律 设 A 和 B 是 U 的任意子集，那么

（1）$\overline{A\bigcup B}=\bar{A}\bigcap\bar{B}$。

（2）$\overline{A\bigcap B}=\bar{A}\bigcup\bar{B}$。

定义 2-13 A、B 两集合的环和记为 $A\oplus B$，是集合，$A\oplus B=(A-B)\bigcup(B-A)=\{x\mid x\in A \wedge x\notin B \vee x\in B \wedge x\notin A\}$。环和又叫作对称差，其示意图如图 2-1(a)所示。

定义 2-14 A、B 两集合的环积记为 $A\otimes B$，是集合，$A\otimes B=\overline{A\oplus B}=\overline{A\bigcap\bar{B}\bigcup B\bigcap\bar{A}}=(A\bigcup\bar{B})\bigcap(B\bigcup\bar{A})=\{x\mid x\in A \wedge x\in B \vee x\notin A \wedge x\notin B\}$。环积示意图如图 2-1(b)所示。

定义 2-15 设 A 是一集合，A 的幂集 $\rho(A)$ 是 A 的所有子集的集合，即 $\rho(A)=\{B\mid B\subseteq A\}$。

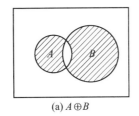
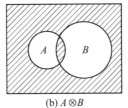

(a) $A \oplus B$ (b) $A \otimes B$

图 2-1 A、B 两集合的环和、环积示意图

定义 2-16 (1) 两个元素 a_1、a_2 组成的序列记作 $\langle a_1, a_2 \rangle$，称为**二重组**或**序偶**。a_1 和 a_2 分别称为二重组 $\langle a_1, a_2 \rangle$ 的第一和第二**分量**。

(2) 两个二重组 $\langle a, b \rangle$ 和 $\langle c, d \rangle$ 相等，当且仅当 $a = c$ 并且 $b = d$。

(3) 设 a_1, a_2, $\cdots$, a_n 是 n 个元素，定义以下序列为 n 重组，其中 $n > 2$。

$$\langle a_1, a_2, \cdots, a_n \rangle = \langle \langle a_1, a_2, \cdots, a_{n-1} \rangle a_n \rangle$$

说明：

① 由两个二重组相等的定义可以看出，二重组中元素的次序是重要的，如 $\langle 2, 3 \rangle \neq \langle 3, 2 \rangle$。

② n 重组是一个二重组，其第一分量是 $n-1$ 重组。$\langle 2, 3, 5 \rangle$ 代表 $\langle \langle 2, 3 \rangle, 5 \rangle$ 而不代表 $\langle 2, \langle 3, 5 \rangle \rangle$，并且 $\langle \langle 2, 3 \rangle, 5 \rangle \neq \langle 2, \langle 3, 5 \rangle \rangle$。

③ 由二重组相等的定义推得两个 n 重组 $\langle a_1, a_2, \cdots, a_n \rangle$ 和 $\langle b_1, b_2, \cdots, b_n \rangle$ 相等，当且仅当 $a_i = b_i$，$1 \leqslant i \leqslant n$。

定义 2-17 (1) 集合 A 和集合 B 的叉积记为 $A \times B$，是二重组集合 $\{\langle a, b \rangle \mid a \in A \land b \in B\}$。

(2) 集合 A_1, A_1, $\cdots$, A_n 的叉积记为 $A_1 \times A_2 \times \cdots \times A_n$。叉积又叫作**集合的笛卡尔积**。

2.2.2 二元关系与函数

离散数学中的关系和函数用于定义和操作系统组件之间的接口和相互作用，这对于设计和验证通信协议和交互系统至关重要。离散数学中的二元关系是指一个集合中的任意两个元素之间存在某种关系，可以用有序对的形式表示。例如，集合 A 中元素 x 和 y 之间存在关系 R，则表示为 $(x, y) \in R$。函数是一种特殊的二元关系，它描述了两个非空集合之间的关系，其中一个集合中的每个元素都对应另一个集合中的一个元素。

在离散数学中，函数是一种基本的概念，广泛应用于计算机科学、信息论、网络通信等领域。

1. 二元关系

定义 2-18 (1) $A \times B$ 的子集叫作 A 到 B 的一个二元关系。

(2) $A_1 \times A_2 \times \cdots \times A_n (n \geqslant 1)$ 的子集叫作 $A_1 \times A_2 \times \cdots \times A_n$ 上的一个 n 元关系。

(3) $A^n = A \times A \times \cdots \times A (n \geqslant 1)$ 的子集叫作 A 上的 n 元关系。

当 $n = 1$ 时，$R = \{\langle x \rangle \mid P(x)\}$ 称为一元关系，它是一重组集合，表示论述域上具有性质

P 的元素集合。

定义 2-19　设 R 是 $\overset{i=1}{\underset{n}{\times}}A_i$ 的子集，若 $R=\varnothing$，则称 R 为空关系；若 $R=\overset{i=1}{\underset{n}{\times}}A_i$，则称 R 为全域关系。

定义 2-20　设 R_1 是 $\overset{i=1}{\underset{n}{\times}}A_i$ 上的 n 元关系，R_2 是 $\overset{i=1}{\underset{m}{\times}}B_i$ 上的 m 元关系。那么 $R_1=R_2$，当且仅当 $n=m$，且对一切 i，$1\leqslant i\leqslant n$，$A_i=B_i$，并且 R_1 和 R_2 是相等的有序 n 重组集合。

设 $A=\{x_1,x_2,\cdots,x_7\}$，$B=\{y_1,y_2,\cdots,y_6\}$，$R=\{\langle x_3,y_1\rangle,\langle x_3,y_2\rangle,\langle x_4,y_4\rangle,\langle x_6,y_2\rangle\}$，$A$ 到 B 的二元关系如图 2-2 所示。$\langle x_3,y_1\rangle\in R$，也可写成 $x_3 R y_1$，称为中缀记法，读作 x_3 和 y_1 有关系 R。

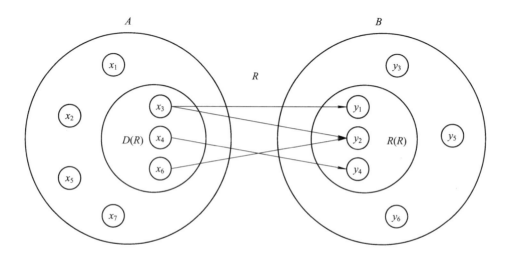

图 2-2　集合 A 到集合 B 的二元关系示意图

A 叫作关系 R 的**前域**，B 叫作关系 R 的**陪域**。

$D(R)=\{x\mid\exists y(\langle x,y\rangle\in R)\}$ 叫作关系 R 的**定义域**。

$R(R)=\{y\mid\exists x(\langle x,y\rangle\in R)\}$ 叫作关系 R 的**值域**。

A 上的二元关系 $R=\{\langle x,x\rangle\mid x\in A\}$ 称为相等关系，记为 I_A 或 E_A。

定义 2-21　设 R 是 A 上的二元关系。

(1) 如果对 A 中每一 x，xRx，那么 R 是自反的，即 A 上的关系 R 是自反的 $\Leftrightarrow\forall x(x\in A\rightarrow xRx)$。

例如，$A=\{1,2,3\}$，$R_1=\{\langle1,1\rangle,\langle2,2\rangle,\langle3,3\rangle,\langle1,2\rangle\}$ 是自反的。

(2) 如果对 A 中每一 x，$xR'x$，那么 R 是反自反的，即 A 上的关系 R 是反自反的 $\Leftrightarrow\forall x(x\in A\rightarrow xR'x)$。

例如，$A=\{1,2,3\}$，$R_2=\{\langle2,1\rangle,\langle1,3\rangle,\langle3,2\rangle\}$ 是反自反的。

(3) 如果对 A 中所有 $x,y\in A$，xRy 蕴含着 yRx，那么 R 是对称的，即 A 上的关系 R 是对称的 $\Leftrightarrow\forall x\forall y(x\in A\wedge y\in A\wedge xRy\rightarrow yRx)$。

例如，$A=\{1,2,3\}$，$R_3=\{\langle1,2\rangle,\langle2,1\rangle,\langle1,3\rangle,\langle3,1\rangle,\langle1,1\rangle\}$ 是对称的。

(4) 如果对 A 中所有 $x,y\in A$，xRy，yRx 蕴含着 $x=y$，那么 R 是反对称的，即 A 上

的关系 R 是反对称的 $\Leftrightarrow \forall x \forall y (x \in A \wedge y \in A \wedge xRy \wedge yRx \rightarrow x = y)$。

例如，$A = \{1, 2, 3\}$，$R_4 = \{\langle 1, 2 \rangle, \langle 2, 3 \rangle\}$ 是反对称的。

（5）如果对所有 $x, y, z \in A$，xRy，yRz 蕴含着 xRz，那么 R 是传递的，即 A 上的关系 R 是传递的 $\Leftrightarrow \forall x \forall y \forall z (x \in A \wedge y \in A \wedge z \in A \wedge xRy \wedge yRz \rightarrow xRz)$。

例如，$A = \{1, 2, 3, 4\}$，$R_5 = \{\langle 4, 1 \rangle, \langle 4, 3 \rangle, \langle 4, 2 \rangle, \langle 3, 2 \rangle, \langle 3, 1 \rangle, \langle 2, 1 \rangle\}$ 是传递的。

定义 2 - 22　如果集合 A 上的二元关系 R 是自反、反对称和传递的，那么称 R 为 A 上的偏序，称序偶 $\langle A, R \rangle$ 为偏序集合。

2. 函数

函数也称映射或变换。

定义 2 - 23　设 X 和 Y 是集合，一个从 X 到 Y 的函数 f 记为 $f: X \rightarrow Y$，是一个满足以下条件的关系：对每一 $x \in X$，都存在唯一的 $y \in Y$，使 $\langle x, y \rangle \in f$。

$\langle x, y \rangle \in f$ 通常记作 $f(x) = y$，X 叫作函数 f 的前域，Y 叫作 f 的陪域。在表达式 $f(x) = y$ 中，x 叫作函数的自变元，y 叫作对应于自变元 x 的函数值。

从定义可看出，X 到 Y 的函数 f 和一般 X 到 Y 的二元关系的不同有以下两点：

（1）X 的每一个元素都必须作为 f 的序偶的第一个成分出现。

（2）如果 $f(x) = y_1$ 和 $f(x) = y_2$，那么 $y_1 = y_2$。

通常也把函数 f 看作是一个映射（变换）规则，它把 X 的每一元素映射到 Y 的一个元素，因而 $f(x)$ 又叫作 x 的映象。

定义 2 - 24　设 $f: X \rightarrow Y$，$g: W \rightarrow Z$，若 $X = W$，$Y = Z$，且对每一 $x \in X$ 有 $f(x) = g(x)$，则称 $f = g$。

函数相等的定义和关系相等的定义是一致的，它们必须有相同的前域与陪域和相等的序偶集合。

定义 2 - 25　设 f 是从 X 到 Y 的函数，X' 是前域 X 的子集，那么 $f(X')$ 表示 Y 的子集，$f(X') = \{\exists x (x \in X' \wedge y = f(x))\}$ 叫作函数 f 下 X' 的映象；整个前域的映象 $f(X)$ 叫作函数 f 的映象。

2.3　代　数　结　构

代数结构是研究计算机科学和工程的重要数学工具。众所周知，在各种数学问题及许多实际问题的研究中都离不开数学模型，要构造一个现象或过程的数学模型，就需要某种数学结构，而代数结构就是最常用的数学结构之一。例如，描述机器可计算的函数，研究算术计算的复杂性，刻画抽象数据结构，作为程序设计语言的语义学基础，逻辑电路设计和编码理论等都需要代数知识。因此，我们有必要掌握它的重要概念和基本方法。

在离散数学中，代数结构是一个重要的分支，它研究的是由非空集合、定义在这些集合上的运算和代数常数组成的结构。这种结构可以用来描述各种数学对象之间的关系，如函数、向量空间和矩阵等。

代数通常由下述三部分组成：

（1）一个集合，称作代数的载体。

（2）定义在载体上的运算。

（3）载体的特异元素，称作代数常数。

代数通常用载体、运算和常数组成的 n 元组表示。

代数结构在计算机科学、物理学、工程学等领域都有着广泛的应用。例如，在计算机科学中，代数结构被广泛应用于编程语言、编译器和数据库管理系统的设计中；在物理学中，代数结构则被用来描述场和流形等自然现象。因此，深入研究代数结构的理论和方法，具有重要的理论和实践意义。

本节介绍代数结构的基础知识，主要内容包括代数系统，群、环与格等。

2.3.1　代数系统

由集合和集合中的运算所组成的系统，称为代数系统。研究代数系统的学科称为"近世代数"或"抽象代数"，它是近代数学的重要分支。代数系统是一种数学结构，它由集合、关系运算、公理、定理、定义和算法组成。它应用抽象的方法，研究各类数学对象集合上的关系或运算，事物中的关系就是事物的结构。

定义 2-26　设 $*$ 是 S 上的二元运算，1_l 是 S 的元素，若对 S 中的每一元素 x，有 $1_l * x = x$，则称 1_l 对运算 $*$ 是**左幺元**。S 中的元素 0_l，若对 S 中的每一元素 x，有 $0_l * x = 0_l$，则称 0_l 对运算 $*$ 是**左零元**。

类似地，可以定义出**右幺元**和**右零元**。

定义 2-27　设 $*$ 是 S 上的二元运算，1 是 S 中的元素，若对 S 中的每一元素 x，有 $1 * x = x * 1 = x$，则称 1 对运算 $*$ 是**幺元**。0 是 S 中的元素，若对 S 中的每一元素 x，有 $0 * x = x * 0 = 0$，则称 0 对运算 $*$ 是**零元**。

定义 2-28　设 $*$ 是 S 上的二元运算，1 是对运算 $*$ 的幺元。如果 $x * y = 1$，那么关于运算 $*$，x 是 y 的**左逆元**，y 是 x 的**右逆元**。如果 $x * y = 1$ 和 $y * x = 1$ 两者同时成立，那么关于运算 $*$，x 是 y 的**逆元**（y 也是 x 的**逆元**）。x 的逆元通常记为 x^{-1}。

存在逆元的元素称其为可逆的。

定义 2-29　设 $*$ 是 S 上的二元运算，$a \in S$，若对于所有 $x, y \in S$，有

$$(a * x = a * y) \vee (x * a = y * a) \Rightarrow (x = y)$$

则称 a 是**可约的**或**可消去的**。

2.3.2　群、环与格

群、环、域都是代数系统，代数系统是对特定现象或过程建立起的一种数学模型，模型中包括相关数学对象的集合以及集合上的关系或运算，运算可以是一元的也可以是多元的，可以有一个也可以有多个。

设 $*$ 是集合 S 上的运算，若对 $\forall a, b \in S$，有 $a * b \in S$，则称 S 对运算 $*$ 是**封闭的**。若 $*$ 是一元运算，对 $\forall a \in S$，则称 S 对运算 $*$ 是封闭的。

若对 $\forall a,b,c \in S$，有 $(a*b)*c = a*(b*c)$，则称 $*$ 满足结合律。

定义 2-30　设 $\langle G,* \rangle$ 是一个代数系统，若 $*$ 满足封闭性和结合律，则称 $\langle G,* \rangle$ 是半群。

定义 2-31　设 $\langle G,* \rangle$ 是一个代数系统，若 $*$ 满足以下条件：

(1) 封闭性；

(2) 结合律；

(3) 存在元素 e，对 $\forall a \in G$，有 $a*e = e*a$，e 称为 $\langle G,* \rangle$ 的单位元；

(4) 对 $\forall a \in G$，存在元素 a^{-1}，使得 $a*a^{-1} = a^{-1}*a$（称 a^{-1} 为元素 a 的逆元）。

则称 $\langle G,* \rangle$ 是群。若其中的运算 $*$ 已明确，有时将 $\langle G,* \rangle$ 简记为 G。

若 G 是有限集合，则称 $\langle G,* \rangle$ 是有限群，否则是无限群。有限群中，G 的元素个数称为**群的阶数**。

若群 $\langle G,* \rangle$ 中的运算 $*$ 还满足交换律，即对 $\forall a,b \in G$，有 $a*b = b*a$，则称 $\langle G,* \rangle$ 为**交换群**或 **Abel 群**。

群中运算 $*$ 一般称为乘法，称该群为**乘法群**。若运算 $*$ 改为 $+$，则称为**加法群**，此时逆元 a^{-1} 写成 $-a$。

定义 2-32　设 $\langle G,* \rangle$ 是一个群，I 是整数集合。若存在一个元素 $g \in G$，对于每一个元素 $a \in G$，都有一个相应 $i \in I$，能把 a 表示成 g^i，则称 $\langle G,* \rangle$ 是循环群，g 称为循环群的生成元，记 $G = \langle g \rangle = \{g^i | i \in I\}$。称满足方程 $a^m = e$ 的最小正整数 m 为 **a 的阶**，记为 $|a|$。

定义 2-33　若代数系统 $\langle R,+,\cdot \rangle$ 的二元运算 $+$ 和 $\cdot$ 满足以下条件：

(1) $\langle R,+ \rangle$ 是 Abel 群；

(2) $\langle R,\cdot \rangle$ 是半群；

(3) 乘法 $\cdot$ 在加法 $+$ 上可分配，即对 $\forall a,b,c \in R$，有

$$a \cdot (b+c) = a \cdot b + a \cdot c \text{ 和} (b+c) \cdot a = b \cdot a + c \cdot a$$

则称 $\langle R,+,\cdot \rangle$ 是环。

定义 2-34　若代数系统 $\langle F,+,\cdot \rangle$ 的二元运算 $+$ 和 $\cdot$ 满足以下条件：

(1) $\langle F,+ \rangle$ 是 Abel 群；

(2) $\langle F-\{0\},\cdot \rangle$ 是 Abel 群，其中 0 为 $+$ 的单位元；

(3) 乘法 $\cdot$ 在加法 $+$ 上可分配，即对 $\forall a,b,c \in R$，有

$$a \cdot (b+c) = a \cdot b + a \cdot c \text{ 和} (b+c) \cdot a = b \cdot a + c \cdot a$$

则称 $\langle F,+,\cdot \rangle$ 是域。

$\langle \mathbf{Q},+,\cdot \rangle$、$\langle \mathbf{R},+,\cdot \rangle$、$\langle \mathbf{C},+,\cdot \rangle$ 都是域，其中 $\mathbf{Q}$、$\mathbf{R}$、$\mathbf{C}$ 分别为有理数集合、实数集合和复数集合。

有限域是指域中元素个数有限的域，元素个数称为域的阶。若 q 是素数的幂，即 $q = p^r$，其中 p 为素数，r 为自然数，则阶为 q 的域称为 **Galois 域**，记为 $GF(q)$ 或 F_q。

定义 2-35　设 $\langle L,\leqslant \rangle$ 是一个偏序集合，若 L 中每一对元素 a、b，都有最大下界和最小上界，则称 $\langle L,\leqslant \rangle$ 为格。

通常用 $a*b$ 表示 $\{a,b\}$ 的最大下界，用 $a \oplus b$ 表示 $\{a,b\}$ 的最小上界，即 $a*b = \text{glb}\{a,b\}$，

$a \oplus b = \text{lub}\{a,b\}$，并称它们为 a、b 的保交和保联。由于最大下界和最小上界属于 L，且是唯一的，所以保交 $*$ 和保联 $\oplus$ 都是 L 上的二元运算，保交和保联有时也使用 $\wedge$ 和 $\vee$ 或 $\cap$ 和 $\cup$ 等符号表示。

2.4 图 论

图论在分析系统的结构属性中非常重要，如网络流、路径问题等。在形式化方法中，图论被用来描述和分析系统组件之间的关系和交互。瑞士数学家列昂哈德·欧拉 (Leonhard Euler) 于 1736 年提出了图论 (graph theory) 的基本思想，并解决了著名的哥尼斯堡七桥问题，从此奠定了图论的基础。近半个世纪以来，图论在物理学、化学、运筹学、计算机科学、信息论、控制论、网络理论、博弈论、社会科学以及经济管理等领域得到了广泛应用，受到全世界数学界和工程技术界的普遍重视。

2.4.1 图的基本概念

1. 图的定义

现实世界的许多事例可以用图形来直观描述，这种图形不同于一般的圆、椭圆、函数图形等，它是由一个顶点集合以及这个顶点集合中的某些点对的连线所构成的，人们主要感兴趣的是给定两点是否有连线，而连接的方式则无关紧要。这类图形的数学抽象就产生了图的概念。

定义 2-36 一个图 G 可以表示为一个三重组 $G = \langle V(G), E(G), \varphi_G \rangle$，其中 $V(G)$ 为非空的结点 (vertice)（或顶点）集合，$E(G)$ 为边 (edge) 的集合，φ_G 是从边集合到结点偶对集合上的一个关系，使得每条边和两个结点相关联。

设 $G = \langle V(G), E(G), \varphi_G \rangle$ 是一个图，$e \in E(G)$，$u, v \in V(G)$，若 $\varphi_G(e) = [u,v]$，则称结点 u、v 与边 e 相关联。若 e 与 u 和 v 的顺序无关，则称 e 是图 G 的无向边，结点 u 和 v 是 e 的两个端点。若 e 与 u 和 v 的顺序有关，则称 e 是图 G 的有向边，其中结点 u 称为 e 的始点，结点 v 称为 e 的终点。

为了便于区分，无向边 $\varphi_G(e) = [u,v]$ 记为 $\varphi_G(e) = \{u,v\}$ 或 $e = \{u,v\}$，有向边 $\varphi_G(e) = [u,v]$ 记为 $\varphi_G(e) = \langle u,v \rangle$ 或 $e = \langle u,v \rangle$，无向边和有向边都可以称为边。在一个图 G 中，每条边必然与两个结点相关联，因此，$G = \langle V(G), E(G), \varphi_G \rangle$ 通常也简记为 $G = \langle V, E \rangle$。

为了直观地观察一个图的构成，通常用小圆圈表示图的结点，用两个结点间的一条无箭头连线表示两个结点关联的一条无向边，而用从始点到终点的一条带箭头的连线表示两个结点关联的一条有向边，这样就得到了一个图的图形化表示。由于表示结点的小圆圈和表示边的线的相对位置一般认为是无关紧要的，因此一个图的图示并不具有唯一性。

例 2-4 图 G_1 和图 G_2 分别如图 2-3(a)、(b) 所示，分别给出 G_1 和 G_2 的形式定义。

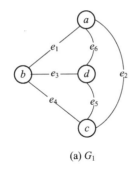

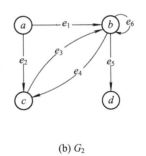

(a) G_1　　　　　　　　　(b) G_2

图 2-3　例 2-4 图

解：
$$G_1 = \langle V(G_1), E(G_1), \varphi_{G_1} \rangle$$

其中：$V(G_1) = \{a, b, c, d\}$；$E(G_1) = \{e_1, e_2, e_3, e_4, e_5, e_6\}$；$\varphi_{G_1} = \{\langle e_1, \{a,b\} \rangle$,
$\langle e_2, \{a,c\} \rangle, \langle e_3, \{b,d\} \rangle, \langle e_4, \{b,c\} \rangle, \langle e_5, \{c,d\} \rangle, \langle e_6, \{a,d\} \rangle\}$。

$$G_2 = \langle V(G_2), E(G_2), \varphi_{G_2} \rangle$$

其中：$V(G_2) = \{a, b, c, d\}$；$E(G_2) = \{e_1, e_2, e_3, e_4, e_5, e_6\}$；$\varphi_{G_2} = \{\langle e_1, \{a,b\} \rangle$,
$\langle e_2, \{a,c\} \rangle, \langle e_3, \{c,b\} \rangle, \langle e_4, \{b,c\} \rangle, \langle e_5, \{b,d\} \rangle, \langle e_6, \{b,b\} \rangle\}$。

在图论理论研究和应用中，经常运用以下两种操作(设图 $G = \langle V, E \rangle$)：

(1) 删除图中的边或结点。

设 $e \in E$，从 G 中删除 e，所得的图记为 $G - e$。又设 $E' \subseteq E$，从 G 中删除 E' 中所有的边，所得的图记为 $G - E'$。

设 $v \in V$，从 G 中删除 v 及与 v 关联的边，所得的图记为 $G - v$。又设 $V' \subseteq V$，从 G 中删除 V' 中所有结点及与这些结点关联的所有边，所得的图记为 $G - V'$。

(2) 在图中添加边或结点。

设 $u, v \in V$，将边 $e = [u, v]$ 添加到图 G 中，所得的新图记为 $G + e$。又设边集 E'，将 E' 中所有边添加到图 G 中，所得的新图记为 $G + E'$。

设有新结点 $v \notin V$，将 v 作为孤立结点添加到图 G 中，所得的新图记为 $G + v$。

根据结点集和边集是否为有限集，可将图分为有限图、无限图。

当一个图 $G = \langle V, E \rangle$ 的结点集 V 和边集 E 都是有限集时，称该图为有限图。当一个图 $G = \langle V, E \rangle$ 的结点集 V 或边集 E 是无限集时，称该图为无限图。本章涉及的图均为有限图，通常用 $|E|$ 表示图 G 中的边数，用 $|V|$ 表示图 G 中的结点数。

根据边是否有方向，可将图分为无向图(undirected graph)、有向图(directed graph)和混合图(mixed graph)。每条边都是无向边的图称为**无向图**。每条边都是有向边的图称为**有向图**。若图中一些边是有向边，而另外一些边是无向边，则称该图为**混合图**。设 G 是一个有向图，若将 G 中每条边的方向去掉就能得到一个无向图 G'，则称 G' 为 G 的**底图**(underlying graph)。

在一个图中，关联于同一条边的两个结点被称为**邻接点**(adjacent vertices)。关联于一个结点的两条边被称为**邻接边**。不与任何结点邻接的结点称为**孤立结点**(isolated vertices)。

仅由若干个孤立结点组成的图称为**零图**(empty graph)，而仅由单个孤立结点组成的图称为**平凡图**(trivial graph)。

设边 $e_1 = e_2 = \{u, v\}$（或者边 $e_1 = e_2 = \langle u, v \rangle$），若 e_2 与 e_1 是两条不同的边，则称 e_1 与 e_2 是**平行边**(parallel edge)。若存在边 $e = [u, u]$，则称 e 为结点 u 上的**自回路**(self-loop)或**环**(ring)。

根据是否含平行边和自回路，可将图分为**多重图**(multigraph)、**线图**(line graph)和**简单图**(simple graph)。含有平行边的图称为**多重图**。不含平行边的图称为**线图**。不含自回路的线图称为**简单图**。图 2-4 给出了多重图、线图和简单图的示例。

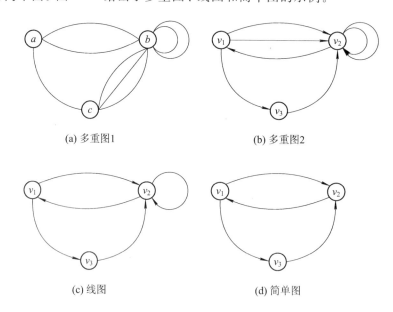

(a) 多重图1　　　　　　　　　　(b) 多重图2

(c) 线图　　　　　　　　　　(d) 简单图

图 2-4　多重图、线图和简单图示例

在某些特定应用场景中，需要给一个图中的结点或边标上相应的权值，这类图称为**赋权图**(weighted graph)。赋权图的严格定义如下：

定义 2-37　赋权图 G 是一个四重组 $\langle V, E, f, h \rangle$，其中 f 为定义在结点集 V 到实数集 $\mathbf{R}$ 上的函数，h 为定义在边集 E 到实数集 $\mathbf{R}$ 上的函数。

图 2-5 给出了赋权图的示例，图 2-5(a) 为结点赋权图，图 2-5(b) 为边赋权图。

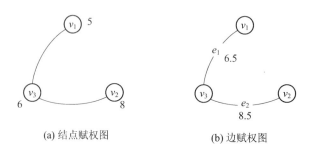

(a) 结点赋权图　　　　　　　　(b) 边赋权图

图 2-5　赋权图示例

2. 结点的度数

定义 2-38　在图 $G=\langle V,E\rangle$ 中，$v\in V$，与结点 v 关联的边数称为结点 v **的度数**（degree），记为 $\deg(v)$，简记为 $\mathrm{d}(v)$。

若 G 是有向图，则以结点 v 为终点的边数称为该结点的**入度**，记为 $\deg^-(v)$。以结点 v 为始点的边数称为该结点的**出度**，记为 $\deg^+(v)$。不难得出，$\deg(v)=\deg^-(v)+\deg^+(v)$。

定理 2-1(握手定理)　在任何图 $G=\langle V,E\rangle$ 中，所有结点的度数之和等于边数的两倍，即

$$\sum_{v\in V}\deg(v)=2\mid E\mid$$

证明：结点的度数是由其关联的边所确定的。任取一条边 $e\in E$，e 必关联两个结点，设 $e=[u,v]$，边 e 给予其关联的结点 u 和 v 各一个度。因此，在每个图中，结点的度数总和等于边数的两倍。证毕。

推论：任何图中，奇数度的结点必为偶数个。

例 2-5　某学院毕业典礼结束时，师生相互致意，握手告别。试证明握过奇数次手的人数是偶数。

证明：构造一个无向图 G，G 中的每一个结点表示一个参加毕业典礼的人，若两个人握手一次，则在两人对应的结点间连接一条边，于是每个人握手的次数等于其对应结点的度数。由定理 2-1 的推论知，度数为奇数的结点个数是偶数，所以握过奇数次手的人数为偶数。证毕。

定理 2-2　在任何有向图 $G=\langle V,E\rangle$ 中，所有结点的入度之和等于所有结点的出度之和，即

$$\sum_{v\in V}\deg^-(v)=\sum_{v\in V}\deg^+(v)=\mid E\mid$$

证明：根据定理 2-1，有向图 $G=\langle V,E\rangle$ 满足 $\sum_{v\in V}(\deg^-(v)+\deg^+(v))=2\mid E\mid$。因为任取一条边 $e=\langle u,v\rangle\in E$，$e$ 给其始点 u 带来一个出度，而给其终点 v 带来一个入度，所以图 G 中所有结点的入度和 $\sum_{v\in V}\deg^-(v)$ 等于出度和 $\sum_{v\in V}\deg^+(v)$，并且等于图中的边数 $\mid E\mid$。

例 2-6　设有向简单图 D 的度数序列为 $2,2,3,3$，入度序列为 $0,0,2,3$，试求 D 的出度序列和该图的边数。

解：设图 D 的度数序列 $2,2,3,3$ 所对应的结点分别为 v_1,v_2,v_3,v_4。由
$$\deg(v_i)=\deg^-(v_i)+\deg^+(v_i)\quad(i=1,2,3,4)$$
得 D 的出度序列为 $2,2,1,0$。D 的边数 $=(2+2+3+3)/2=5$。

3. 特殊图

定义 2-39　在无向简单图 $G=\langle V,E\rangle$ 中，若任何两个不同结点间都恰有一条边相连，则称该图为**无向完全图**。n 个结点的无向完全图（complete undirected graph）记为 K_n。

无向完全图 K_4 和 K_5 分别如图 2-6(a)、(b)所示。

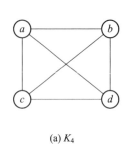
(a) K_4

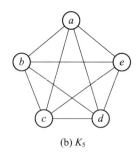
(b) K_5

图 2-6　无向完全图 K_4、K_5 示例

定义 2-40　若有向图 $G=\langle V,E\rangle$ 满足 $E=V\times V$，则称 G 为**有向完全图**，记为 D_n。

四个结点的有向完全图 D_4 示例如图 2-7 所示。

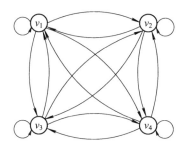

图 2-7　有向完全图 D_4 示例

不难得到，具有 n 个结点的无向完全图 K_n，共有 $n(n-1)/2$ 条边；具有 n 个结点的有向完全图 D_n，共有 n^2 条边。

定义 2-41　设 $G=\langle V,E\rangle$ 是无向图，且 G 是非零图，若结点集合 V 可以划分成两个不相交的子集 X 和 Y，使得 G 中的每一条边的一个端点在 X 中，而另一个端点在 Y 中，则称 G 为**二部图**（bipartite graph），记为 $G=\langle X,E,Y\rangle$。

二部图必无自回路，但可以有平行边。

通过对结点进行 A-B 标号，可以简单地判定一个图是否为二部图。首先给任意一个结点标上 A，与标记为 A 的结点邻接的结点标上 B，再将标记为 B 的结点邻接的结点标上 A，如此重复下去，若这个过程可以完成，使得没有相邻的结点标上相同的字母，则该图是二部图，否则，它就不是二部图。

例 2-7　判断图 2-8(a) 是否为二部图。

解：对图 2-8(a) 中的结点进行 A-B 标号，如图 2-8(b) 所示，标号过程成功结束，该图是一个二部图。可以将其画成如图 2-8(c) 所示的结构，这样可以直观地看出它是一个二部图。

设 $G=\langle X,E,Y\rangle$ 是一个二部图，若 G 是一个简单图，并且 X 中的每个结点与 Y 中的每个结点均邻接，则称 G 为**完全二部图**。若 $|X|=m$，$|Y|=n$，则在同构的意义下，这样的完全二部图只有一个，记为 $K_{m,n}$。

完全二部图 $K_{2,4}$ 和 $K_{3,3}$ 示例分别如图 2-9(a)、(b) 所示。

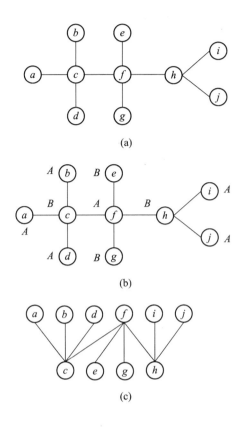

图 2-8　例 2-7 图

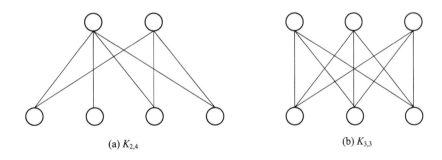

(a) $K_{2,4}$　　　　　　　　　(b) $K_{3,3}$

图 2-9　完全二部图 $K_{2,4}$ 和 $K_{3,3}$ 示例

对于一个完全二部图 $G=\langle X,E,Y\rangle$，X 中的每一个结点与 Y 中的每个结点间恰有一条边，因此 G 中共有 $|X|\cdot|Y|$ 条边。

4. 子图与补图

定义 2-42　（1）设图 $G=\langle V,E\rangle$，$G'=\langle V',E'\rangle$，若有 $E'\subseteq E$，且 $V'\subseteq V$，则称 **G' 为 G 的子图**（subgraph）。

（2）设 G' 是 G 的子图，若有 $V'=V$，则称 **G' 是 G 的生成子图**（spanning subgraph）。

（3）设 G' 是 G 的子图，若 V' 仅由 E' 中边相关联的结点组成，则称 **G' 为由边集 E' 导出的子图**。

（4）设 G' 是 G 的子图，若对于 V' 中的任意结点偶对 $[u,v]$，$[u,v] \in E$，当且仅当 $[u,v] \in E'$，则称 G' 为由结点集 V' 导出的子图。

定义 2-43　给定一个图 G，由 G 中所有的结点及所有能使 G 成为完全图的添加边组成的图，称为 G 相对于完全图的补图，简称为 G 的补图，记为 $\bar{G}$。

例 2-8　分别给出图 2-10(a)、(b)的补图。

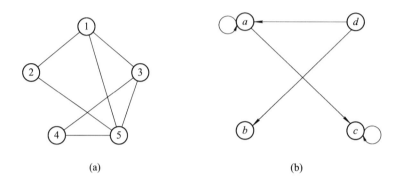

(a)　　　　　　　　　　　　(b)

图 2-10　例 2-8 图

解：例 2-8 的补图分别如图 2-11(a)、(b)所示。

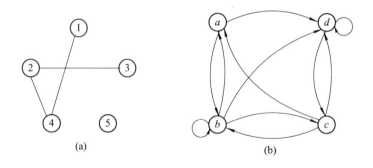

(a)　　　　　　　　　　　(b)

图 2-11　例 2-8 的补图

5. 图的同构

定义 2-44　设图 $G=\langle V,E \rangle$，$G'=\langle V',E' \rangle$，若存在双射函数 $f: V \to V'$ 和 $g: E \to E'$，对于任何 $e \in E$，$e=[v_i,v_j]$，当且仅当 $g(e)=[f(v_i),f(v_j)]$，则称 G 与 G' 同构（isomorphism），记为 $G \cong G'$。

相互同构的图只是画法不同或结点与边的命名不同而已。

由图同构的定义可以看出，两图同构具备以下**必要条件**：

（1）结点数相等；

（2）边数相等；

（3）度数相同的结点数目相等。

但这并不是两幅图同构的充分条件，判断两幅图是否同构尚未找到一种简单有效的方法。

例 2 - 9　证明如图 2 - 12(a)、(b)所示的两幅图是同构的。

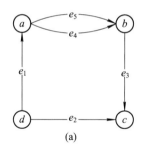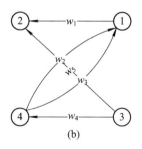

图 2 - 12　例 2 - 9 图

证明：构造两幅图结点集间的双射函数 f，其中 $f(a)=4,f(b)=1,f(c)=2,f(d)=3$。构造两幅图边集间的双射函数 g，其中 $g(e_1)=w_4,g(e_2)=w_5,g(e_3)=w_1,g(e_4)=w_2,g(e_5)=w_3$。

从图 2 - 12(a)、(b)所示的两幅图中可以看出：

$$e_1=\langle d,a\rangle \leftrightarrow w_4=\langle 3,4\rangle=\langle f(d),f(a)\rangle$$
$$e_2=\langle d,c\rangle \leftrightarrow w_5=\langle 3,2\rangle=\langle f(d),f(c)\rangle$$
$$e_3=\langle b,c\rangle \leftrightarrow w_1=\langle 1,2\rangle=\langle f(b),f(c)\rangle$$
$$e_4=\langle a,b\rangle \leftrightarrow w_2=\langle 4,1\rangle=\langle f(a),f(b)\rangle$$
$$e_5=\langle a,b\rangle \leftrightarrow w_3=\langle 4,1\rangle=\langle f(a),f(b)\rangle$$

即对于任何 $e_i(i=1,2,3,4,5)$，$e=[v_i,v_j]$，当且仅当 $g(e)=[f(v_i),f(v_j)]$。

故以上两幅图满足同构的定义，它们是同构的图。证毕。

当 $G=\langle V,E\rangle,G'=\langle V',E'\rangle$ 是线图时，如果存在一双射函数 $f:V\rightarrow V'$，且满足 $e=[v_i,v_j]$ 是 G 的一条边，当且仅当 $e'=[f(v_i),f(v_j)]$ 是 G' 的一条边，就有 $G\cong G'$。

例 2 - 10　证明如图 2 - 13(a)、(b)所示的两幅图不同构。

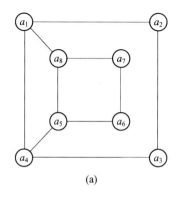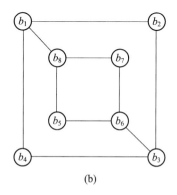

图 2 - 13　例 2 - 10 图

证明：假设图 2 - 13(a)与(b)间存在同构映射 f。

观察可知，图 2 - 13(a)和(b)满足图同构的必要条件，即它们的边数相等，结点个数相等，且度数相同的结点数目也相等。其中，度为 3 的结点集分别为 $\{a_1, a_4, a_5, a_8\}$ 和 $\{b_1, b_3, b_6, b_8\}$。根据图同构的定义，必有

$$f(\{a_1, a_4, a_5, a_8\}) = \{b_1, b_3, b_6, b_8\}$$

并且 $f(a_1)$ 必然与 $f(a_4)$ 和 $f(a_8)$ 这两个结点都邻接。但是，在 b_1、b_3、b_6、b_8 这 4 个结点中，任意一个结点都不同时与另外两个结点邻接。因此，同构映射 f 是不可能建立的，故图 2-13(a) 与 (b) 不同构。证毕。

2.4.2　树

树是图论中重要的概念之一，它在计算机科学中的应用非常广泛，树可用来对搜索、排序和排序过程进行建模，操作系统中一般采用树形结构来组织文件和文件夹，同时树模型在其他领域也都有广泛的应用。例如，图 2-14(a) 为碳氢化合物 C_4H_{10} 的分子结构图，图 2-14(b) 为表达式 $(a \times b) + ((c-d) \div e) - r$ 的树形表示，图 2-14(c) 为一棵决策树。本节将介绍离散数学中树的概念及其应用。

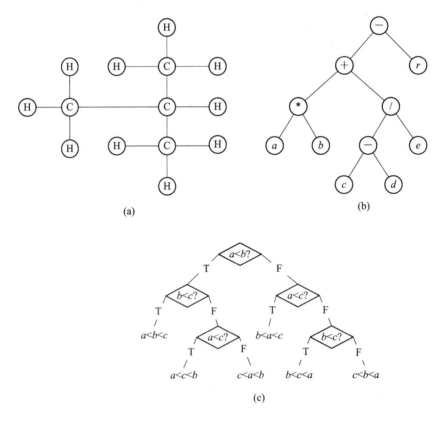

图 2-14　树模型的应用

1. 无向树的定义

定义 2-45　无圈的连通无向图称为树(tree)。树中度为 1 的结点称为树叶(leaf)，度数大于 1 的结点称为分支点或内点。仅含单个孤立结点的树称为平凡树(trivial tree)。

通常将无圈的无向图称为**森林**（forest）。显然，森林中的每个连通分支都是一棵无向树。

定理 2 - 3　给定一个具有 n 个结点 m 条边的无向图 T。以下关于 T 是无向树的几个定义是等价的：

（1）无圈且连通。

（2）无圈且 $m=n-1$。

（3）连通且 $m=n-1$。

（4）无圈，但增加任一新边，恰得到一个圈。

（5）连通且每条边都是割边（$n \geqslant 2$）。（若去掉一条边，该边原来所在的图被分成两部分（不连通），则称该点为割边。）

（6）每一对结点之间有且仅有一条通路（$n \geqslant 2$）。

定理 2 - 4　任一棵非平凡树中至少有两片树叶。

证明：设非平凡树 $T=\langle V,E \rangle$，$|V|=n$，$|E|=m$。由于 T 是连通的，因此对任意 $v_i \in V$，$\deg(v_i) \geqslant 1$，且有 $\sum\limits_{v_i \in V} \deg(v_i) = 2m = 2(n-1) = 2n-2$。

（1）若 T 中没有树叶，则每个结点的度数均大于等于 2，有

$$\sum\limits_{v_i \in V} \deg(v_i) \geqslant 2n$$

这与 $\sum\limits_{v_i \in V} \deg(v_i) = 2n-2$ 矛盾。

（2）若 T 中仅有一片树叶，而其他结点的度数均大于等于 2，有

$$\sum\limits_{v_i \in V} \deg(v_i) \geqslant 2(n-1)+1 = 2n-1$$

这与 $\sum\limits_{v_i \in V} \deg(v_i) = 2n-2$ 也矛盾。

故任一棵非平凡树中至少有两片树叶。

2. 生成树

定义 2 - 46　设 $G=\langle V,E \rangle$ 是无向图，若 G 的一个生成子图 T 是一棵树，则称 T 为 G 的**生成树或支撑树**（spanning tree）。

图 G 的生成树 T 中的边称作**树枝**，在图 G 中但不在生成树中的边称作**弦**，所有弦的集合称为**生成树 T 的补**。

定理 2 - 5　任一连通无向图至少有一棵生成树。

证明：设 G 是连通无向图，若 G 中无圈，则 G 本身就是生成树。

若 G 中存在圈，任选一圈 C_1，从 C_1 中删去一条边得到 G_1。若 G_1 无圈，则 G_1 是 G 的一棵生成树，若 G_1 中仍含圈，则从 G_1 中任选一圈 C_2，从 C_2 中删去一条边得到 G_2。重复上述过程，由于 G 中圈的个数是有限的，故最终可以得到 G 的一棵生成树。

例 2 - 11　G 是一个连通无向图，如图 2 - 15(a)所示，给出它的一棵生成树 T，并求 T

的树枝、弦和补。

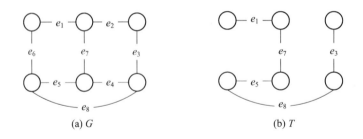

(a) G (b) T

图 2 - 15   例 2 - 11 图

解：T 是 G 的一棵生成树，如图 2-15(b)所示，其中，e_1、e_7、e_5、e_8、e_3 为 T 的树枝，e_2、e_4、e_6 为 T 的弦，$\{e_2, e_4, e_6\}$ 为生成树 T 的补。

定理 2 - 6   连通图中的一个圈与其任何一棵生成树的补至少有条公共边。

证明：如果连通图 G 中的一个圈和一棵生成树 T 的补没有公共边，那么这个圈必包含在生成树中，这与树无圈矛盾。证毕。

定理 2 - 7   一个边割集和任何一棵生成树至少有一条公共边。

证明：如果一个边割集和一棵生成树没有公共边，那么删去这个割集后，该树仍是一棵生成树，而生成树是连通的，这与割集的定义矛盾。证毕。

定义 2 - 47   设 $G=\langle V, E, W \rangle$ 是一个边赋权的连通无向图，任取 $e \in E$，e 的权为实数 $W(e)$。若 T 是 G 的一棵生成树，则 T 中树枝的权值之和称为树 T 的权，记为 $W(T) = \sum_{e \in T} W(e)$。$G$ 的所有生成树中，权最小的生成树称为图 G 的最小生成树（minimal spanning tree）。

最小生成树可能不是唯一的。例如，若图 G 的所有边上的权均相同，则 G 的任意一棵生成树都是其最小生成树。在许多实际应用问题中，关心的是如何求解连通赋权图的最小生成树。下面讨论构造最小生成树的算法。

1956 年，约瑟夫·伯纳德·克鲁斯卡尔（Joseph Bernard Kruskal）给出了一个基于贪婪原理的最小生成树算法，称为克鲁斯卡尔（Kruskal）算法。

克鲁斯卡尔（Kruskal）算法   设 $G=\langle V, E, W \rangle$ 是一个有 n 个结点的边赋权连通无向图，$W: E \rightarrow R^+$ 是赋权函数。克鲁斯卡尔算法的过程描述如下：

(1) 令 $i=0$，$F=\varnothing$。

(2) $i=i+1$，从边集 $E-F$ 中选取边 e_i，e_i 与 $F=\{e_1, e_2, \cdots, e_{i-1}\}$ 中的边不构成圈，且权最小，令 $F=F \cup \{e_i\}$。

(3) 若 $i=n-1$，则算法终止；否则，重复步骤(2)。

例 2 - 12 $G=\langle V, E \rangle$ 是一个连通图，如图 2-16 所示，用克鲁斯卡尔算法求 G 的一棵最小生成树。

解：用克鲁斯卡尔算法求解最小生成树的过程如图 2-17(a)～(h)所示。

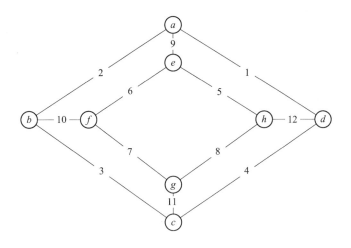

图 2-16 例 2-12、例 2-13 图

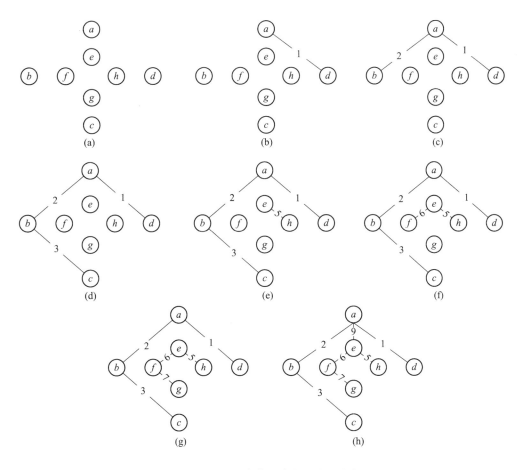

图 2-17 用克鲁斯卡尔算法求解最小生成树的过程

定理 2-8 设 $G=\langle V,E,W\rangle$ 是一个边赋权连通无向图,克鲁斯卡尔算法产生的是 G 的一棵最小生成树。

执行克鲁斯卡尔算法最好的方法是按边权从小到大的次序进行排序,但该算法的一个步骤是必须判断一条边是否与已选择的边构成圈。1957 年，罗伯特·克雷·普里姆 (Robert Clay Prim)对以上算法进行了修改，给出了一个不涉及圈的最小生成树构造算法，称为普里姆算法。

普里姆(Prim)算法 普里姆算法的过程描述如下：

(1) 设 $F=\varnothing$，从 V 中任意选取一个结点 v_0，令 $V'=\{v_0\}$。

(2) 在 V' 与 $V-V'$ 之间选一条权最小的边 $e=(v_i,v_j)$，其中 $v_i\in V'$，$v_j\in V-V'$。

(3) 令 $F=F\bigcup\{e\}$，$V'=V'\bigcup\{v_j\}$。

(4) 若 $V'\neq V$，则重复步骤(2)~(3)；否则，算法终止。

例 2-13 用普里姆算法求图 2-16 所示的连通图 $G=\langle V,E\rangle$ 的一棵最小生成树。

解：用普里姆算法求解最小生成树的过程如图 2-18(a)~(g)所示。

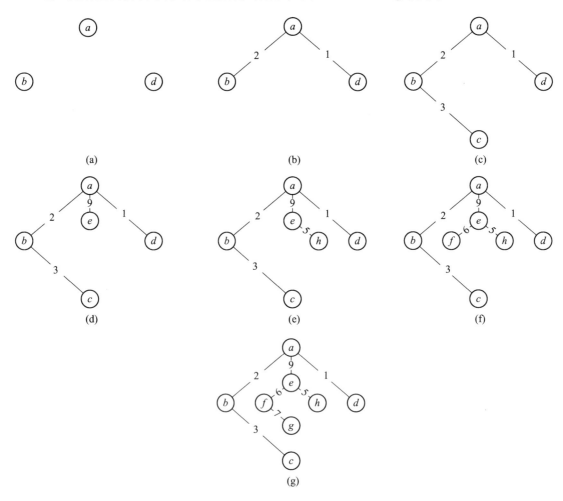

图 2-18 用普里姆算法求解最小生成树的过程

定理 2-9 设 $G=\langle V,E,W\rangle$ 是一个边赋权连通无向图，$W:E\rightarrow R^+$ 是赋权函数，则普里姆算法产生的是 G 的一棵最小生成树。

3. 有向树(根树及其应用)

定义 2-48 若一个有向图 T 的底图是一棵无向树，则称 T 为**有向树**(directed tree)。

定义 2-49　一棵有向树 T，若恰有一个结点的入度为 0，其余结点的入度均为 1，则称 T 为**根树**(root tree)或**外向树**(outward tree)。入度为 0 的结点称为**树根**(root)，出度为 0 的结点称为**树叶**(leaf)，出度不为 0 的结点称为**分支点**(branch point)或**内点**(interior point)。

图 2-19(a)是一棵有向树，图 2-19(b)是一棵根树，其中结点 a 为树根。习惯上，常使用"倒置法"来画树根，即把树根画在最上方，树叶画在最下方，有向边的方向均朝下，这样可以省略所有的箭头。图 2-19(c)是图 2-19(b)的一种倒置画法，这样可以更方便地观察根树的结构和性质。

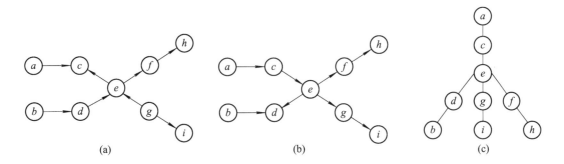

图 2-19　根树画法示例

在根树中，从树根 r 到任一结点 v 的路的长度称为**结点 v 的层数**(layer number)，记为 $L(v)$。根树中所有结点的层数最大者称为树的**高度**(height)。一棵根树中以任意结点为根的子树也是一棵根树。

通常可以使用家族关系中的术语来表示根树中结点间的关系。

定义 2-50　在根树 $T=\langle V,E\rangle$ 中，若从结点 a 到 b 可达，则称 a **是** b **的祖先**(ancestor)，b **是** a **的后裔**(descendant)。若 $\langle a,b\rangle\in E$，则称 a **是** b **的父亲**(father)，b **是** a **的儿子**(son)。若两个结点 a 和 b 有相同的父亲，则称 a **与** b **是兄弟**(sibling)。

根树可以用来描述很多现实问题。例如，某公司的组织结构如图 2-20 所示，其中以结点表示各级职务，有向边表示直接上下级关系。

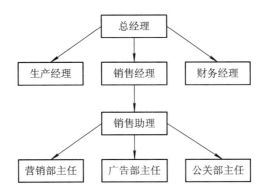

图 2-20　某公司的组织结构

有时候需要考虑同层结点间的次序关系，为此引入有序树的概念。

定义 2-51　在根树中，若规定了兄弟结点间的次序，则这样的根树称为**有序树**。

定义 2-52　每个结点的出度均小于等于 m 的根树称为 **m 元树**(m-ary tree)。每个结点的出度均等于 0 或 m 的根树称为**正则 m 元树**(regular m-ary tree)。

定理 2-10 设有正则 m 元树 T,其树叶数为 t,分支结点数为 i,则有 $(m-1)i = t-1$。

证明:由题设知,树 T 有 $i+t$ 个结点,则 T 中有 $i+t-1$ 条边。根据有向图的握手定理知,所有结点的出度和等于边数,则有 $m \times i = i+t-1$,即 $(m-1)i = t-1$。

定义 2-53 给定一组权值 $w_1, w_2, \cdots, w_n$,设 $w_1 \leqslant w_2 \leqslant \cdots \leqslant w_n$,如果一棵树 T 共有 n 片树叶,分别带权 $w_1, w_2, \cdots, w_n$,那么称这棵二元树为带权 $w_1, w_2, \cdots, w_n$ 的二元树。定义这棵二元树 T 的权 $W(T)$ 为

$$W(T) = \sum_{i=1}^{n} w_i L(w_i)$$

式中:$L(w_i)$ 为带权 w_i 的树叶的层数。在所有带权 $w_1, w_2, \cdots, w_n$ 的二元树中,具有最小权的二元树称为最优二元树(optimal 2-ary tree)。

1952 年,哈夫曼(D. A. Huffman)给出了一种求最优树的算法。设权值集合 $W = \{w_1, w_2, \cdots, w_n\}$,$w_1 \leqslant w_2 \leqslant \cdots \leqslant w_n$,哈夫曼算法的核心思想是:在带权 $w_1+w_2, w_3, \cdots, w_n$ 的最优树 T 中,将带权 w_1+w_2 的叶子结点转化为一个分支结点,使它具有两个儿子结点,分别带权 w_1 和 w_2,即可得到带权 $w_1, w_2, \cdots, w_n$ 的最优二元树。

这样,画一棵带有 n 个权的最优二元树可以归约为画一棵带 $n-1$ 个权的最优二元树,再归约为画一棵带 $n-2$ 个权的最优二元树,以此类推,直到归约为画一棵带 1 个权的最优二元树,就获得了带权 $w_1, w_2, \cdots, w_n$ 的最优二元树。

定理 2-11 设 $w_1 \leqslant w_2 \leqslant \cdots \leqslant w_n$,存在带权 $w_1, w_2, \cdots, w_n$ 的最优二元树,使得其中层数最大的分支结点的两个儿子所带权分别等于 w_1 和 w_2。

证明:设 T 是带权 $w_1, w_2, \cdots, w_n$ 的一棵最优二元树,带权 $w_1, w_2, \cdots, w_n$ 的叶子结点分别为 $v_1, v_2, \cdots, v_n$,v 是树 T 中任一层数最大的分支点,v 的两个儿子是 v_x 和 v_y,且分别带权 w_x 和 w_y,v_x 和 v_y 都是 T 中的树叶,设 $x < y$,也就有 $w_x \leqslant w_y$。由于 $w_1 \leqslant w_2 \leqslant \cdots \leqslant w_n$,因此能够得出 $w_1 \leqslant w_x$,$w_2 \leqslant w_y$。

若 $v_x = v_1, v_y = v_2$,则结论成立;否则,$v_x \neq v_1$ 或 $v_y \neq v_2$。

情形一:$v_x \neq v_1$。若 $w_1 = w_x$,可以将 v_1 与 v_x 位置互换得到一棵新的最优二元树,使得 v_1 成为 v 的儿子。若 $w_1 \neq w_x$,则有 $w_1 < w_x$,因为 v_x 的父亲是树 T 中层数最大的分支点,所以有 $L(v_1) \leqslant L(v_x)$。

在树 T 中将带权 w_1 的叶子 v_1 与带权 w_x 的叶子 v_x 的位置互换,得到新树 T',则有
$$W(T') - W(T) = (L(v_x) \cdot w_1 + L(v_1) \cdot w_x) - (L(v_1) \cdot w_1 + L(v_x) \cdot w_x)$$
$$= (w_x - w_1)(L(v_1) - L(v_x))$$

由于 T 是一棵最优树,可得 $W(T') - W(T) = (w_x - w_1)(L(v_1) - L(v_x)) \geqslant 0$,而 $w_x - w_1 > 0$,因此有 $L(v_1) \geqslant L(v_x)$。

故有 $L(v_1) = L(v_x)$,即 v_1 与 v_x 处于同一层,此时可以将 v_1 与 v_x 的位置互换得到一棵新的最优二元树,使得 v_1 成为 v 的儿子。

情形二:$v_y \neq v_2$ 与情形一类似,也可将 v_2 与 v_y 的位置互换得到一棵新的最优二元树,使得 v_2 成为 v 的儿子。

设 $w_1 \leqslant w_2 \leqslant \cdots \leqslant w_n$，$T$ 为带权 $w_1 + w_2$，w_3，$\cdots$，w_n 的最优二元树，若在 T 中将带权为 $w_1 + w_2$ 的叶子结点替换为分支结点，并让分别带权 w_1 和 w_2 的树叶成为它的两个儿子，则得到一棵树 T'，T' 为带权 w_1，w_2，$\cdots$，w_n 的最优二元树。

证明：采用反证法。假设 T' 不是一棵带权 w_1，w_2，$\cdots$，w_n 的最优二元树。

依据已知条件

$$W(T) = W(T') - w_1 - w_2$$

设 T'' 是一棵带权 w_1，w_2，$\cdots$，w_n 的最优二元树，其中层数最大的分支结点的两个儿子所带权分别等于 w_1 和 w_2。将带权 w_1 和 w_2 的叶子从树 T'' 中删除，并使其父结点变为带权 $w_1 + w_2$ 的树叶，从而得到带权 $w_1 + w_2$，w_3，$\cdots$，w_n 的一棵树 $\hat{T}$，则

$$W(\hat{T}) = W(T'') - w_1 - w_2$$

因为 T'' 是带权 w_1，w_2，$\cdots$，w_n 的最优二元树，故有

$$W(T'') < W(T')$$

由上述 3 个公式可得 $W(\hat{T}) < W(T)$，这与 T 为带权 $w_1 + w_2$，w_3，$\cdots$，w_n 的最优二元树矛盾。所以，T' 是一棵带权 w_1，w_2，$\cdots$，w_n 的最优二元树。证毕。

例 2 - 14　给定一组权值 2、2、3、4、5、6，构造一棵最优二元树。

解：最优二元树的构造过程如图 2 - 21(a)～(f) 所示。

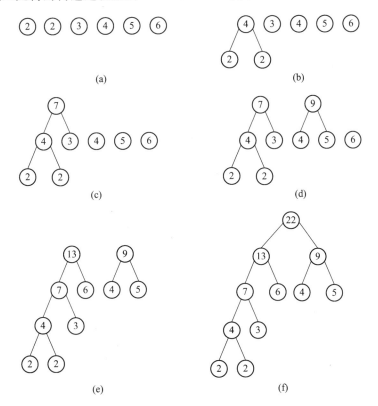

图 2 - 21　最优二元树的构造过程

最优树在通信编码中也得到了广泛应用。在通信活动中，若采用定长 0、1 序列表示 26

个字母，则最少需用 5 位($2^4 < 26 < 2^5$)，接收端每收到 5 位 0、1 序列就可确定一个字母。在实际应用中，每个字母被使用的频度是不同的，例如 a 和 e 使用较为频繁，而 q 和 z 使用就相对较少。若采用变长 0、1 序列表示 26 个字母，长度不超过 4 位，因为 $2 + 2^2 + 2^3 + 2^4 = 30 > 26$，用较短的 0、1 序列表示出现频率高的字母，用较长的 0、1 序列表示出现频率低的字母，则在发送同一段文档时可以缩短总的发送信息位数。但是，变长的编码方式可能产生译码困难。例如，如果用 00 表示 a，01 表示 e，0001 表示 q，当接收到信息串 0001 时，不能决定传递的内容是 et 还是 q。下面使用前缀码和最优树来解决这个问题。

定义 2-54　给定一个以 0、1 组成序列为元素的集合，若没有一个序列是另一个序列的前缀，则称该集合为**前缀码**(prefix code)。

例如，可以验证集合 {01, 10, 11, 000, 001} 是前缀码，当接收端收到二进制信息串 0010001011011000011 时，可唯一地译码为 001, 000, 10, 11, 01, 10, 000, 11。集合 {00, 10, 11, 001, 111} 就不是前缀码，因为 00 是 001 的前缀，11 是 111 的前缀。

可以用有序正则二元树来解决前缀编码问题。例如，在一棵有序正则二元树中，我们把每一分支结点的左树枝标记为 0，而将其右树枝标记为 1，把从根到每片树叶的通路所经过的边的标记序列作为该树叶的标记。由于这些树叶之间没有一个是另一个的祖先，因此在树叶的标记中没有一个是另一个的前缀，这些树叶的标记组成的集合就是一个前缀编码。图 2-22 产生的前缀码是 {01, 10, 11, 000, 001}。

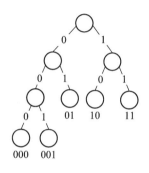

图 2-22　有序正则二元树生成前缀编码

字母的最优前缀编码问题其实就是构造一棵最优二元树。例如，给定 26 个英文字母使用的平均概率为 $p_1, p_2, \cdots, p_{26}$，为了能顺利进行译码且使文档编码的平均信息长度最短，应以这 26 个概率作为权值构造一棵最优二元树，叶子对应的编码即为所求。

本 章 小 结

本章介绍了离散数学的一些基础知识，包括数理逻辑、集合论、代数结构和图论等内容。

首先，介绍了数理逻辑的基础知识，了解了命题、谓词、量词等概念，并学习了命题逻辑、一阶逻辑等重要内容。在后续的课程中，这些知识将会被广泛应用于算法设计和证明等领域。

其次，介绍了集合的基础知识，了解了集合的定义、二元关系与函数等概念，并学习了有限集、无限集、空集等重要内容。集合论是离散数学中的重要内容，它在计算机科学中有着广泛的应用。

再次，介绍了代数结构的基础知识，了解了群、环、域等概念，并学习了它们的基本性

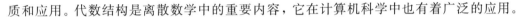

质和应用。代数结构是离散数学中的重要内容，它在计算机科学中也有着广泛的应用。

最后，介绍了图论的基础知识，了解了图的概念和树。图论是离散数学中的重要分支，它在计算机科学中有着广泛的应用，如网络分析、路径规划等领域。

总之，离散数学是一门非常重要的学科，通过这一章节的学习，相信读者已经初步了解了离散数学的基础知识和应用。接下来的课程将会深入学习更多的内容，为今后的学习打下坚实的基础。

本 章 习 题

1. 指出下列语句哪些是命题，哪些不是；如果是命题，指出它的真值。

（1）计算机有视觉吗？

（2）明天我去看球赛。

（3）请勿大声喧哗！

（4）不存在最大的质数。

2. 将下列命题符号化：

（1）王强身体很好，成绩也很好。

（2）小静只能挑选 202 或 203 房间。

（3）如果 a 和 b 是偶数，那么 $a+b$ 是偶数。

3. 求命题公式 $((Q{\rightarrow}P)\vee R){\rightarrow}(P{\rightarrow}(Q\vee R))$ 的真值表。

4. 使用命题逻辑中的推理理论构造下面推理的证明：

前提：$p{\rightarrow}(q{\rightarrow}s)$，$q$，$p\vee\neg r$。

结论：$r{\rightarrow}s$。

5. 下面给出了集合 S 上的关系 R，指出 R 在 S 上满足自反性、反对称性和传递性中的哪些性质。

（1）设 S 是由 $\{1,2,3,4\}$ 的全体子集构成的集合，ARB 当且仅当 $A{\subseteq}B$ 且 $A{\neq}B$。

（2）$S=\{\{1,2,3\},\{2,3,4\},\{3,4,5\}\}$，$ARB$ 当且仅当 $|A-B|{\leqslant}1$。

（3）S 是正整数集合，xRy 当且仅当存在某个正数 n，使得 $y=n^2x$。

6. 是否存在有 5 个顶点的图，其中每个顶点的度数都为 1？或每个顶点的度数都为 2？或每个顶点的度数都为 3？请证明你的答案。

7. 几年前，全美橄榄球联盟有两个赛区，每个赛区有 13 支球队。假设联盟决定每支球队总共要进行 14 场比赛，其中 11 场与自己赛区的球队进行，另外 3 场与另外赛区的球队进行。请证明这是不可能的。

8. 已知 $Q^*=Q-\{0\}$，Q 是有理数集，$\forall m,n\in Q^*$，$n*m=\dfrac{1}{7}nm$，证明 $(Q^*,*)$ 是群。

第 3 章　密码学基础知识

　　密码学与形式化方法之间有着紧密且重要的关系。一方面，针对密码安全协议的安全性分析是形式化方法的一个典型的应用场景，如果想正确地对密码安全协议进行形式化建模，足够的密码学知识是必不可少的；另一方面，密码学相关问题的解决中也需要使用形式化方法，比如证明一个加密方案在某种计算假设下是安全的，这种证明通常涉及复杂的数学理论，如群论、概率论和复杂度理论。形式化方法支持开发自动化工具，这些工具能够检测加密软件中的安全漏洞或者自动验证加密协议的正确性。掌握密码学相关的基础知识对形式化安全方法的学习至关重要，密码学的基础知识，如对称加密、非对称加密和散列函数，有助于形式化方法在建模和分析中确保数据的保密性和完整性。这些知识用于验证系统设计中的安全协议，确保数据在传输或存储过程中不被未授权访问或篡改。通过理解和应用数字签名和公钥基础设施(PKI)等密码学技术，形式化方法能够设计和验证复杂的认证和授权机制。这些机制对于防止身份伪造和访问控制至关重要。密码学中的复杂性理论和安全证明技术，如基于计算难题的证明，为形式化方法提供了一种验证安全属性(如抗碰撞性和前向安全性)的途径。这些理论有助于形式化方法评估和证明加密算法和协议的安全性。隐私增强技术，如零知识证明和同态加密，使形式化方法可以在不泄露敏感数据的情况下验证和分析数据处理和交换系统。这对于设计保护隐私的系统尤为重要。

　　本章将介绍形式化方法所需要的密码学基本知识，具体包括密码基本理论与技术概述、对称密码、公钥密码体制、Hash 函数和数字签名等内容，以帮助读者了解这门学科的基本知识。

3.1　密码基本理论与技术概述

　　在当今这个信息化的时代，数据安全和信息保护已经成为我们生活中不可或缺的一部分。为了保护这些重要的信息，密码学成为一个重要的研究领域。密码学的基本理论和技术是密码学研究的基础，它们是理解和应用密码学的关键。本节将介绍密码学相关的基础内容，包括密码学相关术语的定义和分类。通过本节内容的学习，读者将对密码学有一个初步的理解，包括它的基本原理、技术和应用领域。

3.1.1　密码学相关术语的定义

1. 密码学

密码学(cryptography) 在希腊语中的意思是"秘密的文字"。然而，现在这个词是指将报文转换成安全的、免受攻击的科学和艺术。图 3-1 为密码学的组成。

图 3-1　密码学的组成

2. 明文与密文

在进行转换之前，原始的报文称为**明文(plaintext)**。转换后的报文称为**密文(ciphertext)**。**加密算法(encryption algorithm)** 将明文转换为密文；**解密算法(decryption algorithm)** 将密文转换回明文。发送方使用加密算法，而接收方使用解密算法。

3. 密码算法

通常把加密与解密算法合称为密码算法。术语**密码算法(ciphers)** 有时也用来指密码学中不同类型的算法。这并不是说发送方和接收方在安全通信时都需要拥有自己唯一的加密算法，相反，一个密码算法可以为数百万对通信者服务。

4. 密钥

密钥(key) 是密码算法中参与运算的数值(或数值集)。对报文进行加密，通常需要一个加密算法、一个加密密钥以及明文，并由此产生密文。对报文进行解密，通常需要一个解密算法、一个解密密钥以及密文，并由此复原原始的明文。

3.1.2　两类加密算法

通常可以将所有的加密算法(密码算法)分为两类，即对称密钥(也称为密钥)加密算法和非对称密钥(也称为公钥)加密算法，如图 3-2 所示。

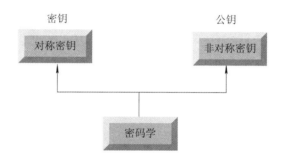

图 3-2　密码学的分类

1. 对称密钥密码学

在对称密钥密码学中，双方使用相同的密钥。发送方使用此密钥和加密算法对明文数据进行加密，接收方使用相同的密钥和相应的解密算法对密文进行解密，如图 3-3 所示。

图 3-3 对称密钥密码学

在对称密钥密码学中，发送方（加密）和接收方（解密）使用相同的密钥，密钥是共享的。

2. 非对称密钥密码学

在非对称或公钥密码学中有两个密钥，即私钥和公钥，**私钥（private key）**由接收方保存，而**公钥（public key）**是公开发布的。如图 3-4 所示，假设 Alice 想给 Bob 发送报文，Alice 使用公钥对报文加密，Bob 接收到报文后，再用私钥进行解密。

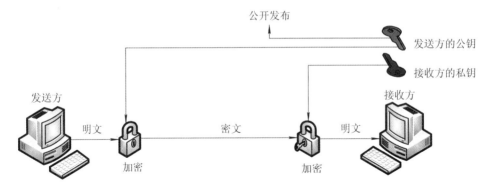

图 3-4 非对称密钥密码学

在公钥加密/解密中，用于加密的公钥与用于解密的私钥是不同的。公钥对于公众是可获取的，而私钥只有个人才能使用。

3. 三种类型的密钥

我们应该已经注意到，在密码学中，通常要处理三种类型的密钥，即密钥、公钥及私钥。第一种密钥是在对称密钥密码学中共享使用的；第二、三种是在非对称密钥密码学中使用的。

4. 两类加密算法的比较

对称与非对称密钥加密存在明显差异。加密可类比为电子关锁，解密则可类比为电子开锁。发送方把报文放入盒子中，并使用密钥锁住盒子；接收方使用密钥打开盒子并取出报文。二者的区别在于关锁与开锁的机制以及使用密钥的类型。

在对称密钥密码学中，使用了相同的密钥对盒子关锁和开锁。在非对称密钥密码学中，用一个密钥锁住盒子，而用另外一个密钥打开盒子。图 3-5 说明了它们之间的区别。

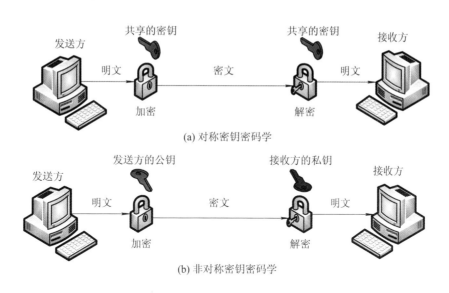

(a) 对称密钥密码学

(b) 非对称密钥密码学

图 3-5 两类密码学的比较

3.2 对 称 密 码

几千年前，当人们需要交换秘密时（如在战争中），对称密钥密码学就开始诞生了。在网络空间安全防护中，目前仍主要使用对称密钥密码学，如 3GPP 的标准通信协议。本节将简单介绍对称密码中的流密码和分组密码。

3.2.1 流密码

1. 流密码的基本概念

流密码的基本思想是利用密钥 K 产生一个密钥流 $z = z_0 z_1$，并使用如下规则对明文串 $x = x_0 x_1 x_2 \cdots$ 加密：$y = y_0 y_1 y_2 \cdots = E_{z_0}(x_0) E_{z_1}(x_1) E_{z_2}(x_2) \cdots$。密钥流由密钥流产生器 f 产生：$z_i = f(K, \sigma_i)$。其中 σ_i 为加密器中的记忆元件（存储器）在 i 时刻的状态，f 为由密钥 K 和 σ_i 产生的函数。

分组密码与流密码的区别就在于有无记忆性（见图 3-6）。流密码的滚动密钥 $z_i = f(K, \sigma_i)$ 由函数 f、密钥 k 和指定的初态 σ_0 完全确定。此后，由于输入加密器的明文可能影响加密器中内部记忆元件的存储状态，因而 $\sigma_i (i > 0)$ 可能依赖于 $K, \sigma_0, x_0, x_1, \cdots, x_{i-1}$ 等参数。

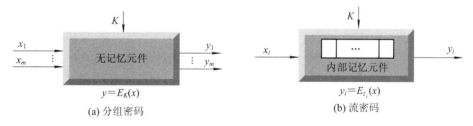

(a) 分组密码   (b) 流密码

图 3-6 分组密码和流密码的比较

2. 同步流密码

根据加密器中记忆元件的存储状态σ_i是否依赖于输入的明文字符,流密码可进一步分为同步和自同步两种。σ_i独立于明文字符的叫作同步流密码,否则叫作自同步流密码。由于自同步流密码的密钥流的产生与明文有关,因而较难从理论上进行分析,目前大多数研究成果都是关于同步流密码的。在同步流密码中,由于$z_i=f(K,\sigma_i)$与明文字符无关,因而此时密文字符$y_i=E_{z_i}(x_i)$也不依赖于此前的明文字符。因此,可将同步流密码的加密器分成密钥流产生器和加密变换器两个部分。若与上述加密变换对应的解密变换为$x_i=D_{z_i}(y_i)$,则可给出同步流密码的模型,如图3-7所示。

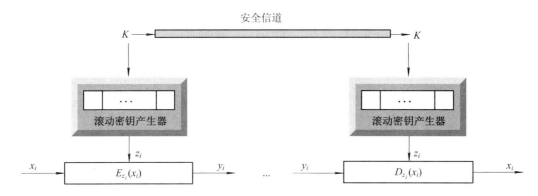

图 3-7 同步流密码体制模型

同步流密码的加密变换E可以有多种选择,只要保证变换是可逆的即可。实际使用的数字保密通信系统一般都是二元系统,因而在有限域$GF(2)$上讨论的二元加法流密码(见图3-8)是目前最为常用的流密码体制,其加密变换可表示为$y_i=z_i\oplus x_i$。

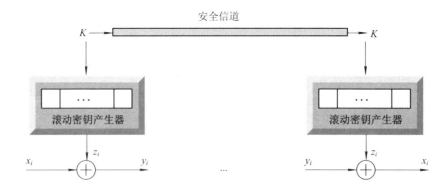

图 3-8 加法流密码体制模型

一次一密密码是加法流密码的原型。事实上,若密钥用作滚动密钥流,则加法流密码就退化成一次一密密码。在实际使用中,密码设计者的最大愿望是设计出一个滚动密钥生成器,使得密钥K经其扩展成的密钥流序列z具有极大的周期、良好的统计特性、抗线性分析、抗统计分析等性质。

3. 密钥流产生器

同步流密码的关键是密钥流产生器，一般可将其看成一个参数 K 的有限状态自动机，由一个输出符号集 Z、一个状态集 Σ、两个函数 φ 和 ψ 以及一个初始状态 σ_0 组成（见图 3-9）。状态转移函数 φ：$\sigma_i \rightarrow \sigma_{i+1}$，将当前状态 σ_i 变为一个新状态 σ_{i+1}，输出函数 ψ：$\sigma_i \rightarrow z_i$，将当前状态 σ_i 变为输出符号集中的一个元素 z_i。这种密钥流产生器设计的关键在于找出适当的状态转移函数 φ 和输出函数 ψ，使得输出序列 z 满足密钥流序列 z 应满足的几个条件，并且要求在设备上是节省的和容易实现的。为了实现这一目标，必须采用非线性函数。

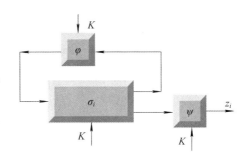

图 3-9　作为有限状态自动机的密钥流产生器

由于具有非线性的 φ 的有限状态自动机理论很不完善，因此相应的密钥流产生器的分析工作受到极大的限制。相反地，当采用线性的 φ 和非线性的 ψ 时，它能够深入的分析并可以得到好的产生器。为方便讨论，可将这类产生器分成驱动部分和非线性组合部分（见图 3-10）。驱动部分控制密钥流产生器的状态转移，并为非线性组合部分提供统计性能好的序列。而非

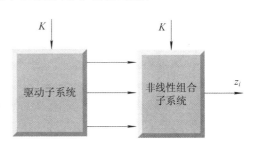

图 3-10　密钥流产生器的分解

线性组合部分要利用这些序列组合出满足要求的密钥流序列。

目前，最为流行和实用的密钥流产生器如图 3-11 所示，其驱动部分是一个或多个线性反馈移位寄存器。

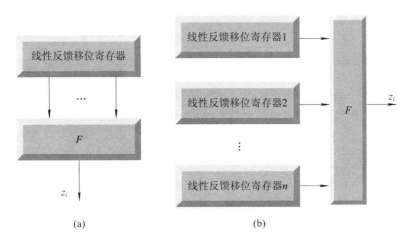

图 3-11　常见的两种密钥流产生器

4. 线性反馈移位寄存器

移位寄存器是流密码产生密钥流的一个主要组成部分。$GF(2)$ 上一个 n 级反馈移位寄存器由 n 个二元存储器与一个反馈函数 $f(a_1, a_2, \cdots, a_n)$ 组成，如图 3-12 所示。每一个存

储器称为移位寄存器的一级，在任一时刻，这些级的内容构成该反馈移位寄存器的状态，每一状态对应于 $GF(2)$ 上的一个 n 维向量，共有 2^n 种可能的状态。每一时刻的状态可用 n 长序列 a_1，a_2，$\cdots$，a_n 或 n 维向量 $(a_1, a_2, \cdots, a_n)$ 表示，其中 a_i 为第 i 级存储器的内容。移位寄存器的初始状态由用户确定，当第 i 个移位时钟脉冲到来时，每一级存储器 a_i 都将其内容向下一级 a_{i-1} 传递，并根据寄存器此时的状态 a_1，a_2，$\cdots$，a_n 计算 $f(a_1, a_2, \cdots, a_n)$，作为下一时刻的 a_n。反馈函数 $f(a_1, a_2, \cdots, a_n)$ 是 n 元布尔函数，即 n 个变元 a_1，a_2，$\cdots$，a_n，可以独立地取 0 和 1 这两个可能的值，函数中的运算有逻辑与、逻辑或、逻辑补等运算，最后的函数值也为 0 或 1。

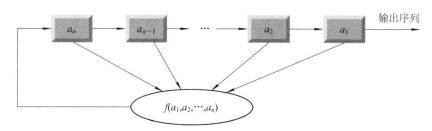

图 3-12 $GF(2)$ 上的 n 级反馈移位寄存器

若移位寄存器的反馈函数 $f(a_1, a_2, \cdots, a_n)$ 是 a_1，a_2，$\cdots$，a_n 的线性函数，则称之为线性反馈移位寄存器(Linear Feedback Shift Register，LFSR)。此时，f 可写为 $f(a_1, a_2, \cdots, a_n) = c_n a_1 \oplus c_{n-1} a_2 \oplus \cdots \oplus c_1 a_n$。其中，常数 $c_i = 0$ 或 1，$\oplus$ 是模 2 加法。$c_i = 0$ 或 1 可用开关的断开和闭合来实现，如图 3-13 所示。输出序列 $\{a_i\}$ 满足 $c_n a_t \oplus c_{n-1} a_{t+1} \oplus \cdots \oplus c_1 a_{n+t-1}$，其中 t 为非负整数。

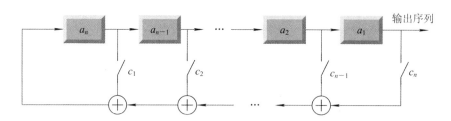

图 3-13 $GF(2)$ 上的 n 级线性反馈移位寄存器

线性反馈移位寄存器因其实现简单、速度快、有较为成熟的理论等优点而成为构造密钥流产生器最重要的部件之一。

线性反馈移位寄存器输出序列的性质完全由其反馈函数决定。n 级线性反馈移位寄存器最多有 2^n 个不同的状态。若其初始状态为 0，则其状态恒为 0。若其初始状态非 0，则其后继状态不会为 0。因此，n 级线性反馈移位寄存器的状态周期小于等于 $2^n - 1$，其输出序列的周期与状态周期相等，也小于等于 $2^n - 1$。只要选择合适的反馈函数便可使序列的周期达到最大值 $2^n - 1$，周期达到最大值的序列称为 m 序列。

3.2.2 分组密码

1. 分组密码概述

在许多密码系统中，单钥分组密码是系统安全的一个重要组成部分，用分组密码易于构造伪随机数生成器、流密码、消息认证码(MAC)和哈希函数等，还可进而成为消息认证技术、数据完整性机制、实体认证协议以及单钥数字签名体制的核心组成部分。实际应用中对于分组密码可能提出多方面的要求，除了安全性外，还有运行速度、流量(程序大小、数据分组长度、高速缓存大小)、实现平台(硬件、软件、芯片)、运行限制条件，都需要与安全性要求之间进行适当的折中选择。

分组密码是将明文消息编码表示后的数字序列 $x_0, x_1, \cdots, x_i, \cdots$ 划分成长为 n 的组 $x = (x_0, x_1, \cdots, x_{n-1})$，各组(长为 n 的矢量)分别在密钥 $K = (K_0, K_1, \cdots, K_{t-1})$ 控制下变换成等长的输出数字序列 $y = (y_0, y_1, \cdots, y_{m-1})$(长为 m 的矢量)，其加密函数 $E: V_n \times K \to V_m$，V_n 和 V_m 分别为 n 维和 m 维矢量空间，K 为密钥空间，如图 3-14 所示。它与流密码的不同之处在于输出的每一位数字不是只与相应时刻输入的明文数字有关，而是与一组长为 n 的明文数字有关。在相同密钥下，分组密码对长为 n 的输入明文组所实施的变换是等同的，所以只需研究对任一组明文数字的变换规则。这种密码实质上是字长为 n 的数字序列的代换密码。

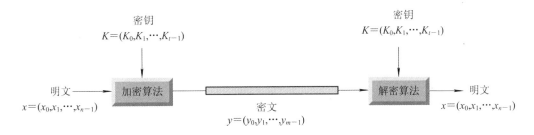

图 3-14　分组密码框图

通常取 $m=n$。若 $m>n$，则为有数据扩展的分组密码。若 $m<n$，则为有数据压缩的分组密码。在二元情况下，x 和 y 均为二元数字序列，它们的每个分量 $x_i, y_i \in GF(2)$。下面主要讨论二元情况下，设计的算法应满足的几个要求。

(1) 分组长度 n 要足够大，使分组代换字母表中的元素个数 2^n 足够大，防止明文穷举攻击法奏效。DES、IDEA、FEAL 和 LOKI 等分组密码都采用 $n=64$，在生日攻击下用 2^{32} 组密文成功概率为 $1/2$，同时要求 $2^{32} \times 64$ 比特 $= 2^{15}$ Mbyte 存储，故采用穷举攻击是不现实的。

(2) 密钥量要足够大(即置换子集中的元素足够多)，尽可能消除弱密钥并使所有密钥同等地好，以防止密钥穷举攻击奏效。但密钥又不能过长，以便于密钥的管理。DES 采用 56 比特密钥，现在看来太短了，IDEA 采用 128 比特密钥，据估计，在今后 30～40 年内采用 80 比特密钥是足够安全的。

(3) 由密钥确定置换的算法要足够复杂，充分实现明文与密钥的扩散和混淆，没有简单的关系可循，能抗击各种已知的攻击，如差分攻击和线性攻击；有高的非线性阶数，实现复杂的密码变换，使攻击者在破译时除了用穷举法外，无其他捷径可循。

(4) 加密和解密运算简单，易于软件和硬件高速实现，如将分组 n 划分为子段，每段长为 8、16 或者 32。在以软件实现时，应选用简单的运算，使作用于子段上的密码运算易于以标准处理器的基本运算，如加、乘、移位等实现，避免使用以软件难以实现的逐比特置换。为了便于硬件实现，加密和解密过程之间的差别应仅在于由密钥所生成的密钥表不同而已。这样，加密和解密就可使用同一器件实现。设计的算法采用规则的模块结构，如多轮迭代等，以便于软件和 VLSI 快速实现。

（5）数据扩展尽可能小。一般无数据扩展，在采用同态置换和随机化加密技术时可引入数据扩展。

（6）差错传播尽可能小。

要实现上述几点要求并不容易。首先，要在理论上研究有效而可靠的设计方法，而后进行严格的安全性检验，并且要易于实现。

2. 分组密码的基本原理

1）代换

若明文和密文的分组长都为 n 比特，则明文的每一个分组都有 2^n 个可能的取值。为使加密运算可逆（使解密运算可行），明文的每一个分组都应产生唯一的一个密文分组，这样的变换是可逆的，称明文分组到密文分组的可逆变换为代换。不同可逆变换的个数有 $2^n!$ 个。

图 3-15 表示 $n=4$ 的代换密码的一般结构，4 比特输入产生 16 个可能输入状态中的一个，由代换结构将这一状态映射为 16 个可能输出状态中的一个，每一输出状态由 4 个密文比特表示。加密映射和解密映射可由代换表来定义，如表 3-1 所示。这种定义法是分组密码最常用的形式，能用于定义明文和密文之间的任何可逆映射。

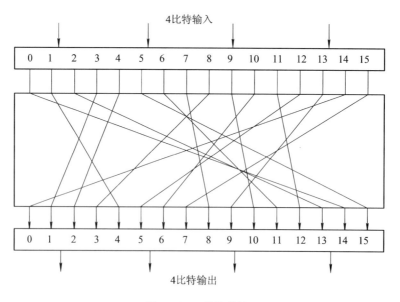

图 3-15　代换结构

但这种代换结构在应用中还有一些问题需要考虑。如果分组长度太小，如 $n=4$，那么系统等价于古典的代换密码，容易通过对明文的统计分析而攻破。这个弱点不是代换结构固有的，只是因为分组长度太短。如果分组长度 n 足够大，而且从明文到密文可有任意可逆的代换，那么明文的统计特性将被隐藏而使以上的攻击不能奏效。

表 3 - 1 与图 3 - 15 对应的代换表

明文	密文	明文	密文	明文	密文	明文	密文
0000	1110	1000	0011	0000	1110	1000	0111
0001	0100	1001	1010	0001	0011	1001	1101
0010	1101	1010	0110	0010	0100	1010	1001
0011	0001	1011	1100	0011	1000	1011	0110
0100	0010	1100	0101	0100	0001	1100	1011
0101	1111	1101	1001	0101	1100	1101	0010
0110	1011	1110	0000	0110	1010	1110	0000
0111	1000	1111	0111	0111	1111	1111	0101

然而，从实现的角度来看，分组长度很大的可逆代换结构是不实际的。以表 3 - 1 为例，该表定义了 $n=4$ 时从明文到密文的一个可逆映射，其中"密文"列是每个明文分组对应的密文分组的值，可用来定义这个可逆映射。因此，从本质上来说，"密文"列是从所有可能的映射中决定某一特定映射的密钥。在这个例子中，密钥需要 64 比特。一般，对 n 比特的代换结构，密钥的大小是 $n \times 2^n$ 比特。例如，对 64 比特的分组，密钥大小应是 $64 \times 2^{64} = 2^{70} \approx 10^{21}$ 比特，因此难以处理。实际中常将 n 分成较小的段，如可选 $n=r \cdot n_0$，其中 r 和 n_0 都是正整数，将设计 n 个变量的代换变为设计 r 个较小的子代换，而每个子代换只有 n_0 个输入变量。一般 n_0 都不太大，称每个子代换为代换盒，简称为 S 盒。例如，DES 中将输入为 48 比特、输出为 32 比特的代换用 8 个 S 盒来实现，每个 S 盒的输入端数仅为 6 比特，输出端数仅为 4 比特。

2）扩散和混淆

扩散和混淆是由 Shannon 提出的设计密码系统的两个基本方法，目的是抗击攻击者对密码系统的统计分析。如果攻击者知道明文的某些统计特性，如消息中不同字母出现的频率，或可能出现的特定单词或短语，而且这些统计特性以某种方式在密文中反映出来，攻击者就有可能得出加密密钥或其一部分，或包含加密密钥的一个可能密钥集合。在 Shannon 称之为理想密码的密码系统中，密文的所有统计特性都与所使用的密钥独立。

所谓扩散，就是将明文的统计特性散布到密文中，实现方式是密文中每一位由明文中多位产生。例如，对明文消息 $M = m_1 m_2 m_3 \cdots$ 的加密操作：

$$y_n = \mathrm{chr}\left(\sum_{i=1}^{k} \mathrm{ord}(m_{n+i})(\bmod 26) \right)$$

式中：$\mathrm{ord}(m_i)$ 为求字母 m_i 对应的序号；$\mathrm{chr}(i)$ 为求序号 i 对应的字母；密文字母 y_n 由明文中 k 个连续的字母相加而得。这时明文的统计特性将被散布到密文中，因而每一字母在密文中出现的频率比在明文中出现的频率更接近于相等，双字母及多字母出现的频率也更接近于相等。在二元分组密码中，可对数据重复执行某个置换，再对这一置换作用于一个函数，便可获得扩散。

分组密码在将明文分组依靠密钥变换到密文分组时，扩散的目的是使明文和密文之间的统计关系变得尽可能复杂，以使攻击者无法得到密钥。混淆是使密文和密钥之间的统计关系变得尽可能复杂，以使攻击者无法得到密钥。因此，即使攻击者能得到密文的一些统计关系，由于密钥和密文之间统计关系复杂化，攻击者也无法得到密钥。使用复杂的代换算法可得到预期的混淆效果，而简单的线性代换函数得到的混淆效果不够理想。

扩散和混淆成功地实现了分组密码的本质属性，因而成为设计现代分组密码的基础。

3. Feistel 密码结构

很多分组密码的结构从本质上说都是基于一个称为 Feistel 网络的结构。Feistel 提出利用乘积密码可获得简单的代换密码，乘积密码指顺序地执行两个或多个基本密码系统，使得最后结果的密码强度高于每个基本密码系统产生的结果，Feistel 还提出了实现代换和置换的方法。其思想实际上是 Shannon 提出的利用乘积密码实现混淆和扩散思想的具体应用。

1）Feistel 加密结构

图 3-16 为 Feistel 网络示意图，加密算法的输入是分组长为 $2w$ 比特的明文和一个密钥 K。将每组明文分成左右两半 L_0 和 R_0，在进行完 n 轮迭代后，左右两半再合并到一起以

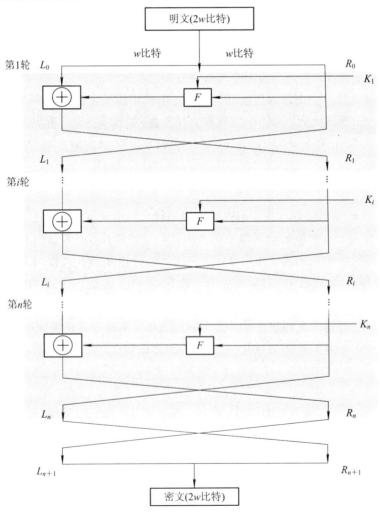

图 3-16　Feistel 网络示意图

产生密文分组。其第 i 轮迭代的输入为前轮输出的函数，即

$$L_i = R_{i-1}$$
$$R_i = L_{i-1} \oplus F(R_{i-1}, K_i)$$

式中：K_i 为第 i 轮用的子密钥，由加密密钥 K 得到。一般，各轮子密钥彼此不同，而且与 K 也不同。

Feistel 网络中每轮结构都相同，每轮中右半数据被作用于轮函数 F 后，再与左半数据进行异或运算，这一过程就是上面介绍的代换。每轮轮函数的结构都相同，但以不同的子密钥 K_i 作为参数。代换过程完成后，再交换左、右两半数据，这一过程称为置换。这种结构是 Shannon 提出的代换-置换网络(Substitution-Permutation Network，SPN)的特有形式。

Feistel 网络的实现与以下参数和特性有关：

（1）**分组大小**。若分组越大则安全性越高，但加密速度就越慢。分组密码设计中最为普遍使用的分组大小是 64 比特。

（2）**密钥大小**。若密钥越长则安全性越高，但加密速度就越慢。现在普遍认为 64 比特或更短的密钥是不安全的。通常使用 128 比特长的密钥。

（3）**轮数**。单轮结构远不足以保证安全性，多轮结构可提供足够的安全性。典型地，轮数取 16。

（4）**子密钥产生算法**。若该算法的复杂性越高，则密码分析的困难性就越大。

（5）**轮函数**。轮函数的复杂性越高，密码分析的困难性也越大。

在设计 Feistel 网络时，还要考虑以下两个问题：

一是，**快速的软件实现**。在很多情况下，算法是被镶嵌在应用程序中的，因而无法用硬件实现。此时算法的执行速度是考虑的关键。

二是，**算法容易分析**。如果算法能被无疑义地解释清楚，就可容易地分析算法抵抗攻击的能力，有助于设计高强度的算法。

2）Feistel 解密结构

Feistel 解密过程本质上和加密过程是一样的，算法使用密文作为输入，但使用子密钥 K_i 的次序与加密过程相反，即第一轮使用 K_n，第二轮使用 K_{n-1}，一直下去，最后一轮使用 K_1。这一特性保证了解密和加密可采用同一算法。

图 3-17(a)为 16 轮 Feistel 网络的加密过程，图 3-17(b)为其解密过程，加密过程由上而下，解密过程由下而上。为清楚起见，加密算法每轮的左右两半用 LE_i 和 RE_i 表示，解密算法每轮的左右两半用 LD_i 和 RD_i 表示。图 3-17 中标出了解密过程中每一轮的中间值与加密过程中间值的对应关系，即加密过程第 i 轮的输出是 $LE_i \parallel RE_i$（$\parallel$ 表示链接），解密过程第 $16-i$ 轮相应的输入是 $RD_i \parallel LD_i$。

加密过程的最后一轮执行完后，两半输出再经交换，因此密文是 $RE_{16} \parallel LE_{16}$。解密过程取以上密文作为同一算法的输入，即第一轮输入是 $RE_{16} \parallel LE_{16}$，等于加密过程第 16 轮两半输出交换后的结果，即解密过程第一轮的输出等于加密过程第 16 轮输入左右两半的交换值。

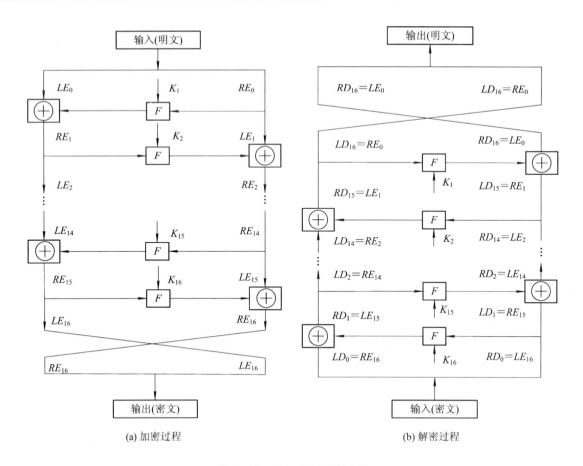

(a) 加密过程　　　　　　　　　　(b) 解密过程

图 3-17　Feistel 加解密过程

在加密过程中：

$$LE_{16} = RE_{15}$$
$$RE_{16} = LE_{15} \oplus F(RE_{15}, K_{16})$$

在解密过程中：

$$LD_1 = RD_0 = LE_{16} = RE_{15}$$
$$RD_1 = LD_0 \oplus F(RD_0, K_{16}) = RE_{16} \oplus F(RE_{15}, K_{16})$$
$$= [LE_{15} \oplus F(RE_{15}, K_{16})] \oplus F(RE_{15}, K_{16}) = LE_{15}$$

所以解密过程第一轮的输出为 $LE_{15} \parallel RE_{15}$，等于加密过程第 16 轮输入左右两半交换后的结果。容易证明这种对应关系在 16 轮中每轮都成立。一般，加密过程的第 i 轮有

$$LE_i = RE_{i-1}$$
$$RE_i = LE_{i-1} \oplus F(RE_{i-1}, K_i)$$

因此

$$RE_{i-1} = LE_i$$
$$LE_{i-1} = RE_i \oplus F(RE_{i-1}, K_i) = RE_i \oplus F(LE_i, K_i)$$

以上两式描述了加密过程中第 i 轮的输入与第 i 轮输出的函数关系，由此关系可得图 3-17(b) 中显示的 LD 和 RD 的取值关系。

4. DES 加密算法

DES(Data Encryption Standard)是迄今为止世界上最为广泛使用和流行的一种分组密码算法，它的分组长度为 64 比特，密钥长度为 56 比特，它是由美国 IBM 公司研制的，是早期的称作 Lucifer 密码的一种发展和修改。DES 对于推动密码理论的发展和应用起到了重大作用，对于掌握分组密码的基本理论、设计思想和实际应用仍然有着重要的参考价值，DES 算法的主要流程如图 3-18 所示，下面是这一算法的描述。

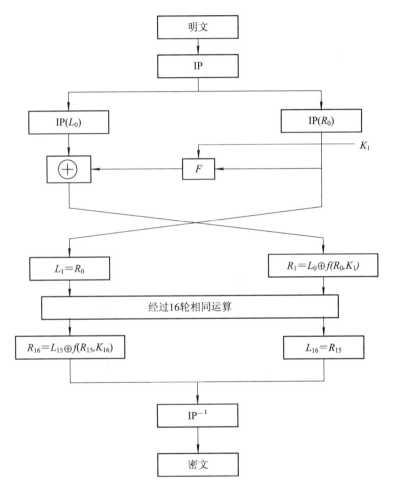

图 3-18　DES 算法主要流程

1) DES 描述

图 3-19 为 DES 加密算法的框图，其中明文分组长为 64 比特，密钥长度为 56 比特。图 3-19 的左边是明文的处理过程，有三个阶段。首先是初始置换 IP，用于重排明文分组的 64 比特数据。其次是具有相同功能的 16 轮变换，每轮中都有置换和代换运算，第 16 轮变换的输出分为左右两半，并被交换次序。最后经过逆初始置换 IP^{-1}（为 IP 的逆）从而产生 64 比特的密文。除初始置换和逆初始置换外，DES 的结构与 Feistel 密码结构完全相同。

图 3-19 的右边是使用 56 比特密钥的方法。密钥首先通过一个置换函数，然后对加密

过程的每一轮，通过左循环移位和置换选择产生一个子密钥。其中每轮的置换都相同，但由于密钥被重复迭代，因此产生的每轮子密钥不相同。

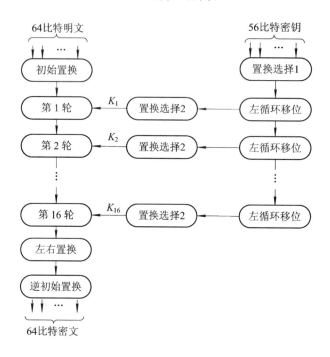

图 3-19　DES 加密算法的框图

2）初始置换

初始置换（又称 IP 置换）目的是将输入的 64 位数据块按位重新组合，并把输出分为 L_0、R_0 两部分，每部分各长 32 位。DES 加密算法初始置换规则如表 3-2 所示。

表 3-2　DES 加密算法初始置换规则

58	50	42	34	26	18	10	2
60	52	44	36	28	20	12	4
62	54	46	38	30	22	14	6
64	56	48	40	32	24	16	8
57	49	41	33	25	17	9	1
59	51	43	35	27	19	11	3
61	53	45	37	29	21	13	5
63	55	47	39	31	23	15	7

表 3-2 中的数字代表新数据中此位置的数据在原数据中的位置，即原数据块的第 58 位放到新数据的第 1 位，第 50 位放到第 2 位，……依此类推，第 7 位放到第 64 位。置换后的数据分为 L_0 和 R_0 两部分，L_0 为新数据的左 32 位，R_0 为新数据的右 32 位。

注意：位数是从左边开始数的，即 0x0000 0080 0000 0002 最左边的位为 1，最右边的位为 64。

相应地，DES 加密算法逆初始置换规则如表 3-3 所示。

表 3-3　DES 加密算法逆初始置换规则

40	8	48	16	56	24	64	32
39	7	47	15	55	23	63	31
38	6	46	14	54	22	62	30
37	5	45	13	53	21	61	29
36	4	44	12	52	20	60	28
35	3	43	11	51	19	59	27
34	2	42	10	50	18	58	26
33	1	41	9	49	17	57	25

为了显示这两个置换的确是彼此互逆的，以下是 64 比特的输入 M：

$$
\begin{array}{cccccccc}
M_1 & M_2 & M_3 & M_4 & M_5 & M_6 & M_7 & M_8 \\
M_9 & M_{10} & M_{11} & M_{12} & M_{13} & M_{14} & M_{15} & M_{16} \\
M_{17} & M_{18} & M_{19} & M_{20} & M_{21} & M_{22} & M_{23} & M_{24} \\
M_{25} & M_{26} & M_{27} & M_{28} & M_{29} & M_{30} & M_{31} & M_{32} \\
M_{33} & M_{34} & M_{35} & M_{36} & M_{37} & M_{38} & M_{39} & M_{40} \\
M_{41} & M_{42} & M_{43} & M_{44} & M_{45} & M_{46} & M_{47} & M_{48} \\
M_{49} & M_{50} & M_{51} & M_{52} & M_{53} & M_{54} & M_{55} & M_{56} \\
M_{57} & M_{58} & M_{59} & M_{60} & M_{61} & M_{62} & M_{63} & M_{64}
\end{array}
$$

其中，M_i 为二元数字。由表 3-2，得 $X = \mathrm{IP}(M)$ 为：

$$
\begin{array}{cccccccc}
M_{58} & M_{50} & M_{42} & M_{34} & M_{26} & M_{18} & M_{10} & M_2 \\
M_{60} & M_{52} & M_{44} & M_{36} & M_{28} & M_{20} & M_{12} & M_4 \\
M_{62} & M_{54} & M_{46} & M_{38} & M_{30} & M_{22} & M_{14} & M_6 \\
M_{64} & M_{56} & M_{48} & M_{40} & M_{32} & M_{24} & M_{16} & M_8 \\
M_{57} & M_{49} & M_{41} & M_{33} & M_{25} & M_{17} & M_9 & M_1 \\
M_{59} & M_{51} & M_{43} & M_{35} & M_{27} & M_{19} & M_{11} & M_3 \\
M_{61} & M_{53} & M_{45} & M_{37} & M_{29} & M_{21} & M_{13} & M_5 \\
M_{63} & M_{55} & M_{47} & M_{39} & M_{31} & M_{23} & M_{15} & M_7
\end{array}
$$

如果再取逆初始置换 $Y = \mathrm{IP}^{-1}(X) = \mathrm{IP}^{-1}(\mathrm{IP}(M))$，可以看出，$M$ 个位的初始顺序将被恢复。

3）轮结构

图 3-20 为 DES 加密算法的轮结构。图 3-20 左边 64 比特的轮输入分为各为 32 比特的左、右两半，分别记为 L_0 和 R_0。和 Feistel 网络一样，每轮变换可由以下公式表示：

$$L_i = R_{i-1}$$
$$R_i = L_{i-1} \oplus F(R_{i-1}, K_i)$$

式中：轮密钥 K_i 为 48 比特；函数 $F(R,K)$ 的计算过程如图 3-21 所示。轮输入的右半部分 R 为 32 比特，R 首先被扩展成 48 比特，扩展过程由表 3-4 定义，其中将 R 的 16 个比特各重复一次。扩展后的 48 比特再与子密钥 K_i 异或，然后通过 S 盒，产生 32 比特的输出。该输出再经过一个由表 3-5 定义的置换，产生的结果即函数 $F(R,K)$ 的输出。

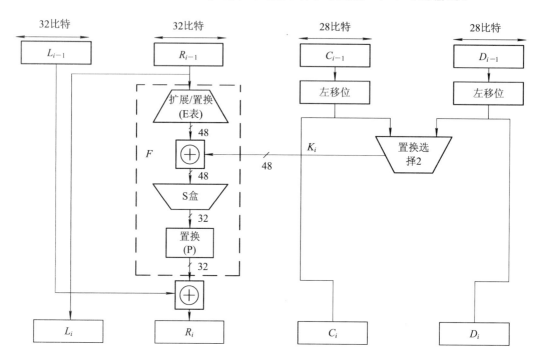

图 3-20 DES 加密算法的轮结构

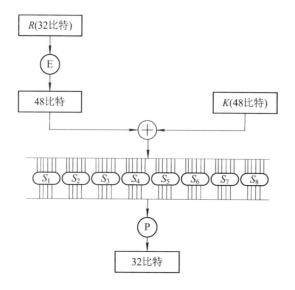

图 3-21 函数 $F(R,K)$ 的计算过程

表 3 - 4   扩展运算 E

32	1	2	3	4	5
4	5	6	7	8	9
8	9	10	11	12	13
12	13	14	15	16	17
16	17	18	19	20	21
20	21	22	23	24	25
24	25	26	27	28	29
28	29	30	31	32	1

表 3 - 5   P 盒置换

16	7	20	21	29	12	28	17
1	15	23	26	5	18	31	10
2	8	24	14	32	27	3	9
19	13	30	6	22	11	4	25

F 中的代换由 8 个 S 盒组成, 每个 S 盒的输入长为 6 比特、输出长为 4 比特, 其变换关系由表 3-6 定义, 每个 S 盒给出了 4 个代换(由一个表的 4 行给出)。

表 3 - 6   DES 的 S 盒定义

行		列															
		0	1	2	3	4	5	6	7	8	9	10	11	12	13	14	15
S_1	0	14	4	13	1	2	15	11	8	3	10	6	12	5	9	0	7
	1	0	15	7	4	14	2	13	1	10	6	12	11	9	5	3	8
	2	4	1	14	8	13	6	2	11	15	12	9	7	3	10	5	0
	3	15	12	8	2	4	9	1	7	5	11	3	14	10	0	6	13
S_2	0	15	1	8	14	6	11	3	4	9	7	2	13	12	0	5	10
	1	3	13	4	7	15	2	8	14	12	0	1	10	6	9	11	5
	2	0	14	7	11	10	4	13	1	5	8	12	6	9	3	2	15
	3	13	8	10	1	3	15	4	2	11	6	7	12	0	5	14	9
S_3	0	10	0	9	14	6	3	15	5	1	13	12	7	11	4	2	8
	1	13	7	0	9	3	4	6	10	2	8	5	14	12	11	15	1
	2	13	6	4	9	8	15	3	0	11	1	2	12	5	10	14	7
	3	1	10	13	0	6	9	8	7	4	15	14	3	11	5	2	12
S_4	0	7	13	14	3	0	6	9	10	1	2	8	5	11	12	4	15
	1	13	8	11	5	6	15	0	3	4	7	2	12	1	10	14	9
	2	10	6	9	0	12	11	7	13	15	1	3	14	5	2	8	4
	3	3	15	0	6	10	1	13	8	9	4	5	11	12	7	2	14

续表

行		列															
		0	1	2	3	4	5	6	7	8	9	10	11	12	13	14	15
S_5	0	2	12	4	1	7	10	11	6	8	5	3	15	13	0	14	9
	1	14	11	2	12	4	7	13	1	5	0	15	10	3	9	8	6
	2	4	2	1	11	10	13	7	8	15	9	12	5	6	3	0	14
	3	11	8	12	7	1	14	2	13	6	15	0	9	10	4	5	3
S_6	0	12	1	10	15	9	2	6	8	0	13	3	4	14	7	5	11
	1	10	15	4	2	7	12	9	5	6	1	13	14	0	11	3	8
	2	9	14	15	5	2	8	12	3	7	0	4	10	1	13	11	6
	3	4	3	2	12	9	5	15	10	11	14	1	7	6	0	8	13
S_7	0	4	11	2	14	15	0	8	13	3	12	9	7	5	10	6	1
	1	13	0	11	7	4	9	1	10	14	3	5	12	2	15	8	6
	2	1	4	11	13	12	3	7	14	10	15	6	8	0	5	9	2
	3	6	11	13	8	1	4	10	7	9	5	0	15	14	2	3	12
S_8	0	13	2	8	4	6	15	11	1	10	9	3	14	5	0	12	7
	1	1	15	13	8	10	3	7	4	12	5	6	11	0	14	9	2
	2	7	11	4	1	9	12	14	2	0	6	10	13	15	3	5	8
	3	2	1	14	7	4	10	8	13	15	12	9	0	3	5	6	11

每个盒 S_i 的 6 比特输入中，第 1 个和第 6 个比特形成一个 2 位二进制数，用来选择 S_i 4 个代换中的一个。在 6 比特输入中，中间 4 位用来选择列。行和列选定后，得到其交叉位置的十进制数，将这个数表示为 4 位二进制数即得这一 S 盒的输出。例如，S_1 的输入为 011001，行选为 01（即第 1 行），列选为 1100（即第 12 列），行列交叉位置的数为 9，其 4 位二进制表示为 1001，所以 S_1 的输出为 1001。

4）密钥的产生

查看图 3-19 和图 3-20，输入算法的 56 比特密钥首先经过一个置换运算，该置换由表 3-7 给出，然后将置换后的 56 比特分为各为 28 比特的左、右两半，分别记为 C_0 和 D_0。在第 i 轮分别对 C_{i-1} 和 D_{i-1} 进行左循环移位，所移位数由表 3-8 给出。移位后的结果作为下一轮求子密钥的输入，同时也作为置换选择 2 的输入。通过置换选择 2 产生的 48 比特 K_i，即为本轮的子密钥，作为函数 $F(R_{i-1}, K_i)$ 的输入。其中置换选择 2 由表 3-9 定义。

表 3-7　置换选择 1（PC-1）置换规则

57	49	41	33	25	17	9	1	58	50	42	34	26	18
10	2	59	51	43	35	27	19	11	3	60	52	44	36
63	55	47	39	31	23	15	7	62	54	46	38	30	22
14	6	61	53	45	37	29	21	13	5	28	20	12	4

表 3 - 8　左循环移位位数

轮数	1	2	3	4	5	6	7	8	9	10	11	12	13	14	15	16
位数	1	1	2	2	2	2	2	2	1	2	2	2	2	2	2	1

表 3 - 9　置换选择 2(PC - 2)置换规则

14	17	11	24	1	5
3	28	15	6	21	10
23	19	12	4	26	8
16	7	27	20	13	2
41	52	31	37	47	55
30	40	51	45	33	48
44	49	39	56	34	53
46	42	50	36	29	32

5) 解密

和 Feistel 密码一样，DES 的解密和加密使用同一算法，但子密钥使用的顺序相反。

5. 分组密码的运行模式

分组密码在加密时明文分组的长度是固定的，而实用中待加密消息的数据量是不定的，数据格式可能是多种多样的。为了能在各种应用场合使用 DES，美国在 FIPS PUB 74 和 FIPS PUB 81 中定义了 DES 的四种运行模式。这些模式也可用于其他分组密码，下面以 DES 为例来介绍这四种模式。

1) 电码本模式(ECB)

电码本(Electronic Code Book，ECB)模式是最简单的运行模式，它一次对一个 64 比特长的明文分组加密，而且每次的加密密钥都相同，如图 3 - 22 所示。当密钥取定时，对

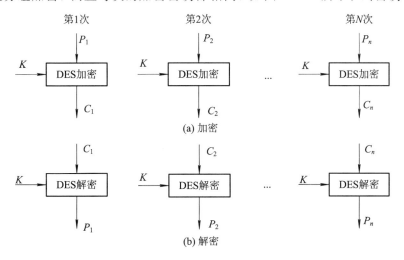

图 3 - 22　ECB模式示意图

明文的每一个分组，都有一个唯一的密文与之对应。因此，可以形象地认为有一个非常大的电码本，对任意一个可能的明文分组，电码本中都有一项与之对应的密文。

若消息长于 64 比特，则将其分为长为 64 比特的分组，最后一个分组若不够 64 比特，则需要填充。解密过程也是一次对一个分组解密，而且每次解密都使用同一密钥。图 3-22 中，明文是由分组长为 64 比特的分组序列 P_1，P_2，…，P_n 构成，相应的密文分组序列是 C_1，C_2，…，C_n。

ECB 在用于短数据（如加密密钥）传输时非常理想，因此如果需要安全地传递 DES 密钥，ECB 是最合适的模式。

ECB 的最大特点是若同一明文分组在消息中重复出现，则产生的密文分组也相同。

ECB 在用于长消息传输时可能不够安全，如果消息有固定结构，密码分析者（窃听者）有可能找出这种关系。例如，如果已知消息总是以某个预定义字段开始，那么密码分析者就可能得到很多明文密文对。如果消息有重复的元素，而重复的周期是 64 的倍数，那么密码分析者就能够识别这些元素。以上这些特性都有助于密码分析者，有可能为其提供对分组的代换或重排的机会。

2）密码分组链接模式（CBC）

为了解决 ECB 的安全缺陷，可以让重复的明文分组产生不同的密文分组，密码分组链接（Cipher Block Chaining，CBC）模式就可满足这一要求。

CBC 模式一次对一个明文分组加密，每次加密使用同一密钥，加密算法的输入是当前明文分组和前一次密文分组的异或，因此加密算法的输入不会显示与这次明文分组之间的固定关系，所以重复的明文分组不会在密文中暴露出这种重复关系。

解密时，每一个密文分组被解密后，再与前一个密文分组异或，即：

$$DK[C_n] \oplus C_{n-1} = DK[EK[C_{n-1} \oplus P_n]] \oplus C_{n-1} = C_{n-1} \oplus P_n \oplus C_{n-1}$$
$$= P_n \quad (\text{设} C_n = EK[C_{n-1} \oplus P_n])$$

因而产生明文分组。

在产生第一个密文分组时，需要有一个初始向量 IV 与第一个明文分组异或。解密时，IV 和解密算法对第一个密文分组的输出进行异或以恢复第一个明文分组。

IV 对于收发双方都应是已知的，为使安全性最高，IV 应像密钥一样被保护，可使用 ECB 加密模式来发送 IV。保护 IV 的原因：如果攻击者能欺骗接收方使用不同的 IV 值，攻击者就能够在明文的第一个分组中插入自己选择的比特值。这是因为：

$$C_1 = EK[IV \oplus P_1]$$
$$P_1 = IV \oplus DK[C_1]$$

用 $X(i)$ 表示 64 比特分组 X 的第 i 个比特，那么 $P_1(i) = IV(i) \oplus DK[C_1](i)$，由异或的性质得：

$$P_1(i)' = IV(i)' \oplus DK[C_1](i)$$

式中：撇号表示逐比特取补。上式意味着若攻击者篡改了 IV 中的某些比特，则接收方收到的 P_1 中相应的比特也会发生变化。

由于 CBC 模式的链接机制，CBC 模式对加密长于 64 比特的消息非常合适。

CBC 模式除能够获得保密性外，还能用于认证。

3）密码反馈模式（CFB）

如上所述，DES 是分组长为 64 比特的分组密码，但利用密码反馈（Cipher Feed Back，CFB）模式或 OFB 模式可将 DES 转换为流密码。流密码不需要对消息填充，而且运行是实时的。因此，如果传送字母流，可使用流密码对每个字母直接加密并传送。

流密码具有密文和明文一样长的特性，因此，如果需要发送的每个字符长为 8 比特，就应使用 8 比特密钥流来加密每个字符。如果密钥流长度超过 8 比特，就会造成浪费。

加密时，加密算法的输入是 64 比特移位寄存器，其初值为某个初始向量 **IV**。加密算法输出的最左边（最高有效位）j 比特与明文的第一个单元 P_1 异或，产生密文的第一个单元 C_1，并传送该单元。然后将移位寄存器的内容左移 j 位，并将 C_1 送入移位寄存器最右边（最低有效位）j 位。这一过程继续到明文的所有单元都被加密为止。

解密时，将收到的密文单元与加密函数的输出进行异或。

注意：这时仍然使用加密算法而不是解密算法。具体原因如下：

设 $S_j(X)$ 为 X 的 j 个最高有效位，那么 $C_1 = P_1 \oplus S_j(E(\textbf{IV}))$，因此

$$P_1 = C_1 \oplus S_j(E(\textbf{IV}))$$

可证明以后各步也有类似的这种关系。

CFB 模式除能获得保密性外，还能用于认证。

4）输出反馈模式（OFB）

输出反馈（Output Feed Back，OFB）模式的结构类似于 CFB。不同之处为：OFB 模式是将加密算法的输出反馈到移位寄存器，而 CFB 模式是将密文单元反馈到移位寄存器。

OFB 模式的优点是传输过程中的比特错误不会被传播。例如，C_1 中出现 1 比特错误，在解密结果中只有 P_1 受到影响，以后各明文单元不受影响。而在 CFB 中，C_1 也作为移位寄存器的输入，因此它的 1 比特错误会影响解密结果中各明文单元的值。

OFB 的缺点是它比 CFB 模式更易受到对消息流的篡改攻击。例如，在密文中取 1 比特的补，那么在恢复的明文中相应位置的比特也为原比特的补。因此，导致攻击者有可能通过对消息校验部分的篡改和对数据部分的篡改，而以纠错码不能检测的方式篡改密文。

3.3 公钥密码体制

公钥密码学概念的提出，是整个密码学发展史上最伟大的一次革命，被公认为是现代密码学诞生的标志。公钥密码体制为密码学的发展提供了新的理论和技术基础，成功解决了密钥管理、身份认证、数字签名等问题，已成为信息安全技术中的核心技术。本节将介绍公钥密码体制，具体包括公钥密码体制的基本概念、RSA 密码机制、基于身份的密码机制、椭圆曲线密码机制和无证书密码机制等内容。

3.3.1　公钥密码体制的基本概念

在公钥密码体制以前的整个密码学史中，所有的密码算法，包括原始手工计算的、由机械设备实现的以及由计算机实现的，都是基于代换和置换两个基本工具。而公钥密码体制则为密码学的发展提供了新的理论和技术基础，一方面，公钥密码算法的基本工具不再是代换和置换，而是数学函数；另一方面，公钥密码算法以非对称的形式使用两个密钥。两个密钥的使用对保密性、密钥分配、认证等都有深刻的意义。可以说，公钥密码体制的出现在密码学史上是一个最大的而且是唯一真正的革命。

公钥密码体制的概念是在解决单钥密码体制中最难解决的两个问题时提出的，这两个问题是密钥分配和数字签名。

单钥密码体制在进行密钥分配时，要求通信双方或者已经有一个共享的密钥，或者可借助于密钥分配中心。对第一个要求，常常可用人工方式传送双方最初共享的密钥，这种方法成本很高，而且还完全依赖于信使的可靠性。第二个要求则完全依赖于密钥分配中心的可靠性。

第二个问题数字签名考虑的是如何为数字化的消息或文件提供一种类似于为书面文件手书签字的方法。

1976 年 W. Diffie 和 M. Hellman 对解决上述两个问题获得了突破，从而提出了公钥密码体制。

1. 公钥密码体制的原理

公钥密码算法的最大特点是采用两个相关密钥将加密和解密能力分开。其中一个密钥是公开的，称为公钥，用于加密；另一个密钥是为用户专用，因而是保密的，称为私密钥（简称私钥），用于解密。因此，公钥密码体制也称为双钥密码体制。公钥密码算法的重要特性是：已知密码算法和加密密钥，求解密密钥在计算上是不可行的。

图 3-23 为公钥体制加密的框图，加密过程有以下几步：

(1) 要求接收消息的端系统产生一对用来加密和解密的密钥，如图 3-23 中的接收者 B 产生一对密钥 PK_B、SK_B，其中 PK_B 为公钥，SK_B 为私钥。

(2) 端系统 B 将加密密钥（如图 3-23 中的 PK_B）予以公开，另一密钥则被保密（如图 3-23 中的 SK_B）。

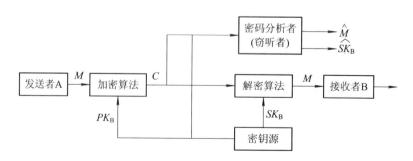

图 3-23　公钥体制加密的框图

（3）若 A 要想向 B 发送消息 M，则使用 B 的公钥加密 M，表示为 $C=E_{PK_B}[M]$，其中 C 为密文，E 为加密算法。

（4）B 收到密文 C 后，用自己的私钥 SK_B 解密，表示为 $M=D_{SK_B}[C]$，其中 D 为解密算法。

因为只有 B 知道 SK_B，所以其他人都无法对 C 解密。

公钥加密算法不仅能用于加密、解密，还能用于对发送者 A 发送的消息 M 提供认证，如图 3-24 所示。发送者 A 用自己的私钥 SK_A 对 M 加密，表示为

$$C = E_{SK_A}[M]$$

将 C 发往 B。B 用 A 的公钥 PK_A 对 C 解密，表示为

$$M = D_{PK_A}[C]$$

因为从 M 得到 C 是经过 A 的私钥 SK_A 加密，只有 A 才能做到。因此，C 可当作 A 对 M 的数字签名。另外，任何人只要得不到 A 的私钥 SK_A 就不能篡改 M，所以以上过程获得了对消息来源和消息完整性的认证。

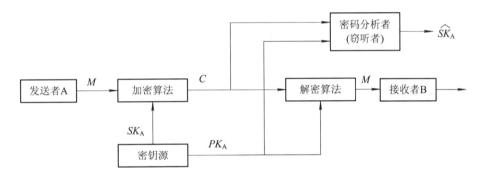

图 3-24　公钥密码体制认证框图

在实际应用中，特别是用户数目很多时，以上认证方法需要很大的存储空间，因为每个文件都必须以明文形式存储以方便实际使用，同时还必须存储每个文件被加密后的密文形式，即数字签名，以便在有争议时用来认证文件的来源和内容。改进的方法是减小文件的数字签名的大小，即先将文件经过一个函数压缩成长度较小的比特串，得到的比特串称为认证符。认证符具有这样一个性质：如果保持认证符的值不变而修改文件，这在计算上是不可行的。用发送者的私钥对认证符加密，加密后的结果为原文件的数字签名。

在以上认证过程中，由于消息是由用户自己的私钥加密的，因此消息不能被他人篡改，但却能被他人窃听。这是因为任何人都能用用户的公钥对消息解密。为了同时提供认证功能和保密性，可使用双重加密、解密，如图 3-25 所示。

发送者首先用自己的私钥 SK_A 对消息 M 加密，用于提供数字签名，再用接收者的公钥 PK_B 第二次加密，表示为

$$C = E_{PK_B}[E_{SK_A}[M]]$$

解密过程为

$$M = D_{PK_A}[D_{SK_B}[C]]$$

即接收者先用自己的私钥再用发送者的公钥对收到的密文两次解密。

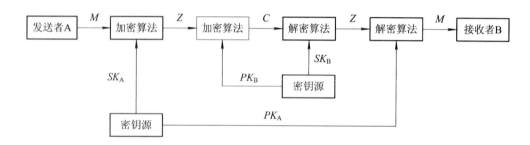

图 3-25 公钥密码体制的认证、保密框图

2. 公钥密码算法应满足的要求及陷门单向函数

1）公钥密码算法应满足的要求

公钥密码算法应满足的要求如下：

（1）接收者 B 产生密钥对（公钥 PK_B 和私钥 SK_B）在计算上是容易的。

（2）发送者 A 用接收者的公钥对消息 M 加密以产生密文 C，即 $C=E_{PK_B}[M]$ 在计算上是容易的。

（3）接收者 B 用自己的私钥对 C 解密，即 $M=D_{SK_B}[C]$ 在计算上是容易的。

（4）攻击者由 B 的公钥 PK_B 求私钥 SK_B 在计算上是不可行的。

（5）攻击者由密文 C 和 B 的公钥 PK_B 恢复明文 M 在计算上是不可行的。

（6）加密、解密次序可换，即 $E_{PK_B}[D_{SK_B}(M)]=D_{SK_B}[E_{PK_B}(M)]$。

其中最后一条虽然非常有用，但不是对所有的算法都作要求。

2）陷门单向函数

以上要求的本质之处在于要求一个陷门单向函数。单向函数是两个集合 X、Y 之间的一个映射，使得 y 中每一元素都有唯一的一个原像 $x \in X$，且由 x 易于计算它的像 y，由 y 计算它的原像 x 是不可行的。

注意：这里的易于计算和不可行两个概念与计算复杂性理论中复杂度的概念极为相似，然而又存在着本质的区别。在复杂性理论中，算法的复杂度是以算法在最坏情况或平均情况时的复杂度来度量的。而这里所说的两个概念是指算法在几乎所有情况下的情形。称一个函数是陷门单向函数，是指该函数是易于计算的，但求它的逆是不可行的，除非再已知某些附加信息。当附加信息给定后，求逆可在多项式时间完成。

上述内容可总结为：陷门单向函数是一族可逆函数 f_K，K 为加密密钥，满足以下条件。

（1）当已知 K 和 X 时，$Y=f_K(X)$ 易于计算。

（2）当已知 K 和 Y 时，$X=f_K^{-1}(Y)$ 易于计算。

（3）当已知 Y 但未知 K 时，求 $X=f_K^{-1}(Y)$ 在计算上是不可行的。

因此，研究公钥密码算法本质上就是要找出合适的陷门单向函数。

3. 公钥密码体制的攻击

与单钥密码体制相同，如果密钥太短，公钥密码体制也易受到穷举搜索攻击。因此密钥必须足够长才能抗击穷举搜索攻击。然而，又由于公钥密码体制所使用的可逆函数的计算复杂性与密钥长度常常不是呈线性关系，而是增大得更快。所以密钥长度太大又会使得加解密运算太慢而不实用。因此公钥密码体制目前主要用于密钥管理和数字签名。

对公钥密码算法的第二种攻击法是寻找从公钥计算私钥的方法。到目前为止，常用公钥算法都未能证明这种攻击是不可行的。

还有一种仅适用于对公钥密码算法的攻击法，称为可能字攻击。例如，对 56 比特的 DES 密钥用公钥密码算法加密后发送，攻击者用算法的公钥对所有可能的密钥加密后与截获的密文相比较。若一样，则相应的明文即 DES 密钥就被找出。因此，不管公钥算法的密钥多长，这种攻击的本质是对 56 比特 DES 密钥的穷举搜索攻击。抵抗方法是在欲发送的明文消息后添加一些随机比特。

3.3.2　RSA 密码机制

RSA 算法是 1978 年由 R. Rivest、A. Shamir 和 L. Adleman 提出的一种用数论构造的，也是迄今为止理论上最为成熟完善的公钥密码体制，该算法已得到广泛的应用。

1. 算法描述

1）密钥的产生

密钥产生的原理如下：

（1）选两个保密的大素数 p 和 q；

（2）计算 $N = p \times q$，$\varphi(N) = (p-1)(q-1)$，其中 $\varphi(N)$ 为 N 的欧拉函数值；

（3）选一整数 e，满足 $1 < e < \varphi(N)$，且 $\gcd(\varphi(N), e) = 1$；

（4）计算 d，满足

$$d \cdot e = 1 \bmod \varphi(N)$$

即 d 是 e 在模 $\varphi(N)$ 下的乘法逆元，因 e 与 $\varphi(N)$ 互素，由模运算可知，它的乘法逆元一定存在；

（5）以 $\{e, N\}$ 为公钥，$\{d, N\}$ 为私钥。

2）加密

加密时首先将明文比特串分组，使得每个分组对应的十进制数小于 N，即分组长度小于 $\log_2 N$。然后对每个明文分组 M 作加密运算，即：

$$C \equiv M^e \bmod N$$

3）解密

对密文分组的解密运算为：

$$C \equiv C^d \bmod N$$

下面证明 RSA 算法中解密过程的正确性。

证明：由加密过程可知，$C \equiv M^e \bmod N$，所以

$$C^d \bmod N \equiv M^{ed} \bmod N \equiv M^{k\varphi(n)+1} \bmod N$$

下面分两种情况讨论。

（1）M 与 N 互素，则由 Euler 定理得：

$$M^{\varphi(N)} \equiv 1 \bmod N, \ M^{k\varphi(N)} \equiv 1 \bmod N, \ M^{k\varphi(N)+1} \equiv M \bmod N$$

即 $C^d \bmod N = M$。

(2) $\gcd(M,N) \neq 1$，先看 $\gcd(M,N)=1$ 的含义，由于 $N=pq$，所以 $\gcd(M,N)=1$ 意味着 M 不是 p 的倍数，也不是 q 的倍数。因此，$\gcd(M,N) \neq 1$ 意味着 M 是 p 的倍数或 q 的倍数，设 $M=tp$，其中 t 为一个正整数。此时，必有 $\gcd(M,q)=1$，否则 M 也是 q 的倍数，从而是 pq 的倍数，与 $M < N = pq$ 矛盾。

由 $\gcd(M,q)=1$ 及 Euler 定理得

$$M^{\varphi(q)} \equiv 1 \bmod q$$

所以

$$M^{k\varphi(q)} \equiv 1 \bmod q, \ [M^{k\varphi(q)}]^{\varphi(p)} \equiv 1 \bmod q, \ M^{k\varphi(N)} \equiv 1 \bmod q$$

因此存在一个整数 r，使得 $M^{k\varphi(N)} = 1 + rq$，两边同乘以 $M=tp$ 得

$$M^{k\varphi(N)+1} = M + rtpq = M + rtN$$

即 $M^{k\varphi(N)+1} \equiv M \bmod N$，所以 $C^d \bmod N \equiv M$。

2. RSA 的安全性

RSA 的安全性是基于分解大整数的困难性假定，之所以为假定是因为至今还未能证明分解大整数就是 NP 问题，也许有尚未发现的多项式时间分解算法。若 RSA 的模数 N 被成功地分解为 $p \times q$，则立即获得 $\varphi(N)=(p-1)(q-1)$，从而能够确定 e 模 $\varphi(N)$ 的乘法逆元 d，即 $d = e^{-1} \bmod \varphi(N)$，因此攻击成功。

随着人类计算能力的不断提高，原来被认为是不可能分解的大数已被成功分解。例如，RSA-129(即 n 为 129 位十进制数，大约 428 比特)已在网络上通过分布式计算于 1994 年 4 月被成功分解，历时 8 个月。RSA-130 已于 1996 年 4 月被成功分解，RSA-140 已于 1999 年 2 月被成功分解，RSA-155(512 比特)已于 1999 年 8 月被成功分解，得到了两个 78 位(十进制)的素数。

对于大整数的威胁，除了人类的计算能力外，还来自分解算法的进一步改进。分解算法过去都采用二次筛法，如对 RSA-129 的分解。而对 RSA-130 的分解则采用了一个新算法，称为推广的数域筛法，该算法在分解 RSA-130 时所做的计算仅比分解 RSA-129 多 10%，对 RSA-140 和 RSA-155 的分解，也采用的是推广的数域筛法。将来也可能还有更好的分解算法，因此在使用 RSA 算法时，对其密钥的选取要特别注意其大小。估计在未来一段比较长的时期，密钥长度介于 1024～2048 比特之间的 RSA 是安全的。

是否有不通过分解大整数的其他攻击途径？下面证明由 N 直接确定 $\varphi(N)$ 等价于对 N 的分解。

设 $N = p \times q, \ p > q$，由 $\varphi(N) = (p-1)(q-1)$，有

$$p + q = N - \varphi(N) + 1$$

以及

$$p - q = \sqrt{(p+q)^2 - 4N} = \sqrt{[N-\varphi(N)+1]^2 - 4N}$$

由此可得

$$p = \frac{1}{2}\left[(p+q)+(p-q)\right]$$

$$q = \frac{1}{2}\left[(p+q)-(p-q)\right]$$

所以，由 p、q 确定 $\varphi(N)$ 和由 $\varphi(N)$ 确定 p、q 是等价的。

为保证算法的安全性，还对 p 和 q 提出以下要求：

（1）$|p-q|$ 要大。

由 $\dfrac{(p+q)^2}{4}-N=\dfrac{(p+q)^2}{4}-pq=\dfrac{(p-q)^2}{4}$ 可知，若 $|p-q|$ 小，则 $\dfrac{(p-q)^2}{4}$ 也小，因此 $\dfrac{(p+q)^2}{4}$ 稍大于 N，$\dfrac{p+q}{2}$ 稍大于 $\sqrt{N}$。可得 N 的如下分解法：

① 顺序检查大于 $\sqrt{N}$ 的每一整数 x，直到找到一个 x 使得 x^2-N 是某一整数（记为 y）的平方。

② 由 $x^2-N=y^2$，得 $N=(x+y)(x-y)$。

（2）$p-1$ 和 $q-1$ 都应有大素因子。

这是因为 RSA 算法存在着可能的重复加密攻击法。设攻击者截获密文 C，可进行重复加密：

$$C^e \equiv (M^e)^e \equiv M^{e^2} \pmod{N}$$

$$C^{e^2} \equiv (M^e)^{e^2} \equiv M^{e^3} \pmod{N}$$

$$\cdots$$

$$C^{e^{t-1}} \equiv (M^e)^{e^{t-1}} \equiv M^{e^t} \pmod{N}$$

$$C^{e^t} \equiv (M^e)^{e^t} \equiv M^{e^{t+1}} \pmod{N}$$

若 $M^{e^{t+1}} \equiv C \pmod{N}$，即 $M^{e^t} \equiv C \pmod{N}$，则有 $M^{e^t} \equiv M \pmod{N}$，即 $C^{e^{t-1}} \equiv M \pmod{N}$，所以在上述重复加密的倒数第 2 步就已恢复出明文 M，这种攻击法只有在 t 较小时才是可行的。为抵抗这种攻击，p、q 的选取应保证使 t 很大。

设 M 在模 N 下阶为 k，由 $M^{e^t} \equiv M \pmod{N}$ 得 $M^{e^t-1} \equiv 1 \pmod{N}$，所以 $k \mid (e^t-1)$，即 $e^t \equiv 1 \pmod{k}$，t 取为满足上式的最小值（为 e 在模 k 下的阶）。又当 e 与 k 互素时 $t \mid \varphi(k)$。为使 t 很大，k 就应大且 $\varphi(N)$，应有大的素因子。又由 $k \mid \varphi(N)$，所以为使 k 很大，$p-1$ 和 $q-1$ 都应有大的素因子。

此外，研究结果表明，若 $e<N$ 且 $d<N^{1/4}$，则 d 能被容易地确定。

3. RSA 的攻击

RSA 存在以下两种攻击，并不是因为算法本身存在缺陷，而是由于参数选择不当造成的。

1）共模攻击

在实现 RSA 时，为了方便，可能给每一用户相同的模数 N，虽然加解密密钥不同，然而这样做是不行的。

设两个用户的公钥分别为 e_1 和 e_2，且 e_1 和 e_2 互素（一般情况都成立），明文消息是 M，

密文分别是

$$C_1 = M^{e_1} (\text{mod } N)$$

$$C_2 = M^{e_2} (\text{mod } N)$$

攻击者截获 C_1 和 C_2 后，可恢复 M。用推广的 Euclid 算法求出满足 $re_1 + se_2 = 1$ 的两个整数 r 和 s，其中一个为负，设为 r。再次用推广的 Euclid 算法求出 C_1^{-1}，由此得

$$(C_1^{-1})^{-r} C_2^{s} \equiv M(\text{mod } N)$$

2）低指数攻击

假定将 RSA 算法同时用于多个用户（为讨论方便，以下假定 3 个），然而每个用户的加密指数（即公钥）都很小。设 3 个用户的模数分别为 $N_i (i=1,2,3)$，当 $i \neq j$ 时，$\gcd(N_i, N_j) = 1$，否则通过 $\gcd(N_i, N_j)$ 有可能得出 N_i 和 N_j 的分解。设明文消息是 M，密文分别是

$$C_1 = M^3 (\text{mod } N_1)$$

$$C_2 = M^3 (\text{mod } N_2)$$

$$C_3 = M^3 (\text{mod } N_3)$$

由中国剩余定理可求出 $M^3 (\text{mod } N_1 N_2 N_3)$。由于 $M^3 < N_1 N_2 N_3$，可直接由 M^3 开立方根，得到 M。

3.3.3 基于身份的密码机制

1. 基本概念

就通常的公钥密码而言，密钥的生成过程始终包含如下步骤：

$$\text{public-key} = F(\text{private-key})$$

由于每一个公钥都包含着一段看似随机的成分，因此有必要让主体（用户）的公钥以一种可验证的和可信的方式与主体（用户）的身份信息相关。很显然，为了传递一条用公钥加密的秘密消息，发送者必须确信这个看似随机的公钥的确属于所声称的签名人。

在通常意义下的公钥密码中，Bob 运用 Alice 的公钥来验证 Alice 的签名，同时他也应该验证 Alice 公钥的真实性。例如，Bob 可以通过验证 Alice 的公钥证书（Alice 的公钥与她的身份相关联）来验证 Alice 公钥的真实性，即 Bob 应该确信与 Alice 的密钥信道已经正确地建立。

在基于 ID 的签名方案中，意识到 Bob 不需要执行一个基于密钥信道建立的认证，这点是十分重要的。当 Bob 验证签名为 True 时，同时表明两个问题：Alice 用基于她的 ID 的私钥生成签名；Alice 的 ID 已经被可信中心认证，她的 ID 证书使得 Alice 可以生成签名。

在一个逻辑步骤内能够同时验证两件事是基于 ID 签名方案所提供的一个很好的特征，能够避免从签名者到验证者的证书传递，节约通信带宽。这种特性给基于 ID 的密码体制带来了另一个名字——非交互式公钥密码体制（non-interactive public Key cryptography）。非交互式公钥密码体制在基于 ID 的加密系统中有非常重要的意义。

基于 ID 密码的用户的密钥生成过程如下：

$$\text{private-key} = F(\text{master-key}, \text{public-key})$$

在这个用户私钥的提取方法中，用户提交他所选择的公钥。这是个危险的模型，用户可能就是潜在的恶意者，然而可信中心 Trent 必须无条件地计算并把私钥 private-key 返回给用户。

为了使密码系统是一个基于 ID 的密码系统，或者说是没有交互的或无证书的密码系统，函数 F 必须是确定性的(deterministic)。这样，用户的密钥生成过程就不含随机输入。换句话说，每个用户的私钥 private-key 是主密钥 master-key 的一个确定的像。通常认为这个计算(对抵制 master-key 的密码分析而言)是一个具有潜在不安全性的运算。在了解Goldwasser-Micali 对 Diffie-Hellman 的确定性陷门函数模型的批评之后，可以很容易地理解这个不安全性。在标准的公钥密码应用中，Trent 通过增加随机输入广泛地避免了这种不安全性。

研究具有随机私钥的基于 ID 的公钥密码是一件有意义的事，这是第一个公开问题。第二个具有挑战性的问题就是设计一个基于 ID 的具有非交互身份撤销特点的密码系统。若用户的私钥被泄露，则有必要撤销其身份。

2. Shamir 的基于 ID 的签名方案

1) 四种算法

在 Shamir 的基于身份的签名方案中有以下四个算法：

(1) 建立：由 Trent 运行建立算法以生成系统参数和主密钥，Trent 为可信中心。

(2) 用户密钥的生成：这个算法也由 Trent 执行，输入为主密钥和一条任意的比特串 $ID \in \{0,1\}^*$，输出与 ID 对应的私钥。

(3) 签名：签名算法的输入为一条消息和签名者的私钥，输出一个签名。

(4) 验证：签名的验证算法的输入为一个消息—签名对和 ID，输出 True 或 False。

2) 系统参数的建立

(1) Trent 建立。

N：两个大素数的乘积；

e：一个整数且满足 $\gcd(e, \varphi(N)) = 1$；

注：(N, e) 是系统范围内用户采用的公开参数。

d：一个整数且满足 $ed \equiv 1(\bmod\ \varphi(N))$；

注：d 是 Trent 的主密钥 master-key。

$h: \{0,1\}^* \rightarrow Z_{\varphi(N)}$；

注：h 是一个强单向杂凑函数。杂凑函数又称 Hash 函数，相关内容请参考第 3.4 节。Trent 秘密保存系统的私钥 d(master-key)，并公开系统参数 (N, e, h)。

(2) 用户的密钥生成。

假设 ID 表示用户 Alice 唯一可以识别的身份。在进行 Alice 身份的物理验证和确认ID 具有唯一性之后，Trent 生成的密钥如下：

$$g \leftarrow ID^d(\bmod\ N)$$

（3）签名的生成。

一条消息 $M \in \{0,1\}^*$，Alice 随机选择一个数，并计算 $r \in_U Z_N^*$

$$t \leftarrow r^e (\mathrm{mod}\ N)$$

$$s \leftarrow g \cdot r^{h(t \| M)} (\mathrm{mod}\ N)$$

（4）签名的验证。

已知消息 M 和签名 (t,s)，Bob 用 Alice 的身份 ID 按以下过程验证签名的正确性：如果 $s^e \equiv ID \cdot t^{h(t \| M)} (\mathrm{mod}\ N)$，那么 Verify$(ID,s,t,M)$＝True。

3. Girault 的自证实公钥方案

假设 (S,P) 是一公、私钥对，公钥认证框架提供了一个密钥对和一种保证书 G，将 P 与身份 I 联系起来。在一个基于 PKI（公钥基础设施）的公钥认证框架中，保证书 G 上有 CA（证书颁发机构）对 (I,P) 的数字签名。这个认证框架由四个不同的属性值 (S,I,P,G) 构成。其中的三个属性值 (I,P,G) 是公开的，且可以在公共目录上获得。当一个主体需要 I 的公钥时，他可以得到公开的三元组 (I,P,G)，用 CA 的公钥验证 G 之后，可利用 P 来认证用户。在基于身份的认证框架中，公钥就是身份 I。因此，$P = I$，并且这个认证框架由两个属性值 (S,I) 构成。当一个主体需要认证 Alice 的公钥 I 时，必须验证她的签名，结果为 True 则表明这个公钥是真实的。所以，保证书就是她的公钥，即 $G = P$。

Girault 建议的公钥认证框架方案介于基于证书方案和基于身份方案之间。在 Girault 方案中，保证书等于公钥，即 $G = P$，所以可以说它是自证实的，每个用户都有三个属性 (S,P,I)。在 Girault 方案中，用户的私钥可以由用户选择。

1）系统的密钥数据

Trent 生成 RSA 密钥数据如下：

（1）一个公开模数 $N = pq$，其中 p、q 为长度相等大素数，例如 $|p| = |q| = 512$；

（2）一个公开指数 e 且与 $\varphi(N)$ 互素，其中 $\varphi(N) = (p-1)(q-1)$；

（3）一个秘密指数 d 且满足 $ed \equiv 1(\varphi(N))$；

（4）一个公开元素 $g \in Z_N^*$ 具有最大的乘法阶，为了计算 g，Trent 找 g_p 作为模 p 的生成元和 g_q 作为模 q 的生成元，然后 Trent 可以运用中国剩余定理来构造 g。

（5）Trent 公开系统参数 (N,e,g)，并秘密保存系统私钥 d。

2）用户的密钥数据

Alice 随机选择一个长度为 160 bit 的整数 S_A 作为私钥，计算：

$$v \leftarrow g^{-S_A} (\mathrm{mod}\ N)$$

并把 v 发送给 Trent。然后，她运用协议向 Trent 证明她知道 S_A 且不泄露 S_A，并发送她的身份 I_A 给 Trent。

Trent 创建 Alice 的公钥为 $v - I_A$ 的 RSA 签名：

$$P_A \leftarrow (v - I_A)^d (\mathrm{mod}\ N)$$

Trent 发送 P_A 给 Alice 作为 Alice 公钥的一部分。因此，下面的等式成立：

$$I_A \equiv P_A^e - v (\mathrm{mod}\ N)$$

3）密钥交换协议

假设$(P_A，I_A，S_A)$是 Alice 的公钥数据，$(P_B，I_B，S_B)$是 Bob 的公钥数据。他们可以通过协商简单地交换一个认证的密钥：

$$K_{AB} \equiv (P_A^e + I_A)^{S_B} \equiv (P_B^e + I_B)^{S_A} \equiv g^{-S_A S_B} (\bmod N)$$

在这个密钥协商中，Alice 计算$(P_B^e + I_B)^{S_A}$，Bob 计算$(P_A^e + I_A)^{S_B}$。因此，这的确是一个 Diffie-Hellman 密钥协商协议。如果双方能够协商相同的密钥，那么他们就知道另一方已经证明了她/他的身份。

Girault 的自证实公钥拥有 Shamir 的基于身份的公钥的一个特点，即不需要对可信赖的第三方发密钥所有者的密钥证书进行验证。这个验证是暗含的，并且与验证密钥所有者的密码能力同时进行。

验证者除了需要一个身份，还需要一个独立的公钥，即除了 I 外还需要 P，前者不能由后者得到，这就意味着验证者在使用密钥所有者的公钥之前，必须向其发出使用公钥的请求。这是一个额外的通信步骤。因此，Girault 的自证实公钥不是非交互的公钥密码体制，这是自证实公钥的一个缺陷。

4. SOK 密钥共享系统

1）方案描述

和 Shamir 的基于 ID 的签名方案一样，Sakai、Ohgishi 和 Kasahara 的基于 ID 的密钥共享系统(SOK 密钥共享系统)也需要一个可信的机构 Trent 来操作密钥建立中心。

SOK 密钥共享系统包含以下三个组成部分：

(1) **系统参数建立**。Trent 运行这个算法来建立全局系统参数和主密钥。

(2) **用户密钥生成**。Trent 运行这个算法，其输入为主密钥和一个任意比特串 id∈$\{0,1\}^*$，输出相当于 ID 的私钥。

(3) **密钥共享方案**。两个端用户以非交互的方式执行该方案，该方案以用户的私钥和意定通信方的公钥(ID)为输入，最后该方案输出一个由这两个用户共享的密钥。

2）系统参数建立

(1) 生成阶数为素数 p 的两个群$(G_1，+)$和$(G_2，\cdot)$，同时也生成修正的 Weil 对 e：$(G_1，+)^2 \rightarrow (G_2，\cdot)$。任意选取一个生成元 $P \in G_1$。

(2) 选取 $l \in Z_p$，令 $P_{pub} \leftarrow l \cdot P$，其中 l 作为主密钥。

(3) 选择一个强密码杂凑函数 $f：\{0,1\}^* \rightarrow G_1$，该杂凑函数把用户的 ID 映射到$G_1$中一个元素。

Trent 公布系统参数以及对它们的描述：

$$(G_1, G_2, e, P, P_{pub}, f)$$

3）用户密钥生成

假设 ID_A 是 Alice 唯一可识别的身份，且 ID_A 包含足够多的冗余以至于系统中其他用户不可能以 ID_A 作为她/他的身份。在对 Alice 的身份进行物理识别并确定 ID_A 的唯一性之后，Trent 的密钥生成服务如下：

(1) 计算 $P_{ID_A} \leftarrow f(ID_A)$，这是 G_1 中的一个元素，并且是 Alice 基于 ID 的公钥。

(2) Alice 的私钥为 S_{ID_A}，且满足 $S_{ID_A} \leftarrow l \cdot P_{ID_A}$。

4）密钥共享方案

对于用户 Alice 和 Bob 而言，ID_A 和 ID_B 分别是他们的身份信息，且他们都相互知道对方的身份。因此，各自的公钥分别为 $P_A = f(ID_A)$ 和 $P_B = f(ID_B)$，而且他们彼此也知道。

Alice 通过计算

$$K_{AB} \leftarrow e(S_{ID_A}, P_{ID_B})$$

可以产生一个共享的密钥 $K_{AB} \in (G_2, \cdot)$。

Bob 通过计算

$$K_{BA} \leftarrow e(S_{ID_B}, P_{ID_A})$$

可以产生一个共享的密钥 $K_{BA} \in (G_2, \cdot)$。

注意：根据这个对的双线性特性，可以得到

$$K_{AB} = e(S_{ID_A}, P_{ID_B}) = e(l \cdot P_{ID_A}, P_{ID_B}) = e(P_{ID_A}, P_{ID_B})^l$$

同理，

$$K_{BA} = e(P_{ID_B}, P_{ID_A})^l$$

因此，即使 Alice 和 Bob 不交互信息，他们也确实能够共享一个密钥。

当 Bob 收到一条用 K_{AB} 认证的消息时，只要这条消息不是他本人发送的，他就确切地知道 Alice 是这条消息的所有者。然而，因为 Bob 同样具有构建这个消息密码的能力，所以尽管 Alice 向指定验证者 Bob 证明了消息的来源，她仍然可以在第三方面前否认她参与通信。考虑 Alice 和 Bob 是间谍的情况，当他们联系时，他们必须向对方认证自己。然而，作为一个双重代理，Alice 可能担心 Bob 也是一个双重代理。因此，一个对间谍的认证方案必须有一个绝对不可否认的认证特性。SOK 密码共享系统恰好具有这样的特性，它是一个基于公钥的系统，即认证不需要基于在线的可信第三方。

5. Boneh 和 Franklin 的基于 ID 的密码机制

1）方案描述

Boneh 和 Franklin 的基于 ID 的密码机制由以下四个算法组成：

(1) 系统参数的建立：Trent 运行该算法来生成系统的全局参数和主密钥。

(2) 用户密钥的生成：Trent 运行该算法，其输入为主密钥和一个任意的比特串 $ID \in \{0,1\}^*$，输出相当于 ID 的私钥。

(3) 加密：为概率算法，用公钥 ID 来加密消息。

(4) 解密：把密文和私钥输入该算法，最后返回相应的明文。

2）系统参数的建立（由 Trent 执行）

(1) 生成阶数为素数 p 的两个群 $(G_1, +)$ 和 $(G_2, \cdot)$，一个对映射 $e : (G_1, +)^2 \rightarrow (G_2, \cdot)$，任意选择一个生成元 $P \in G_1$。

(2) 选取 $S \in_U Z_p$ 并令 $P_{pub} = S \cdot P$，S 作为主密钥。

(3) 选择一个强密码杂凑函数 $f : \{0,1\}^* \rightarrow G_1$，这个杂凑函数把用户的身份 ID 映射

到 G_1 中一个元素。

（4）选择一个强密码杂凑函数 $h: G_2 \rightarrow \{0,1\}^n$，这个杂凑函数决定 M（明文空间）是 $\{0,1\}^n$。Trent 把 S 作为系统的私钥保存，并公开系统参数和对它们的描述：

$$(G_1, G_2, e, n, P, P_{pub}, f, h)。$$

3）用户密钥的生成

假设 ID 是用户 Alice 唯一可识别的身份。对 Alice 进行物理鉴定以确信 ID 具有唯一性。Trent 的密钥生成方式如下：

（1）计算 $Q_{ID} \leftarrow f(ID)$，这是 G_1 中的一个元素，并且也是 Alice 基于身份的公钥。

（2）Alice 的私钥为 d_{ID}，且满足 $d_{ID} \leftarrow S \cdot Q_{ID}$。

4）加密

为了发送秘密消息给 Alice，Bob 要首先获得公开参数 $(G_1, G_2, e, n, P, P_{pub}, f, h)$。运用这些参数，Bob 计算：

$$Q_{ID} = f(ID)$$

假设消息被分成 n 比特块，为了加密 $M \in \{0,1\}^n$，Bob 选取一个数 $r \in_U Z_p$，并计算 $g_{ID} = e(Q_{ID}, r \cdot P_{pub}) \in G_2$，$C \leftarrow (r \cdot P, M \oplus H(g_{ID}))$。所得的密文为

$$C = ([r]P, M \oplus H(g_{ID}))$$

5）解密

假设 $C = (U, V) \in C$ 是用 Alice 的公钥 ID 加密的密文。为了用她的私钥 $d_{ID} \in G_1$ 来解密 C，Alice 计算：

$$V \oplus H(e(d_{ID}, U))$$

3.3.4　椭圆曲线密码机制

前面已经说过，为保证 RSA 算法的安全性，它的密钥长度需一再增大，使得它的运算负担越来越大。相比之下，椭圆曲线密码机制（Elliptic Curve Cryptography，ECC）可用很多的密钥获得同样的安全性，因此具有广泛的应用前景。ECC 已被 IEEE 公钥密码标准 P1363 采用。

1. 椭圆曲线

椭圆曲线并非椭圆，之所以称其为椭圆曲线，是因为它的曲线方程与计算椭圆周长的方程类似。一般地，椭圆曲线的方程是以下形式的三次方程：

$$y^2 + axy + by = x^3 + cx^2 + dx + e \qquad (3-1)$$

式中：a、b、c、d、e 是满足某些简单条件的实数。定义中包括一个称为无穷远点的元素，记为 O。图 3-26 为椭圆曲线的两个例子。从图 3-26 可见，椭圆曲线关于 x 轴对称。

椭圆曲线上的加法运算定义为：如果其上的 3 个点位于同一直线上，那么它们的和为 0。进一步可定义如下椭圆曲线上的加法律（加法法则）：

（1）O 为加法单位元，即对椭圆曲线上任一点 P，有 $P + O = P$。

（2）设 $P_1 = (x, y)$ 是椭圆曲线上的一点，它的加法逆元定义为 $P_2 = -P_1 = (x, -y)$。

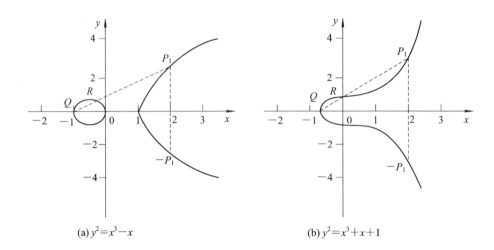

(a) $y^2 = x^3 - x$　　　　　　　　　(b) $y^2 = x^3 + x + 1$

图 3-26　椭圆曲线的两个例子

这是因为当 P_1、P_2、O 的连线延长到无穷远时，得到椭圆曲线上的另一点 O，即椭圆曲线上的 3 点 P_1、P_2、O 共线，所以 $P_1 + P_2 + O = O$，$P_1 + P_2 = O$，即 $P_2 = -P_1$。由 $O + O = O$，还可得 $O = -O$。

（3）设 Q 和 R 是椭圆曲线上 x 坐标不同的两点，$Q + R$ 的定义为：画一条通过 Q、R 的直线，与椭圆曲线交于 P_1（这一交点是唯一的，除非所做的直线是 Q 点或 R 点的切线，此时分别取 $P_1 = Q$ 和 $P_1 = R$）。由 $Q + R + P_1 = O$，得 $Q + R = -P_1$。

（4）点 Q 的倍数定义为：在 Q 点做椭圆曲线的一条切线，设切线与椭圆曲线交于点 S，定义 $2Q = Q + Q = -S$。类似地，可定义 $3Q = Q + Q + Q$ 等。

以上定义的加法具有加法运算的一般性质，如交换律、结合律等。

2. 有限域上的椭圆曲线

密码中普遍采用的是有限域上的椭圆曲线，有限域上的椭圆曲线是指曲线方程定义式中，所有系数都是某一有限域 $GF(p)$ 中的元素（其中 p 为一个大素数）。其中最为常用的是由方程

$$y^2 = x^3 + ax + b \, (a, b \in GF(p)), \quad 4a^3 + 27b^2 \neq 0) \tag{3-2}$$

定义的曲线。

因为 $\Delta = \left(\dfrac{a}{3}\right)^3 + \left(\dfrac{b}{2}\right)^2 = \dfrac{1}{108}(4a^3 + 27b^2)$ 是方程 $x^3 + ax + b = 0$ 的判别式，当 $4a^3 + 27b^2 = 0$ 时，方程 $x^3 + ax + b = 0$ 有重根，设为 x_0，则点 $Q_0 = (x_0, 0)$ 是方程 $y^2 = x^3 + ax + b$ 的重根。令 $F(x, y) = y^2 - x^3 - ax - b$，则 $\left.\dfrac{\partial F}{\partial x}\right|_{Q_0} = \left.\dfrac{\partial F}{\partial y}\right|_{Q_0} = 0$，所以 $\dfrac{\mathrm{d}y}{\mathrm{d}x} = -\dfrac{\partial F}{\partial x} \Big/ \dfrac{\partial F}{\partial y}$ 在 Q_0 点无定义，即曲线 $y^2 = x^3 + ax + b$ 在 Q_0 点的切线无定义，因此点 Q_0 的倍点运算无定义。

例如，$p = 23$，$a = b = 1$，$4a^3 + 27b^2 = 31$，$\bmod 23 = 8 \neq 0$，式（3-2）变为 $y^2 = x^3 + x + 1$，其图形是连续曲线，如图 3-26(b) 所示。然而我们感兴趣的是曲线在第一象限中的整数点。设 $E_p(a, b)$ 表示式（3-2）定义的椭圆曲线上的点集 $\{(x, y) \mid 0 \leqslant x < p, 0 \leqslant y < p$，且 x、y 均为整数$\}$ 与无穷远点 O 的并集。其中 $E_{23}(1, 1)$ 由表 3-10 给出，表中未给出 O。

表 3－10　椭圆曲线上的点集$E_{23}(1,1)$

(0,1)	(0,22)	(1,7)	(1,16)	(3,10)	(3,13)	(4,0)	(5,4)	(5,19)
(6,4)	(6,19)	(7,11)	(7,12)	(9,7)	(9,16)	(11,3)	(11,20)	(12,4)
(12,9)	(13,7)	(13,16)	(17,3)	(17,20)	(18,3)	(18,20)	(19,5)	(19,18)

一般来说，$E_p(a,b)$由以下方式产生：

(1) 对每一 $x(0 \leqslant x < p$，且 x 为整数)，计算$x^3 + ax + b \pmod p$。

(2) 决定(1)中求得的值在模 p 下是否有平方根，若没有，则曲线上没有与 x 相对应的点。若有，则求出两个平方根($y=0$ 时只有一个平方根)。

$E_p(a,b)$上的加法定义如下：

设 $P,Q \in E_p(a,b)$，则

① $P+O=P$。

② 如果 $P=(x,y)$，那么$(x,y)+(x,-y)=O$，即$(x,-y)$是 P 的加法逆元，表示为$-P$。

由$E_p(a,b)$的产生方式知，$-P$ 也是 $E_p(a,b)$中的点，如上所述，$P=(13,7) \in E_{23}(1,1)$，$-P=(13,-7)$，而$-7 \bmod 23 \equiv 16$，所以$-P=(13,16)$也在$E_{23}(1,1)$中。

③ 设 $P=(x_1,y_1)$，$Q=(x_2,y_2)$，$P \neq -Q$，则$P+Q=(x_3,y_3)$由以下规则确定：

$$x_3 \equiv \lambda^2 - x_1 - x_2 \pmod p$$
$$y_3 \equiv \lambda(x_1 - x_3) - y_1 \pmod p$$

其中

$$\lambda = \begin{cases} \dfrac{y_2 - y_1}{x_2 - x_1}, & P \neq Q \\[3mm] \dfrac{3x_1^2 + \lambda}{2y_1}, & P = Q \end{cases}$$

3. 明文消息在椭圆曲线上的嵌入

在使用椭圆曲线构造密码机制前，需要将明文消息镶嵌到椭圆曲线上，作为椭圆曲线上的点。设明文消息是 M，k 是一个足够大的整数，使得将明文消息镶嵌到椭圆曲线上时错误概率是2^{-k}，实际应用中 k 可在 $30 \sim 50$ 之间取值。下面取 $k=30$，对明文消息 M，计算一系列 x：

$$x = \{Mk + j, j=0,1,2,\cdots\} = \{30M, 30M+1, 30M+2, \cdots\}$$

直到$x^3 + ax + b \pmod p$是平方根，即得到椭圆曲线上的点$(x, \sqrt{x^3 + ax + b})$。因为在 0 到 p 的整数中，有一半是模 p 的平方剩余，另一半是模 p 的非平方剩余。所以 k 次找到 x，使得$x^3 + ax + b \pmod p$是平方根的概率不小于$1 - 2^{-k}$。

反过来，为了从椭圆曲线上的点(x,y)得到明文消息 M，只需求$M = \left\lfloor \dfrac{x}{30} \right\rfloor$。

4. 椭圆曲线上的密码

为了使用椭圆曲线构造密码机制，需要找出椭圆曲线上的数学困难问题。

在椭圆曲线构成的 Abel 群 $E_p(a,b)$ 上考虑方程 $Q=kP$，其中 P，$Q\in E_p(a,b)$，$k<p$，则由 k 和 P 易求 Q，但由 P、Q 求 k 则是困难的，这就是椭圆曲线上的离散对数问题，可应用于公钥密码体制。Diffie-Hellman 密钥交换和 ElGamal 密码机制是基于有限域上离散对数问题的公钥机制，下面考虑如何用椭圆曲线来实现这两种密码机制。

1）Diffie-Hellman 密钥交换

首先，取一个素数 $p\approx 2^{180}$ 和两个参数 a、b，则得椭圆曲线及其上面的点构成的 Abel 群 $E_p(a,b)$。其次，取 $E_p(a,b)$ 的一个生成元 $G(x_1,y_1)$，要求 G 的阶是一个非常大的素数，G 的阶是满足 $nG=O$ 的最小正整数 n。$E_p(a,b)$ 和 G 作为公开参数。

两用户 A 和 B 之间的密钥交换步骤如下：

（1）A 选一小于 n 的整数 n_A，作为私钥，并由 $P_A=n_A G$ 产生 $E_p(a,b)$ 上的一点作为公钥；

（2）类似地，B 选取自己的私钥 n_B 和公钥 P_B；

（3）A、B 分别由 $K=n_A P_B$ 和 $K=n_B P_A$ 产生出双方共享的密钥。

这是因为 $K=n_A P_B=n_A(n_B G)=n_B(n_A G)=n_B P_A$。

攻击者若想获取 K，则必须由 P_A 和 G 求出 n_A，或由 P_B 和 G 求出 n_B，即需要求椭圆曲线上的离散对数，因此是不可行的。

2）ElGamal 密码机制

ElGamal 密码机制中密钥的产生过程为：选择一个素数 p 以及两个小于 p 的随机数 g 和 x，计算 $y=g^x \bmod p$。以 (y,g,p) 作为公钥，x 作为私钥。

加密过程为：设欲加密明文消息为 M，随机选一个与 $p-1$ 互素的整数 k，计算 $C_1\equiv g^k \bmod p$，$C_2\equiv y^k M \bmod p$，密文为 $C=(C_1,C_2)$。

解密过程为：

$$M=\frac{C_2}{C_1^x} \bmod p$$

这是因为

$$\frac{C_2}{C_1^x} \bmod p = \frac{y^k M}{g^{kx}} \bmod p = \frac{y^k M}{y^k} \bmod p = M \bmod p$$

下面讨论利用椭圆曲线实现 ElGamal 密码机制。

先选取一条椭圆曲线，并得 $E_p(a,b)$，将明文消息 M 嵌入曲线上的 P_m 点，再对点 P_m 做加密变换。

取 $E_p(a,b)$ 的一个生成元 G，$E_p(a,b)$ 和 G 作为公开参数。

用户 A 选 n_A 作为私钥，并以 $P_A=n_A G$ 作为公钥。任一用户 B 若想向 A 发送消息 P_m，可选取一个随机正整数 k，产生以下点对作为密文：

$$C_m=\{kG,P_m+kP_A\}$$

A 解密时，以密文点对中的第二个点减去用自己的私钥与第一个点的倍乘，即：

$$P_m+kP_A-n_A kG=P_m+k(n_A G)-n_A kG=P_m$$

攻击者若想由 C_m 得到 P_m，就必须知道 k，而要得到 k，只有通过椭圆曲线上的两个已

知点 G 和 kG，这意味着必须求椭圆曲线上的离散对数。因此，不可行。

与基于有限域上离散对数问题的公钥机制（如 Diffie-Hellman 密钥交换和 ElGamal 密码机制）相比，椭圆曲线密码机制有以下优点：

（1）安全性高。攻击有限域上的离散对数问题有指数积分法，其运算复杂度为 $O(\exp\sqrt[3]{(\log p)(\log\log p)^2})$，其中 p 为模数、素数。而它对椭圆曲线上的离散对数问题并不是有效的。目前，攻击椭圆曲线上的离散对数问题只有适合攻击任何循环群上离散对数问题的大步小步法，其运算复杂度为 $O(\exp(\log\sqrt{p_{\max}}))$，其中 $p_{\max}$ 为椭圆曲线所形成的 Abel 群的阶的最大素因子。因此，椭圆曲线密码机制比基于有限域上的离散对数问题的公钥机制更安全。

（2）密钥量小。由攻击两者的算法复杂度可知，在实现相同的安全性能的条件下，椭圆曲线密码机制所需的密钥量远比基于有限域上的离散对数问题的公钥机制的密钥量小。

（3）灵活性好。有限域 $GF(q)$ 在一定的情况下，其上的循环群（即 $GF(q)-\{0\}$）就确定了。而 $GF(q)$ 上的椭圆曲线可以通过改变曲线参数，得到不同的曲线，形成不同的循环群。因此，椭圆曲线具有丰富的群结构和多选择性。

正是由于椭圆曲线具有丰富的群结构和多选择性，并可在保持和 RSA/DSA 体制同样安全性能的前提下大幅缩短密钥长度（目前 160 比特足以保证安全性），因而在密码领域有着广阔的应用前景。表 3-11 给出了椭圆曲线密码体制和 RSA/DSA 机制在保持同等安全的条件下各自所需的密钥的长度。

表 3-11　ECC 和 RSA/DSA 在保持同等安全的条件下所需的密钥长度（单位：比特）

RSA/DSA	512	768	1024	2048	21000
ECC	106	132	160	211	600

3.3.5　无证书密码机制

无证书公钥密码机制（certificateless public key cryptography）是为了克服基于身份系统中的私钥托管（key escrow）问题而提出的，其概念由 Al-Riyami 和 Paterson 于 2003 年提出。与基于 PKI 的传统公钥密码机制相比，无证书公钥密码机制和基于身份的机制一样不需要公钥证书，同时，无证书密码机制消除了基于身份的机制中的私钥托管问题。可以说，无证书公钥密码机制不仅很好地结合了上述两种密码机制的优点，而且从一定程度上克服了它们的缺点，是一种性能优良、便于应用的公钥密码机制。

本节将从无证书加密、无证书签名及它们的安全模型等几个方面对这一研究领域的现状及主要成果进行概括和分析，并探讨该领域研究尚存在的不足和值得进一步研究的问题。

1. 无证书加密

无证书加密主要有三种定义模式，即 Al-Riyami 和 Paterson 定义（简称 AP 定义），简化定义，Baek、Safavi-Naini 和 Susilo 定义（简称 BSS 定义）。

1）AP 定义

Al-Riyami 和 Paterson 给出的无证书加密方案的定义，称为 AP 定义。

一个无证书加密方案由以下七个概率多项式时间算法构成：

（1）系统设置算法 Setup：输入安全参数 1^k，输出系统私钥 msk 和系统公开参数 params。

（2）提取部分私钥算法 Extract-Partial-Private-Key：输入 params、msk 和用户身份 ID，输出该用户的部分私钥 d_{ID}。该算法由 KGC（Key Generating Centre，密钥生成中心）运行，并通过安全信道把 d_{ID} 发送给用户。

（3）设置秘密值算法 Set-Secret-Value：输入 params 和用户身份 ID，输出用户 ID 的秘密值 x_{ID}。

（4）设置私钥算法 Set-Private-Key：输入 params、用户 ID 的部分私钥 d_{ID} 和秘密值 x_{ID}，输出用户 ID 的私钥 SK_{ID}。

（5）设置公钥算法 Set-Public-Key：输入 params 和用户 ID 的秘密值 x_{ID}，输出该用户的公钥 pk_{ID}。

（6）加密算法 Encrypt：输入 params、接收方身份 ID、公钥 PK_{ID} 和消息 M，输出密文 C 或者错误标识 $\perp$。

（7）解密算法 Decrypt：输入 params、接收方身份 ID、私钥 SK_{ID} 和密文 C，输出消息 M 或者错误标识 $\perp$。

2）简化定义

简化定义可以把 AP 定义中的设置秘密值算法和设置公钥算法合并为一个用户密钥设置算法 Set-User-Key，进一步省略了设置私钥算法，在简化的无证书加密方案的定义中，一个无证书加密方案由以下五个概率多项式时间算法构成：

（1）Setup：同 AP 定义。

（2）Extract-Partial-Private-Key：同 AP 定义。

（3）Set-User-Key：输入 params 和用户身份 ID，输出其秘密值 x_{ID} 和公钥 PK_{ID}。

（4）Encrypt：同 AP 定义。

（5）Decrypt：输入 params、接收方身份 ID、部分私钥 d_{ID}、秘密值 x_{ID} 和密文 C，输出消息 M 或者错误标识 $\perp$ 。

该定义与 AP 定义在功能上是一样的，但是对安全模型有影响。基于 AP 定义的安全模型，允许攻击者询问私钥，但是不能询问秘密值；而基于该简化定义的安全模型，攻击者能够询问秘密值，所以攻击者变得更加强大。

3）BSS 定义

与以上定义有所区别的一个无证书加密方案的定义由 Baek、Safavi-Naini 和 Susilo 提出。在该定义模式下，完整的用户公钥只有在用户从 KGC 获取部分私钥后才可以计算。BSS 定义由七个概率多项式时间算法组成，其中，提取部分密钥算法 Extract-Partial-Key 和设置公钥算法 Set-Public-Key 不同于 AP 定义。

Extract-Partial-Key：输入 params、msk 和用户身份 ID，输出该用户的部分私钥 d_{ID} 和部分公钥 w_{ID}。该算法由 KGC 运行，并通过安全信道把 d_{ID} 传输给用户，而 w_{ID} 可在公开信道上传输。

Set-Public-Key：输入 params、用户 ID 的部分公钥 w_{ID} 和秘密值 x_{ID}，输出该用户的公钥 PK_{ID}。

2. 无证书加密的安全模型

对于无证书加密方案的安全性，这里主要介绍被广泛接受和使用的 AP 定义模式和适应性选择密文攻击。

无证书公钥密码机制下用户密钥的产生方式决定了两类攻击者，分别称为第 1 类攻击者和第 2 类攻击者。其中，第 1 类攻击者模拟外部攻击者，能够替换任何用户的公钥；第 2 类攻击者模拟诚实但好奇的 KGC。

IND-CCA2 安全性：对一个无证书加密方案来说，如果攻击者 A 在以下与挑战者 Challenger 的游戏中不能以不可忽略的优势获胜，那么该方案在适应性选择密文攻击下，密文是不可区分的，即具有 IND-CCA2 安全性。

1）游戏阶段

(1) $(\text{params}, \text{msk}) \leftarrow \text{Challenger}^{\text{Setup}}(1^k)$；

(2) $(ID^*, (M_0, M_1)) \leftarrow A^{\text{oracles}}(\text{params}, \text{inf})$；

(3) $b \leftarrow \{0,1\}, C^* \leftarrow \text{Challenger}^{\text{Encrypt}}(M_b, ID^*)$；

(4) $b' \leftarrow A^{\text{oracles}}(\text{params}, \text{inf}, C^*)$。

A 获胜，当且仅当 $b' = b$。

定义攻击者在以上游戏中的优势为 $2|Pr[b'=b] - 1/2|$。如果 A 为第 1 类攻击者，那么 $\text{inf} = \varnothing$；如果 A 为第 2 类攻击者，那么 $\text{inf} = \text{msk}$。攻击者在游戏的(2)阶段和(4)阶段可访问如下的预言器(oracles)：

① 部分私钥询问(第 1 类攻击者)：攻击者提供一个用户身份 ID，挑战者运行提取部分私钥算法得到该用户的部分私钥 d_{ID}，并把 d_{ID} 返回给攻击者。

② 私钥询问：攻击者提供一个用户身份 ID，挑战者运行算法 Set-Private-Key 得到该用户的私钥 SK_{ID}，并把 SK_{ID} 返回给攻击者。

③ 公钥询问：攻击者提供一个用户身份 ID，挑战者运行算法 Set-Public-Key 得到该用户的公钥 PK_{ID}，并把 PK_{ID} 返回给攻击者。

④ 公钥替换：攻击者可以替换任何用户的公钥。

解密询问：解密预言器分为以下三类。

• 强解密：攻击者提供身份 ID 和密文 C，挑战者用该用户当前公钥(无论是否被替换)对应的私钥解密 C，然后把解密结果返回给攻击者。

• 弱解密：攻击者提供身份 ID、秘密值 x_{ID} 和密文 C，挑战者通过部分私钥和秘密值计算出 ID 的完整私钥，然后用该私钥解密 C，并把解密结果返回给攻击者。

• 一般解密：攻击者提供身份 ID 和密文 C，挑战者用该用户原来的私钥解密 C，然后把解密结果返回给攻击者。

2）约束条件

在以上游戏中，攻击者会因所拥有的资源和能力的不同而受不同条件的约束，这些约束包括以下几种：

（1）在任何时候都不能询问挑战身份 ID^* 的私钥；

（2）如果某个公钥已被替换，那么不能询问该公钥对应的私钥；

（3）对于第 1 类攻击者，如果用来生成挑战密文 C^* 的公钥是攻击者替换后的公钥，那么任何时候都不能询问挑战身份 ID^* 的部分私钥；

（4）对于第 2 类攻击者，不允许替换挑战身份 ID^* 的公钥。

根据解密预言器的强弱，Dent 把第 1 类攻击者分为强一类攻击者、弱一 a 类攻击者、弱一 b 类攻击者和弱一 c 类攻击者(按其定义，弱一 c 类攻击者不允许替换公钥，这与实际情况不符，所以以本节不考虑此类攻击者)。

• **强一类攻击者**：能够询问强解密预言器，但不能询问 C^* 在 ID^* 下的解密，除非公钥被替换；不能询问弱解密和一般解密预言器。

• **弱一 a 类攻击者**：任何时候不能询问强解密预言器；能够询问弱解密预言器和一般解密预言器，但不能询问 C^* 在 ID^* 下的解密，除非公钥被替换。

• **弱一 b 类攻击者**：既不能询问强解密预言器，也不能询问弱解密预言器；只能询问一般解密预言器，但不能询问 C^* 在 ID^* 下的解密，除非用来生成 C^* 的公钥不是 ID^* 原来的公钥。

根据是否可以替换公钥以及解密预言器的强弱，Dent 把第 2 类攻击者分为两类，即强二类攻击者和弱二类攻击者。

• **强二类攻击者**：可以替换公钥；能够询问强解密预言器，但是不能询问挑战密文 C^* 在挑战身份 ID^* 下的解密，除非公钥被替换；既不能询问弱解密预言器，也不能询问一般解密预言器。

• **弱二类攻击者**：任何时候不能替换用户公钥；能询问一般解密预言器，但不能询问 C^* 在 ID^* 下的解密；既不能询问强解密预言器，也不能询问弱解密预言器。

3. 无证书签名

相对于传统公钥机制和基于身份的公钥机制下的数字签名而言，无证书签名的优势在于：其一，签名验证者在验证签名时无须像在传统公钥密码机制下那样验证签名者公钥的有效性；其二，没有基于身份的密码机制中的密钥托管问题。

一个无证书签名方案由系统参数生成、部分密钥生成、设置秘密值、设置私钥、设置公钥、签名及验证七个算法组成。通常，前两个算法由 KGC 执行，而其他算法由签名或验证用户执行。以下是各个算法的描述：

（1）**系统参数生成**：输入安全参数 k，输出系统主密钥 master-key 和系统公开参数 params。其中，系统公开参数 params 向系统中的全体用户公开，而主密钥 master-key 则由 KGC 秘密保存。

（2）**部分密钥生成**：输入系统参数 params、一个用户的身份 ID 和系统主密钥 master-key，KGC 为用户输出部分私钥 D_{ID}。

（3）**设置秘密值**：输入系统参数 params 和用户身份 ID，输出该用户的秘密值 x_{ID}。

（4）**设置私钥**：输入系统参数 params、一个用户的身份 ID、该用户的秘密值 x_{ID} 和部分私钥D_{ID}，输出该用户的私钥S_{ID}。

（5）**设置公钥**：输入系统参数 params、一个用户的身份 ID、秘密值x_{ID}和部分私钥D_{ID}，输出该用户的公钥P_{ID}。

（6）**签名**：输入系统参数 params、消息 M、一个用户的身份 ID、该用户的公钥P_{ID}及私钥S_{ID}，输出该用户对消息 M 的签名σ。

（7）**验证**：输入系统参数 params、一个消息 M、一个签名σ、签名者的身份 ID 及公钥P_{ID}。当检验签名有效时，输出 1；否则，输出 0。

4. 无证书签名的安全模型

与无证书加密系统类似，在无证书签名系统中也有两类攻击者，即第 1 类攻击者 A_{I}与第 2 类攻击者 A_{II}。第 1 类攻击者不知道系统主密钥，但是可以任意替换用户的公钥；第 2 类攻击者知道系统的主密钥，但是不能替换目标用户的公钥。

最早的无证书签名方案的安全模型要求：如果第 1 类攻击者替换了用户 ID 的公钥，那么其在请求 ID 的签名时需要提供 ID 的当前公钥对应的秘密值。该方案模型被证明是安全的，但事实上，对它的各种各样的公钥替换攻击陆续被提出。一些研究者把无证书签名系统中的(第 1 类/第 2 类)攻击者按攻击者的能力从弱到强分成三类，即普通、强和超级攻击者。一个普通攻击者只可以得到一些在目标签名者原始公钥下有效的消息—签名对。而对于一个强攻击者，若其在替换用户公钥时能够提供该公钥相对应的秘密值，则可以得到在替换后的公钥下有效的消息—签名对。对于超级攻击者，即使其在替换用户公钥时不提供该公钥对应的秘密值，也能得到在替换后的公私钥下有效的消息—签名对。

无证书签名方案的安全模型可用下面的挑战者 C 和攻击者 A_{I} 或 A_{II} 间的两个游戏来刻画。

1) 游戏 1(适用于第 1 类攻击者)

初始化：C 运行系统参数生成算法，输入安全参数 k，输出系统主密钥 master-key 和系统参数 params。C 将 params 发送给 A_{I}，而对主密钥 master-key 严格保密。

攻击：A_{I} 可以适应性地进行公钥询问、部分私钥询问、秘密值询问、公钥替换询问以及签名询问，对 C 模拟签名方案中的相应算法分别作出回答。其中，根据攻击者能力的强弱，签名预言器可以分为以下三类：

（1）普通签名预言器：攻击者提供身份 ID 和消息 M，挑战者用该用户原来的私钥生成 ID 对消息 M 的签名，然后把签名返回给攻击者。

（2）强签名预言器：攻击者提供身份 ID、秘密值 x_{ID} 和消息 M，挑战者通过部分私钥和秘密值计算出 ID 的完整私钥，然后用该私钥对 M 签名，并把签名结果返回给攻击者。

（3）超级签名预言器：攻击者提供身份 ID 和消息 M，挑战者用该用户当前公钥(无论是否被替换)对应的私钥对 M 签名，然后把签名结果返回给攻击者。

其中，普通、强和超级攻击者分别可以询问普通签名预言器、强签名预言器和超级签名预言器。

伪造：A_{I} 输出一个四元组(M^{*}，σ^{*}，ID^{*}，P^{*})。A_{I} 在游戏中获胜，当且仅当：

(1) σ^* 是公钥为 P^*、身份为 ID^* 的用户对消息 M^* 的一个有效签名；

(2) $A_{\perp}$ 没有询问过身份为 ID^* 的用户的部分私钥；

(3) $A_{\perp}$ 没有询问过身份为 ID^*、公钥为 P^* 的用户对 M^* 的签名。

2）游戏 2（适用于第 2 类攻击者）

初始化：C 运行系统参数生成算法，输出系统主密钥 master-key 和系统参数 params。C 将 master-key 和 params 发送给 $A_{\parallel}$。

攻击：$A_{\parallel}$ 可以适应性地进行公钥询问、秘密值询问、公钥替换询问以及签名询问，对 C 模拟签名方案中的相应算法分别作出回答。与游戏 1 相同，根据攻击者能力的强弱，签名预言器可分为三类。

伪造：$A_{\parallel}$ 输出一个四元组（M^*，σ^*，ID^*，P^*）。$A_{\parallel}$ 在该游戏中获胜，当且仅当：

(1) σ^* 是公钥为 P^*、身份为 ID^* 的用户对消息 M^* 的一个有效签名；

(2) $A_{\parallel}$ 没有询问过身份为 ID^* 的用户的秘密值，且 $A_{\parallel}$ 没有替换用户 ID^* 的公钥；

(3) $A_{\parallel}$ 没有询问过身份为 ID^*、公钥为 P^* 的用户对 M^* 的签名。

3.4　Hash 函数

前面曾介绍过信息安全所面临的基本攻击类型，包括被动攻击（获取消息的内容、业务流分析）和主动攻击（假冒、重放、消息的篡改、业务拒绝）。抗击被动攻击的方法是前面已经介绍过的加密，而消息认证则是用来抗击主动攻击的。消息认证是一个过程，用于验证接收消息的真实性（的确是由它所声称的实体发来的）和完整性（未被篡改、插入、删除），同时还用于验证消息的顺序性和时间性（未重排、重放、延迟）。除此之外，在考虑网络安全时还需考虑业务的不可否认性，即防止通信双方中的某一方对所传输消息的否认。实现消息的不可否认性可通过数字签名，数字签名也是一种认证技术，也可用于抗击主动攻击。

消息认证机制和数字签名机制都有产生认证符的基本功能，这一基本功能又作为认证协议的一个组成部分。认证符是用于认证消息的数值，它的产生方法又分为消息认证码（Message Authentication Code，MAC）、哈希函数（Hash function）两大类，本节将介绍哈希函数，包括 Hash 函数用来提供认证的基本使用方式、Hash 函数应满足的条件、第 I 类生日攻击和第 II 类生日攻击等内容。

哈希函数 H 为公开函数，用于将任意长的消息 M 映射为较短的、固定长度的一个值 $H(M)$，作为认证符，称函数值 $H(M)$ 为哈希值或哈希码或消息摘要。哈希值是消息中所有比特的函数，因此提供了一种错误检测能力，即改变消息中任何一个比特或几个比特都会使哈希值发生改变。

3.4.1　Hash 函数用来提供认证的基本使用方式

哈希函数用来提供消息认证的基本使用方式，如图 3 - 27 所示，共有以下六种：

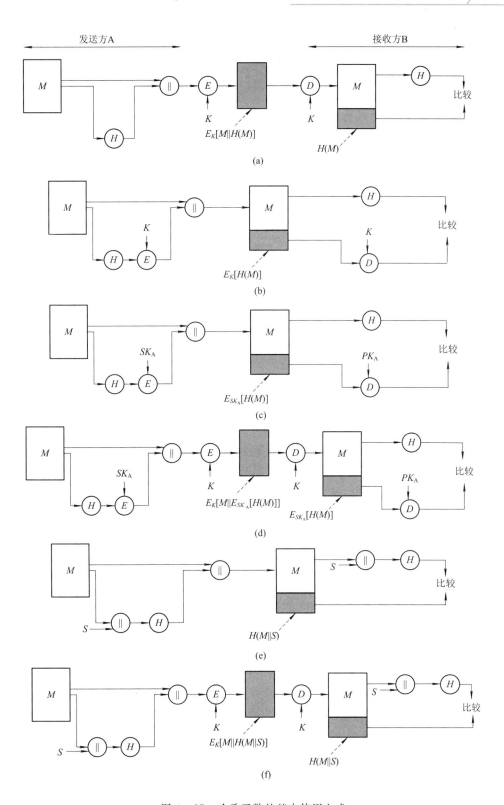

图 3-27　哈希函数的基本使用方式

（1）消息与哈希值链接后用单钥加密算法加密。由于所用密钥仅为收发双方 A、B 共享，因此可保证消息的确来自 A 并且未被篡改。同时，由于消息和哈希值都被加密，这种方式还提供了保密性，如图 3-27(a)所示。

（2）用单钥加密算法仅对哈希值加密。这种方式用于不要求保密性的情况中，可减少处理负担。注意这种方式和图 3-27(a)的 MAC 结果完全一样，即将 $E_K[H(M)]$ 看作一个函数，函数的输入为消息 M 和密钥 K，输出为固定长度，如图 3-27(b)所示。

（3）用公钥加密算法和发送方的私钥仅加密哈希值。和（2）一样，这种方式提供认证性，又由于只有发送方能产生加密的哈希值，因此这种方式还对发送方发送的消息提供了数字签名，事实上这种方式就是数字签名，如图 3-27(c)所示。

（4）消息的哈希值用公钥加密算法和发送方的私钥加密后与消息链接，再对链接后的结果用单钥加密算法加密，这种方式提供了保密性和数字签名，如图 3-27(d)所示。

（5）使用这种方式时要求通信双方共享一个秘密值 S，A 计算消息 M 和秘密值 S 链接在一起的哈希值，并将此哈希值附加到 M 后发往 B。因 B 也有 S，所以可重新计算哈希值以对消息进行认证。由于秘密值 S 本身未被发送，攻击者无法对截获的消息加以篡改，也无法产生假消息。这种方式仅提供认证，如图 3-27(e)所示。

（6）这种方式是在（5）中消息与哈希值链接以后再增加单钥加密运算，从而又可提供保密性，如图 3-27(f)所示。

由于加密运算的速度较慢，代价较高，而且很多加密算法还受到专利保护，因此在不要求保密性的情况下，方式（2）和（3）将比其他方式更具优势。

3.4.2　Hash 函数应满足的条件

哈希函数的目的是为需认证的数据产生一个"指纹"，为了能够实现对数据的认证，哈希函数应满足以下性质：

（1）函数的输入可以是任意长。

（2）函数的输出是固定长。

（3）已知 x，求 $H(x)$ 较为容易，可用硬件或软件实现。

（4）已知 h，求使得 $H(x)=h$ 的 x 在计算上是不可行的，这一性质称为函数的单向性，称 $H(x)$ 为单向哈希函数。

（5）已知 x，找出 $y(y\neq x)$ 使得 $H(y)=H(x)$ 在计算上是不可行的。若单向哈希函数满足这一性质，则称其为弱单向哈希函数。

（6）找出任意两个不同的输入 x、y，使得 $H(y)=H(x)$ 在计算上是不可行的。若单向哈希函数满足这一性质，则称其为强单向哈希函数。

性质（5）、（6）给出了哈希函数无碰撞性的概念，若哈希函数对不同的输入可产生相同的输出，则称该函数具有碰撞性。

以上 6 个性质中，前 3 个是哈希函数能用于消息认证的基本要求。第 4 个性质（即单向性）则对使用秘密值的认证技术极为重要。若哈希函数不具有单向性，则攻击者截获 M 和 $C=H(S\parallel M)$ 后，求 C 的逆 $S\parallel M$，就可求出秘密值 S。

第 5 个性质使得攻击者无法在已知某个消息时，找到与该消息具有相同哈希值的另一消息。这一性质用于哈希值被加密情况时，防止攻击者的伪造，由于在这种情况下，攻击者可读取传送的明文消息 M，因此能产生该消息的哈希值，但由于攻击者不知道用于加密哈希值的密钥，他就不可能既伪造一个消息，又伪造这个消息的哈希值加密后的密文。然而，如果第 5 个性质不成立，攻击者在截获明文消息及其加密的哈希值后，就可按以下方式伪造消息：首先求出截获的消息的哈希值，其次产生一个具有相同哈希值的伪造消息，最后将伪造的消息和截获的加密的哈希值发往通信的接收方。第 6 个性质用于抵抗生日攻击。

3.4.3 第 Ⅰ 类生日攻击

已知一个哈希函数 H 有 n 个可能的输出，$H(x)$ 是一个特定的输出，若对 H 随机取 k 个输入，则至少有一个输入 y 使得 $H(y)=H(x)$ 的概率为 0.5，k 有多大？

为叙述方便，称对哈希函数 H 寻找上述 y 的攻击为第 Ⅰ 类生日攻击。

因为 H 有 n 个可能的输出，所以输入 y 产生的输出 $H(y)$ 等于特定输出 $H(z)$ 的概率是 $1/n$，反之，$H(y) \neq H(x)$ 的概率是 $1-1/n$。y 取 k 个随机值而函数的 k 个输出中没有一个等于 $H(x)$，其概率等于每个输出都不等于 $H(z)$ 的概率之积，为 $[1-1/n]^k$，所以 y 取 k 个随机值得到函数的 k 个输出中至少有一个等于 $H(x)$ 的概率为 $1-[1-1/n]^k$。

由 $(1+x)^k \approx 1+kx$，其中 $|x| \ll 1$，得

$$1-\left[1-\frac{1}{n}\right]^k \approx 1-\left[1-\frac{k}{n}\right]=\frac{k}{n}$$

若使上述概率等于 0.5，则 $k=n/2$。特别地，若 H 的输出为 m 比特长，即可能的输出个数 $n=2^m$，则 $k=2^{m-1}$。

3.4.4 第 Ⅱ 类生日攻击

已知一个在 $1 \sim n$ 之间均匀分布的整数型随机变量，若该变量的 k 个取值中至少有两个取值相同的概率大于 0.5，则 k 至少多大？

$$P(n,k)=1-\frac{n!}{(n-k)!n^k}$$

令 $P(n,k)>0.5$，可得 $k=1.18\sqrt{n} \approx \sqrt{n}$。若取 $n=365$，则 $k=1.18\sqrt{365}=22.54$。

结论：设哈希函数 H 有 2^m 个可能的输出（即输出长 m 比特），若 H 的 k 个随机输入中至少有两个产生相同输出的概率大于 0.5，则 $k \approx \sqrt{2^m}=2^{m/2}$。

一般，称寻找函数 H 的具有相同输出的两个任意输入的攻击方式为第 Ⅱ 类生日攻击。

3.5 数 字 签 名

数字签名是一种以电子形式给消息签名的方法，是只有信息发送方才能进行的签名，

信息发送方进行签名后将产生一段任何人都无法伪造的数字串，这段特殊的数字串同时也是对签名真实性的一种证明。电子信息在传输过程中，通过数字签名来达到与传统手写签名相同的效果。数字签名由公钥密码发展而来，它在网络安全，包括身份认证、数据完整性、不可否认性以及匿名性等方面有着重要应用。本节将介绍数字签名的相关知识，包括数字签名算法、椭圆曲线数字签名算法、代理签名算法、聚合签名算法和多重签名算法。

3.5.1 数字签名算法

1. 数字签名应满足的要求

消息认证的作用是保护通信双方以防第三方的攻击，然而却不能保护通信双方中的一方防止另一方的欺骗或伪造。通信双方之间也可能有多种形式的欺骗，例如，通信双方 A 和 B(设 A 为发送方，B 为接收方)使用如图 3 - 28 所示的消息认证码的基本方式通信，则可能发生以下欺骗：

一是，B 伪造一个消息并使用与 A 共享的密钥产生该消息的认证码，然后声称该消息来自 A。

二是，由于 B 有可能伪造 A 发来的消息，因此 A 就可以对自己发过的消息予以否认。

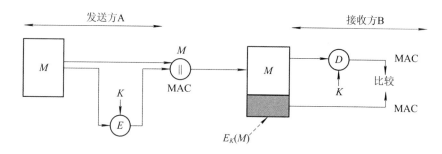

图 3 - 28　消息认证示意图

这两种欺骗在实际的网络安全应用中都有可能发生。例如，在电子资金传输中，按收方增加收到的资金数，并声称这一数目来自发送方。又如，用户通过电子邮件向其证券经纪人发送对某笔业务的指令，以后这笔业务赔钱了，用户就可否认曾发送过相应的指令。

因此，在收发双方未建立起完全的信任关系，且存在利害冲突的情况下，单纯的消息认证就显得不够。数字签名技术则可有效解决这一问题。

1) 数字签名应有的性质

类似于手书签名，数字签名应具有以下性质：

(1) 能够验证签名产生者的身份，以及产生签名的日期和时间。

(2) 能用于证实被签消息的内容。

(3) 数字签名可由第三方验证，从而能够解决通信双方的争议。

由此可见，数字签名具有认证功能。

2) 数字签名应满足的要求

实现上述三条性质，数字签名应满足以下要求：

（1）签名的产生必须使用发送方独有的一些信息以防伪造和否认。

（2）签名的产生应较为容易。

（3）签名的识别和验证应较为容易。

（4）对已知的数字签名构造一个新的消息，或对已知的消息构造一个假冒的数字签名，在计算上都是不可行的。

2. 数字签名的产生方式

数字签名可由加密算法或特定的签名算法产生。

1）由加密算法产生数字签名

利用加密算法产生数字签名是指将消息或消息的摘要加密后的密文作为对该消息的数字签名，其用法又根据单钥加密还是公钥加密有所不同。

（1）**单钥加密**。如图 3-29(a)所示，发送方 A 根据单钥加密算法以与接收方 B 共享的密钥 K 对消息 M 加密后的密文作为对 M 的数字签名发往 B。该系统能向 B 保证所收到的消息的确来自 A，因为只有 A 知道密钥 K，且 B 恢复出 M 后，可相信 M 未被篡改，因为攻击者不知道 K 就不知如何通过修改密文而修改明文。具体来说，就是 B 执行解密运算 $Y=D_K(X)$，若 X 是合法消息 M 加密后的密文，则 B 得到的 Y 就是明文消息 M，否则 Y 将是无意义的比特序列。

（2）**公钥加密**。如图 3-29(b)所示，发送方 A 使用自己的私钥 SK_A 对消息 M 加密后的密文作为对 M 的数字签名，B 使用 A 的公钥 PK_A 对消息解密，由于只有 A 才拥有加密密钥 SK_A，因此可使 B 相信自己收到的消息的确来自 A。然而由于任何人都可使用 A 的公钥解密密文，因此这种方案不提供保密性。为提供保密性，A 可用 B 的公钥再一次加密，如图 3-29(c)所示。

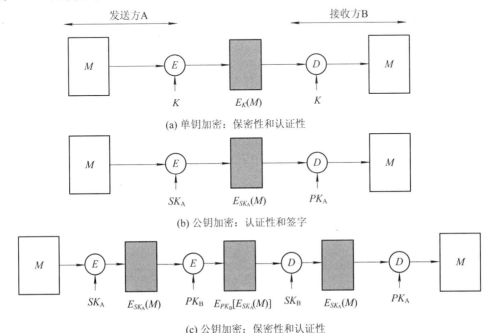

(a) 单钥加密：保密性和认证性

(b) 公钥加密：认证性和签字

(c) 公钥加密：保密性和认证性

图 3-29　单钥加密与公钥加密生成数字签名示意图

（3）**数字签名过程**。下面以 RSA 签名机制为例，说明数字签名的产生过程。

① 参数。

选两个保密的大素数 p 和 q，计算 $N=p\times q$，$\varphi(N)=(p-1)\times(q-1)$；选一个整数 e，满足 $1<e<\varphi(N)$，且 $\gcd(\varphi(N),e)=1$；计算 d，满足 $d\cdot e\equiv 1\bmod\varphi(N)$；以 $PK=\{N,e\}$ 为公钥，$SK=\{d,N\}$ 为私钥。

② 签名过程。

设消息为 M，对其签名为

$$\sigma\equiv M^d\bmod N$$

③ 验证过程。

接收方在收到消息 M 和签名 σ 后，验证 M 与 $M\equiv\sigma^e\bmod N$ 是否成立，若成立，则发送方的签名有效。

实际应用时，数字签名是对消息摘要加密产生的，而不是直接对消息加密产生的。

由加密算法产生数字签名又分为外部保密方式和内部保密方式，外部保密方式是指数字签名直接对需要签名的消息生成，而不是对已加密的消息生成，否则称为内部保密方式。外部保密方式便于解决争议，因为第三方在处理争议时，需得到明文消息及其签名。但如果采用内部保密方式，第三方必须得到消息的解密密钥，才能得到明文消息。如果采用外部保密方式，接收方就可将明文消息及其数字签名存储下来，以备以后万一出现争议时使用。

2）由签名算法产生数字签名

签名算法（在某一消息空间 $\mathcal{M}$）可用多项式时间算法的三元组（SigGen，Sig，Ver）表示。

（1）**密钥生成**（SigGen）：一个随机化算法，输入为安全参数 $\mathcal{K}$，输出密钥对（VK，SK），其中 SK 为签名密钥，VK 为验证密钥。

（2）**签名**（Sig）：一个随机化算法，输入签名密钥 SK 和要签的消息 $M\in\mathcal{M}$，输出一个签名 δ（表示为 $\delta=\mathrm{Sig}_{SK}(M)$）。

（3）**验证**（Ver）：一个确定性算法，输入验证密钥 VK、签名的消息 $M\in\mathcal{M}$ 和签名 δ，输出 True 或 False（True 表示签名有效，False 表示无效）。表示为

$$\mathrm{Ver}_{VK}(\delta,M)=\begin{cases}\text{True},&\delta=\mathrm{Sig}_{SK}(M)\\ \text{False},&\delta\neq\mathrm{Sig}_{SK}(M)\end{cases}$$

算法的安全性在于，从 M 和 δ 难以推出密钥 SK、VK 或伪造一个消息 M' 使 (δ,M') 可被验证为真。

3）数字签名的执行方式

数字签名的执行方式有两类，即直接方式和仲裁方式。

（1）**直接方式**。直接方式是指数字签名的执行过程只有通信双方参与，并假定双方有共享的密钥或接收方知道发送方的公钥。

直接方式的数字签名有一个公共弱点，即方案的有效性取决于发送方密钥的安全性。如果发送方想对已发出的消息予以否认，就可声称自己的密钥已丢失或被盗，因此自己的签名是他人伪造的。可采取某些行政手段，虽然不能完全但可在某种程度上减弱这种威胁。例如，要求每一被签的消息都包含有一个时间戳（日期和时间），并要求密钥丢失后立

即向管理机构报告。这种方式的数字签名还存在发送方的密钥真的被偷的危险，例如，攻击者在时刻 T 偷得发送方的密钥，然后可伪造一个消息，用偷得的密钥为其签名并加上 T 以前的时刻作为时间戳。

（2）**仲裁方式**。上述直接方式的数字签名所具有的威胁都可通过使用仲裁方式得以解决。和直接方式的数字签名一样，仲裁方式的数字签名也有很多实现方案，这些方案都按以下方式运行：发送方 X 对发往接收方 Y 的消息签名后，将消息及其签名发给仲裁者 A，A 对消息及其签名验证完成后，再连同一个表示已通过验证的指令一起发往接收方 Y。此时，由于 A 的存在，X 无法对自己发出的消息予以否认。在这种方式中，仲裁者起着重要的作用，并应取得所有用户的信任。

3.5.2　椭圆曲线数字签名算法

SM2 是中国国家密码管理局颁布的中国商用公钥密码标准算法，它是一组椭圆曲线密码算法，其中包括加解密算法、数字签名算法。

SM2 算法与国际标准的 ECC 算法的区别如下：

（1）ECC 算法通常采用 NIST 等国际机构建议的曲线及参数，而 SM2 算法的参数需要利用一定的算法产生，而由于算法中加入了用户特异性的曲线参数、基点、用户的公钥点信息，因此 SM2 算法的安全性明显提高。

（2）在 ECC 算法中，用户可以选择 MD5 或 SHA-1 等国际通用的哈希算法，而 SM2 算法中则使用 SM3 哈希算法，SM3 哈希算法的输出为 256 比特，其安全性与 SHA-256 算法基本相当。SM2 算法分为基于素数域和基于二元扩域两种，本节仅介绍基于素数域的 SM2 算法。

SM2 椭圆曲线公钥密码加密算法见本书 3.3.4 节内容，本节介绍 SM2 椭圆曲线公钥密码的数字签名算法。

1. 基本参数

基于素数域 F_p 的 SM2 算法参数如下：

（1）F_p 的特征 p 为 m 比特长的素数，p 要尽可能大，但太大会影响计算速度；

（2）长度不小于 192 比特的比特串 SEED；

（3）F_p 上的 2 个元素 a、b，满足 $4a^3+27b^2\neq0$，定义曲线 $E(F_p)$：$y^2=x^2+ax+b$；

（4）基点 $G=(x_G,y_G)\in E(F_p)$，$G\neq O$；

（5）G 的阶 n 为 m 比特长的素数，满足 $n>2^{191}$ 且 $n>4\sqrt{p}$；

（6）$h=\dfrac{|E(F_p)|}{n}$ 称为余因子，其中 $|E(F_p)|$ 为曲线 $E(F_p)$ 的点数。

SEED 和 a、b 的产生算法如下：

① 任意选取长度不小于 192 比特的比特串 SEED；

② 计算 $H=H_{256}(\text{SEED})$，记 $H=(h_{255},h_{254},\cdots,h_0)$，其中 H_{256} 表示 256 比特输出的 SM3 哈希算法；

③ 取 $R=\displaystyle\sum_{i=0}^{255} h_i 2^i$；

④ 取 $r = R \bmod p$；

⑤ 在 F_p 上任意选择 2 个元素 a、b，满足 $rb^2 = a^3 \bmod p$；

⑥ 若 $4a^3 + 27b^2 = 0 \bmod p$，则转向①；

⑦ 所选择的 F_p 上曲线是 $E(F_p)$：$y^2 = x^2 + ax + b$；

⑧ 输出 (SEED, a, b)。

2. 密钥产生

设签名方是 A，A 的密钥/公钥的产生方式与 SM2 椭圆曲线公钥密码加密算法接收方 B 的产生方式相同，分别记为 d_A 和 $P_A = (x_A, y_A)$。

设 ID_A 是 A 的长度为 entlen_A 比特的标识，ENTL_A 是由 entlen_A 转换而成的两个字节，A 计算 $Z_A = H_{256}(\text{ENTL}_A \parallel \text{ID}_A \parallel a \parallel b \parallel x_G \parallel y_G \parallel x_A \parallel y_A)$。其中，$a$、$b$ 为椭圆曲线方程的参数，(x_G, y_G) 为基点 G 的坐标，x_A、y_A 为 P_A 的坐标。这些值转换为比特串后，再用 H_{256} 验证接收方 B 的签名时，也需计算 Z_A。

3. 签名算法

设待签名的消息为 M，A 做以下运算：

(1) 取 $\overline{M} = Z_A \parallel M$；

(2) 计算 $e = H_v(\overline{M})$，将 e 转换为整数，H_v 是输出为 v 比特长的哈希函数；

(3) 用随机数发生器产生随机数 $k \leftarrow_R \{1, 2, \cdots, n-1\}$；

(4) 计算椭圆曲线点 $C_1 = kG = (x_1, y_1)$；

(5) 计算 $r = (e + x_1) \bmod n$，若 $r = 0$ 或 $r + k = n$，则返回(3)；

(6) 计算 $s = ((1 + d_A)^{-1} \cdot (k - r \cdot d_A)) \bmod n$，若 $s = 0$，则返回(3)；

(7) 消息 M 的签名为 (r, s)。

图 3-30(a)为 SM2 签名算法流程图。

4. 验证算法

B 收到消息 M' 及其签名 (r', s') 后，执行以下验证运算：

(1) 检验 $r' \in [1, n-1]$ 是否成立，若不成立，则验证不通过；

(2) 检验 $s' \in [1, n-1]$ 是否成立，若不成立，则验证不通过；

(3) 置 $\overline{M}' = Z_A \parallel M'$；

(4) 计算 $e' = H_v(\overline{M}')$，将 e' 转换为整数；

(5) 计算 $t = (r' + s') \bmod n$，若 $t = 0$，则验证不通过；

(6) 计算椭圆曲线点 $(x_1', y_1') = s'G + tP_A$；

(7) 计算 $R = (e' + x_1') \bmod n$，检验 $R = r'$ 是否成立，若成立，则验证通过；否则验证不通过。

图 3-30(b)为 SM2 签名验证算法流程图。

正确性：若 $\overline{M}' = M'$，$(r', s') = (r, s)$，则 $e' = e$，要证 $R = r' = r$，只需证 $x_1' = x_1$，即

$$x_1' = s'x_G + tx_A = sx_G + (r+s)x_A = sx_G + (r+s)d_A x_G$$
$$= (s + rd_A + sd_A)x_G = (s(1+d_A) + rd_A)x_G$$
$$= (k - rd_A + rd_A)x_G = kx_G = x_1$$

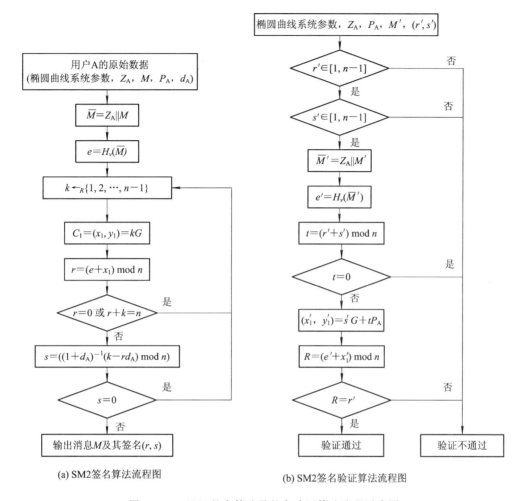

(a) SM2签名算法流程图　　　　(b) SM2签名验证算法流程图

图 3-30　SM2 签名算法及签名验证算法流程示意图

3.5.3　代理签名算法

数字签名能够提供信息来源的鉴别、信息的完整性保证和不可否认等功能。随着计算机和网络通信技术的发展，数字签名技术得到了广泛应用。在现实生活中，人们有时需要将签名权力委托给他人。如何以安全、可靠、高效的方法实现数字签名的委托，是一个重要的问题。

1996 年 Mambo、Usuda 和 Okamoto 提出了代理签名的概念。此后代理签名体制得到了广泛深入的研究，出现了许多代理签名方案。这种签名机制已经被广泛应用到网格计算、电子交易、移动通信和移动代理等环境，对代理签名的研究具有重要的学术价值和实际意义。

1. 代理签名的定义

代理签名是一种新型的数字签名方案，是指原始签名人把他的签名权委托给代理签名人，代理签名人代表原始签名人产生一个有效的代理签名，验证者在验证代理签名有效性的同时验证授权。

2. 代理签名的性质

代理签名方案应满足以下基本性质：

（1）不可伪造性（unforgeability）。除了原始签名方，只有指定的代理签名方能够代表原始签名方产生有效代理签名。

（2）可验证性（verifiability）。从代理签名中，验证者能够相信原始签名方认同了这份签名消息。

（3）不可否认性（non-repudiation）。一旦代理签名方代替原始签名方产生了有效的代理签名，他就不能向原始签名方否认他所签的有效代理签名。

（4）可区分性（distinguishability）。任何人都可区分代理签名方和正常的原始签名方的签名。

（5）代理签名者的不符合性（proxy signer's deviation）。代理签名方必须创建一个能检测到是代理签名的有效代理签名。

（6）可识别性（identifiability）。原始签名方能够从代理签名中确定代理签名方的身份。

3. 代理签名的分类

Mambo、Usuda 和 Okamoto 把代理签名分为三大类，即完全代理签名、部分代理签名和带有证书的代理签名。

（1）在完全代理签名方案中，原始签名方将其签名私钥交给代理签名方作代理签名密钥。完全代理签名不具有可识别性和不可否认性。代理签名方所产生的代理签名与原始签名方所产生的标准签名无法区分。

（2）在部分代理签名方案中，原始签名方根据自己的私钥计算出代理签名密钥，然后将代理签名密钥通过秘密信道传送给代理签名方。代理签名方由代理签名密钥无法求出原始签名方的私钥。部分代理签名方案可分为未对代理签名方提供保护的代理签名（proxy-unprotected）和对代理签名方提供保护的代理签名（proxy-protected）。在未对代理签名方提供保护的签名方案中，原始签名方产生签名密钥，签名验证时仅用到原始签名方的公钥，原始签名方独自承担签名责任。在对代理签名方提供保护的签名方案中，代理签名方根据原始签名方的授权结合自己的私钥生成代理签名密钥，在此类代理签名方案中，原始签名方无法产生有效的代理签名密钥，原始签名方和代理签名方共同承担签名责任。

（3）在带有证书的代理签名方案中，原始签名方需产生代理证书，证书上记载原始签名方及代理签名方的信息、代理授权的时限等。该证书在代理签名的产生与验证时使用。这种方案有两种类型。一种是授权代理（delegate-proxy）签名方式，原始签名方用私钥按照标准签名方式签署一个文件给代理签名方，这个文件表明代理签名方已经得到原始签名方的授权，然后，原始签名方把生成的证书（授权文件及其签名）发送给代理签名方。另一种是持票代理（bearer-proxy）签名方式，证书由消息部分和原始签名方对消息的标准签名部分组成。消息中有原始签名方产生的代理签名公钥。与代理签名公钥对应的代理签名私钥由原始签名方通过秘密的通道传送给代理签名方。

一般说来，部分代理签名和带有证书的代理签名比完全代理签名安全程度高，部分代理签名比带有证书的代理签名具有更快的签名验证速度，但带有证书的代理签名方案能更有效地防止代理签名方滥用代理签名权。S. Kim、S. Park 和 D. Won 把部分代理签名和带有证书的代理签名结合起来，提出了带有证书的部分代理签名。根据前文，部分代理签名方案又分为代理签名方受保护（proxy-protected）和代理签名方不受保护（proxy-unprotected）两种。根据不可否认性，代理签名又可分为强代理签名和弱代理签名，强代理签名是指代表原始签名方和代理签名方的签名，而弱代理签名是指仅代表原始签名方的签名。根据是否指定代理签名方，代理签名还可分为指定代理签名和非指定代理签名。

4. 基于 SM2 的代理签名方案

1）初始化参数

选取 SM2 公钥密码算法，G 是椭圆曲线上阶为 n 的基点，假设 Alice 是原始签名方，私钥为 $D_A \in [1, n-1]$，公钥为 $P_A = D_A G$，Bob 为代理签名方，代表原始签名方 Alice 签名，验证者 Garol 对生成的代理签名进行验证。

2）代理授权

代理签名方 Bob 进行如下操作：

(1) 随机产生 $k_b \in [1, n-1]$，计算椭圆曲线上的点 $G_b = k_b G$；

(2) 将 G_b 发送给 Alice。

Alice 收到 Bob 发送的信息后，进行如下操作：

(1) 随机产生 $k_a \in [1, n-1]$，计算椭圆曲线上的点 $G_a = k_a G$；

(2) 计算椭圆曲线上的点 $G_{ab} = k_a G_b = (x_1, y_1)$；

(3) 计算 $r_{ab} = x_1 \bmod n$，若 $r_{ab} = 0$，则返回步骤(1)；

(4) 计算 $s_A = k_a^{-1} r_{ab} D_A \bmod n$，若 $s_A = 0$，则返回步骤(1)；

(5) Alice 将 (G_a, G_{ab}, s_A) 作为授权信息发送给 Bob。

3）授权验证及代理密钥的生成

Bob 收到授权信息后，对授权信息进行验证，验证过程如下：

(1) 计算椭圆曲线上的另一点 $G'_{ab} = k_b G_a = (x_2, y_2)$；

(2) 计算 $r'_{ab} = x_2 \bmod n$，若 $s_A G_a = r'_{ab} P_A$，接收委托，否则拒绝委托；

(3) 计算 $D_p = s_A k_b^{-1} \bmod n$，$D_p$ 即代理签名密钥。

4）代理签名的生成

当 Bob 代替 Alice 对消息 M 进行签名时，Bob 使用的签名密钥是 D_p，签名过程如下：

(1) 计算 $e = H(M)$；

(2) 随机产生 $k \in [1, n-1]$，计算 $k G_{ab} = (x_3, y_3)$；

(3) 计算 $r = (e + x_3) \bmod n$，若 $r = 0$ 或 $r + k = n$，则返回步骤(2)；

(4) 计算代理签名 $s = ((1 + D_p)^{-1} (k - D_p)) \bmod n$，若 $s = 0$，则返回步骤(2)；

(5) 代理签名为 (G_a, G_{ab}, r, s)。

5）代理签名的验证

为了验证收到的信息 M'，以及代理签名 (G_a, G_{ab}, r', s')，验证者 Garol 进行以下步骤：

(1) 检验 $r' \in [1, n-1]$ 和 $s' \in [1, n-1]$ 是否成立，若不成立，则验证不通过；

(2) 计算 $e' = H(M')$；

(3) 计算 $r_{ab} = x_1 \bmod n$；

(4) 计算 $t = (r' + s') \bmod n$；

(5) 计算椭圆曲线上的点 $s'G_{ab} + tr_{ab}P_A = (x'_3, y'_3)$，计算 $R = (e' + x'_3) \bmod n$，若 $R = r'$，则接收签名，否则拒绝签名。

3.5.4　聚合签名算法

1. 聚合签名的概念

聚合签名的概念由 Boneh 等于 2003 年提出，即 n 个不同的消息由 n 个不同的用户分别签名得到 n 个不同的签名，再将这 n 个签名聚合成一个签名，这样验证者只需验证聚合签名就能确定 n 个不同的消息是否由 n 个不同的用户进行了签名。

可以看到，运用聚合签名的思想以后，本应是 n 个的签名聚合成了一个签名，缩短了签名的长度；同时，本应进行的 n 次验证也只需要一次就可以完成，减少了验证时间。聚合签名的这些特点在低带宽、低计算效率和低存储容量的通信环境下得到了广泛应用，因此具有极大的研究价值。

2. 聚合签名的分类

根据不同聚合能力，以及是否支持对不同消息产生的签名进行聚合，常见的聚合签名方案可以分成以下两类：

一是，只能对同一个消息使用的不同签名进行聚合，即甲、乙、丙三方对同一份合同 A 签名，期间产生的三个签名可以合并成一个聚合签名。其典型的构造方案是 Schnorr 聚合签名，此类构造方案也常被称为多重签名方案。Schnorr 聚合签名的基本构造方式见本书 3.5.5 节内容。

二是，可以对不同消息使用的不同签名进行聚合，即甲对合同 A 签名、乙对合同 B 签名、丙对合同 C 签名，三个不相干的签名可以合并成一个聚合签名。其典型的构造方案是 BLS 聚合签名，有别于 Schnorr 聚合签名，BLS 聚合签名额外引入了双线性映射，其具备以下特性：

$$e(a \cdot P, b \cdot Q) = e(P, Q)^{ab}$$

该特性是 BLS 聚合签名实现对多个不相关的数字签名聚合的关键。通过引入双线性映射，BLS 聚合签名打破了签名所对应的消息必须是同一个的限制，由此可灵活地支持各类签名聚合需求。同时，BLS 在聚合过程中交互较少，无须交换随机数的过程，可以有效减少网络传输带来的性能损耗。

但是，双线性映射带来神奇特性的同时，也提升了计算成本。目前已知的双线性映射构造复杂，计算性能在工程实现上慢了几个数量级。

3. 聚合签名的安全风险

无论是 Schnorr 聚合签名还是 BLS 聚合签名，在设计过程中都提供了理论证明——即便聚合了海量签名，聚合签名的安全性与聚合前的经典数字签名安全性相当。但是，相比原来只有单方计算的经典数字签名，聚合签名计算过程涉及多方交互，一旦参与聚合的任一方有意作假，恰逢不安全的工程实现，难免会引发额外的安全风险。

以 Schnorr 聚合签名为例，一些工程实现为了减少交互成本，在关键的随机数交互过程中，采用预计算方式初始化随机数。然而，如果攻击者不遵守协议约定，构造恶意的特殊数据作为随机数，可能会造成其他用户的密钥泄露。

类似地，对于 BLS 聚合签名，一些工程实现为了提升计算效率，使用不安全的曲线组合来构造双线性映射，从而破坏了聚合签名算法的整体安全性，进而泄露用户密钥。

预防这些安全风险的关键在于，聚合签名的工程实现应严格按照论文或标准中的算法流程和推荐参数设置，决不能为了优化性能而引入严重的安全风险。总体而言，聚合签名为多方协作场景提供了一种节省存储空间和验证过程中的网络流量、提升批量数字签名验证性能的解决方案。

除了本节介绍的 Schnorr 聚合签名和 BLS 聚合签名，基于双线性映射、同态加密或同态性等密码学原语构造出的其他聚合签名方案，比较知名的有 CL 聚合签名、IBAS 基于身份的聚合签名等。根据具体的业务需求，选用合适的聚合签名方案，可以显著提升数字签名的使用效率和系统的整体扩展性。

3.5.5　多重签名算法

1. 多重签名的概念

多重签名技术就是多个用户同时对一个数字资产进行签名。可以简单地理解为，一个账户多个人拥有签名权和支付权。

如果一个地址只能由一个私钥签名和支付，表现形式就是 $1/1$；而多重签名的表现形式是 m/n，也就是说一共 n 个私钥可以给一个账户签名，而当 m 个地址签名时，就可以支付一笔交易。所以，m 一定是小于或等于 n 的。

下面举两个例子加以说明：

（1）多重签名 $2/3$，表示 3 个人拥有签名权，而两个人签名就可以支配这个账户里的资金；

（2）多重签名 $1/2$，表示 2 个人可以签名，两个人拥有私钥，谁都可以来支配这笔资金。

多重签名地址可以有多个相关联的私钥，需要其中的多个才能完成一笔转账，实际上也可以设置成 $1/3$、$5/5$、$2/3$，但是最常见的是 $2/3$ 的组合。这些参与方可以是人、机构或者程序脚本。

2. 多重签名的应用

多重签名可应用于电子商务、财产分割、资金监管等领域。其中，资金监管是多重签名最直接的应用，一笔钱需要多个人签名才能使用，任何一个人都无法直接动用资金。

多重签名技术是一个可靠、有效的安全技术保证，不论是数字货币交易平台、在线钱包，还是第三方数字货币托管运营机构，都会为了增加客户的信任度而应用多重签名技术，毕竟资金安全是信誉的重要保证，也是用户的第一考虑因素。

3. Schnorr 聚合签名

Schnorr 聚合签名可以看作一类椭圆曲线上数字签名方案的扩展，此类构造方案也常被称为多重签名方案，其基本构造方式如下。

1）密钥生成

用户 i 选择随机数私钥 SK_i，生成公钥 $PK_i = SK_i \cdot G$，G 为曲线上基点，广播 PK_i 给其他用户。

2）密钥聚合

所有用户计算公钥列表 $L = \mathrm{Hash}(PK_1, \cdots, PK_n)$。

3）交互随机数

用户 i 选择随机数 k_i，计算 $R_i = k_i \cdot G$，广播随机数 R_i 给其他用户。

4）生成单个签名

用户 i 聚合随机数 $R = R_i + \cdots + R_n$。

计算聚合公钥 $P = \mathrm{Hash}(L, PK_1) \cdot PK_1 + \cdots + \mathrm{Hash}(L, PK_n) \cdot PK_n$，其中 Hash 函数会将输入映射到一个椭圆曲线上的数域中。

根据消息 M，计算签名 $s_i = k_i + \mathrm{Hash}(P, R, M) \cdot SK_i$，将 s_i 广播。

5）聚合签名

$s = s_1 + \cdots + s_n$，(R, s) 为最终生成签名。

6）验证签名

验证者根据消息 M、公钥列表 L、签名 (R, s)，验证是否有 $s \cdot G = R + \mathrm{Hash}(P, R, M) \cdot P$。

使用 Schnorr 聚合签名的交互过程如图 3-31 所示。

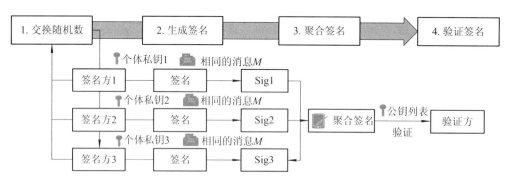

图 3-31　使用 Schnorr 聚合签名的交互过程

本 章 小 结

本章介绍了密码学的基础知识，包括密码基本理论与技术概述、对称密码、公钥密码体制、Hash 函数和数字签名等内容。

密码基本理论与技术概述部分介绍了密码学、明文、密文等基本概念，并介绍了两类加密算法。这些基础知识会为后续的学习打下牢固的根基。

对称密码部分详细介绍了流密码和分组密码两种常见的对称加密算法及其原理和应用。

公钥密码体制部分涵盖了公钥密码体制的基本概念、RSA 密码机制、基于身份的密码机制、椭圆曲线密码机制以及无证书密码机制等内容。这些内容帮助读者理解公钥密码体系的安全性和工作原理。

Hash 函数部分介绍了 Hash 函数用来提供认证的基本使用方式，同时讨论了 Hash 函数应满足的条件以及第 Ⅰ 类生日攻击和第 Ⅱ 类生日攻击的原理。这些知识有助于读者了解 Hash 函数在密码学中的重要性和应用。

数字签名部分涵盖了数字签名算法、椭圆曲线数字签名算法、代理签名算法、聚合签名算法和多重签名算法等内容。这些算法为保证数据完整性和认证提供了重要的手段。

通过学习本章内容，读者可对密码学的基本概念和常见加密算法有更深入的了解，为进一步研究和应用密码学奠定基础。

本 章 习 题

1. 简述分组密码的设计应满足的安全要求。

2. 公钥加密算法与对称加密算法相比有哪些优点和不足？

3. 在分组密码算法中，如果分组长度过短，那么攻击者可利用什么攻击方式来进行攻击，并简述攻击的过程？

4. RSA 算法中 $n=11413$，$e=7467$，密文是 5859，利用分解 $11413=101 \times 113$ 求明文。

5. 在 ElGamal 密码机制中，Alice 和 Bob 使用 $p=17$ 和 $g=3$。Bob 选用 $x=6$ 作为他的私钥，他的公钥为 $y=15$。Alice 发送密文 $(7,6)$，请确定明文 M。

6. 给定椭圆曲线 $E: y^2 = x^3 + x + 6$。

（1）请确定该椭圆曲线上所有的点。

（2）生成元 $G=(2,7)$，私钥 $n_B=2$，公钥 $P_B = n_B G = (5,2)$，明文消息编码成一个数 8，选择一点 $P_t=(3,5)$，加密时选取随机数 $k=3$，求加解密过程。

7. 与 RSA 密码机制和 ElGamal 密码机制相比，简述 ECC 密码机制的优势。

8. 数字签名算法中，对消息的哈希值签名，而不对消息本身签名，这有哪些好处？

9. 简述利用生日攻击方法攻击 Hash 函数的过程。

10. 设 $p=19$，$g=2$，私钥 $x=9$，公钥 $y=18$。消息 M 的哈希值为 5，试用 ElGamal 签名方案对消息 M 进行签名，然后对这个签名进行验证。

第4章 协议工程与软件工程基础知识

协议工程与软件工程基础知识是现代计算机科学领域中非常重要的一环，是形式化安全分析方法的主要应用场景。在当今日益复杂的网络环境中，亟需设计和实现高效、可靠的协议来保证数据的安全传输和处理。同时，软件工程也是不可或缺的一部分，它涉及软件开发的各个方面，包括需求分析、设计、测试等。

本章将介绍协议工程的基本概念和原理，包括协议设计原理、协议安全和协议验证技术等。在软件工程方面，将介绍软件生命周期、软件安全和软件验证技术等。通过对协议工程与软件工程基础知识的学习，读者将能够更好地理解计算机网络和软件开发的本质，为进一步深入研究相关领域打下坚实的基础。

4.1 协 议 工 程

协议是网络的血液和生命，计算机网络的发展是网络协议设计和开发的结果。但计算机通信与网络技术的发展进一步增强了协议的复杂性，主要体现在协议开发难度大、周期长、潜在错误多，而协议开发过程中任何一点错误和缺陷都将给分布系统的稳定性、可靠性、坚固性、安全性、容错性以及异种系统之间互通性带来巨大的危害。为此，便出现了协议工程。协议工程用形式化的方法描述在协议严格的设计和维护中的各个活动，它是以协议为研究对象的软件工程，但所建立的协议设计方法比现有软件工程的一般方法更严格，从而使整个协议开发过程一体化、系统化和形式化。

协议工程系统的主要组成部分及其关系大体上可归纳为协议设计、协议描述、协议验证与分析、协议的半自动实现、协议的一致性测试等内容。

（1）**协议设计**：协议开发的第一步是构造一个协议，提出协议文本初稿。这包括协议环境分析、协议功能设计、协议元素的构造、协议组织形式的确定及协议文本的编写。

（2）**协议描述**：协议可以用自然语言、程序设计语言、形式描述语言或专用语言描述。用自然语言描述的协议可读性好，因此，ISO 是采用自然语言描述并公布协议标准的。

（3）**协议验证与分析**：协议验证是对通信协议本身的逻辑性进行验证的过程，其主要目的是，在协议开发的前期，最大限度地检测和纠正协议错误和缺陷，包括死锁、活锁、不可执行的行动、不符合要求的协议外部性能等。

（4）**协议的半自动实现**：协议实现的目的是要产生与机器无关的可执行的协议目标代码。而所谓的半自动实现，是指通过编译器，将 ESTELLE、LOTOS 等形式语言描述的协议规范文本直接转换成协议代码(C、Pascal 等程序设计语言)。

（5）**协议的一致性测试**：协议的测试是协议开发的最后一个阶段。由于协议的实现采用的是半自动代码生成技术，与机器相关的协议代码是人工编写的，协议实现者对协议的理解各不相同，这就难以保证协议实现与协议规范之间的一致性，而在 OSI 环境下，与标准不一致的实现是没有任何意义的。因此，协议的一致性测试对协议的实现至关重要。

本节主要介绍协议设计原理、协议安全与协议验证技术三个方面。

4.1.1　协议设计原理

随着协议在人们生活中的应用越来越广泛，人们对协议的认识也逐渐提高。协议一般是指人们为完成某项任务而由两个以上的参与者组成的一个程序。故定义协议应具备以下三个方面：**协议是一个过程，且此过程具有一定的程序性，制定者可对过程进行调整，依照一定的顺序执行，此顺序具有不可更改性；协议至少具备两个以上的参与者，并且在执行过程中每一个参与者都具有固定的步骤，但此步骤并不认为是协议的内容；协议的目标为完成一项任务，故协议也应保证一个预期的效果。**

通过以上分析能够看出，计算机网络的安全协议是在计算机网络中传输信息时保证信息安全性的一个程序。在计算机网络的使用中，安全协议的作用为通过加密或其他措施保证信息数据的完整性和有效性，其中包括密钥的分配和身份的认证。计算机网络的通信安全协议最早被应用的时间为 1973 年，此安全协议在当时为网络通信的安全性提供了十分优秀的保障，但随着信息技术的飞速发展，安全协议也需要逐步改进，以适应信息传输手段的多变。

在网络安全协议的设计中，通常会对协议的复杂性和交织攻击抵御能力进行设计，同时对协议的简单性和经济性要有一定的保证。前者是保证安全协议自身的安全性，而后者则是扩大安全协议的应用范围。只有设定一定的边界条件，才能保证安全协议同时具有复杂性、安全性、简单性和经济性，这就是网络安全协议的实际规范。

1. 一次性随机数代替时间戳

目前，大部分网络安全协议的设计均采用同步认证的形式，这种认证形式需要各认证用户之间保持同步时钟，且要求极其严格，这种认证形式在网络环境较好的情况下实现起来非常容易，但是对于网络条件较差的情况则很难实现同步认证。故在进行网络安全协议设计时可采用异步认证方式，这就需要在设计中采用随机生成一个验证数字，通过这个数字代替时间戳，这样就能完美解决网络环境差的问题，同时还能保证认证的安全性。

2. 抵御常规攻击

对于任何一个网络安全协议，应具备的功能是抵御常见的网络攻击，即对于明文攻击和混合攻击具有最基础的抵御能力，简而言之就是不能让攻击者从应答信息中获取密钥信息，另外对于过期消息的处理机制也应算在抵御常规攻击中，即不能让攻击者通过修改过期信息完成攻击，进而提高网络安全协议的安全性。

3. 适用于任何网络结构的任意协议层

由于不同网络结构的不同协议层所能接收的信息长度不同，若想使安全协议能够做到高适用性，则需要网络协议中的密钥消息必须满足最短协议层的要求，也就是说密码消息的长度应等于一组报文的长度，这样才能保证网络安全协议的适用性。

4.1.2 协议安全

安全协议是以密码学为基础的消息交换协议，其目的是在网络环境中提供各种安全服务。密码学是网络安全的基础，但网络安全不能单纯依靠安全的密码算法。安全协议是网络安全的一个重要组成部分，通常需要通过安全协议进行实体之间的认证，在实体之间安全地分配密钥或其他各种秘密，确认发送和接收的消息的非否认性等。

安全协议是建立在密码体制基础上的一种交互通信协议，它运用密码算法和协议逻辑来实现认证和密钥分配等目标。

密码协议(cryptographic protocol)是使用密码学完成某项特定的任务并满足安全需求的协议，又称安全协议(security protocol)。在密码协议中，经常使用对称密码、公开密钥密码、单向函数、伪随机数生成器等。

协议的安全性质通常包括机密性、完整性、认证性、非否认性、正确性、可验证性、公平性、匿名性、隐私属性、强健性、高效性。安全协议可用于保障计算机网络信息系统中秘密信息的安全传递与处理，确保网络用户能够安全、方便、透明地使用系统中的密码资源。安全协议在金融系统、商务系统、政务系统、军事系统和社会生活中的应用日益普遍，而安全协议的安全性分析验证仍是一个悬而未决的问题。在实际社会中，有许多不安全的协议曾经被人们作为正确的协议长期使用，若用于军事领域的密码装备中，则会直接危害到军事机密的安全性，会造成无可估量的损失。这就需要对安全协议进行充分的分析、验证，判断其是否达到预期的安全目标。

Dolev-Yao 模型认为，攻击者可以控制整个通信网络，并应当假定攻击者具有相应的知识与能力。例如，假定攻击者除了可以窃听、阻止、截获所有经过网络的消息等之外，还应具备以下知识和能力：

（1）熟悉加密、解密、散列等密码运算，拥有自己的加密密钥和解密密钥；

（2）熟悉参与协议的主体标识符及其公钥；

（3）具有密码分析的知识和能力；

（4）具有进行各种攻击，如重放攻击的知识和能力。

到目前为止，安全协议的类型尚无定论，故无人对网络安全协议进行分类，事实上严格分类安全协议是一项几乎不可能完成的任务，即从不同的角度分类可将安全协议划分为不同的类别。例如，从 ISO 的层级模型分类，可将安全协议分为高层和低层协议；从协议的功能方面分类，则可将安全协议分为认证协议、密钥建立协议、密钥认证协议等；而从密钥的种类分类，则可将安全协议分为公钥协议、单钥协议和混合协议等。目前，公认比较合理的分类方法则是根据功能进行分类，这种分类方法并不关注采用何种加密技术。根据以上分析，可将安全协议分为三类：认证建立协议，指通过一个实体对另一个与之相应建立通信的实体进行身份确认的安全协议；密钥建立协议，指多个实体通过共享一个密钥而互相传输信息的安全协议；认证密钥建立协议，指与经过身份证实的用户建立共享密钥而互相传输信息的安全协议。

随着信息技术的飞速发展，越来越多的网络安全协议被人们设计并应用，但通常令人们十分尴尬的是很多安全协议在刚刚推出时就被发现有漏洞。造成网络安全协议无效的原因有很多种，其中最主要也是最多的原因是安全协议的设计者本身对网络安全的需求并不了解，其研究也相对不够透彻，这就使其设计的安全协议在安全性分析中产生大量的问题，就如同密码加密算法的设计一样，证明协议的不安全性往往比证明其安全要简单得多。通常在分析网络安全协议的安全性时会通过攻击手段进行测试，这种测试一般针对加密协议的三个部分进行压力检测，即攻击协议中的加密算法、攻击算法和协议的加密技术、攻击协议本身。

4.1.3　协议验证技术

对协议本身的逻辑正确性进行校验的过程称为验证。协议验证有两种途径，即协议分析和协议综合，通常所说的协议验证是指协议分析。协议分析的目的是对已设计的协议进行分析和校验（这些已设计的协议大都是采用非形式化设计方法产生的）。

协议的正确性验证试图在协议开发的前期最大限度地检测和纠正协议错误和缺陷，包括死锁、活锁、不可执行的行动、协议外部性能不符合服务要求等。协议验证技术多种多样但可以分为可达性分析、逻辑证明、模拟三类；可达性分析是最常用的技术，它包括状态穷举、状态随机枚举、状态概率枚举等方法；逻辑证明试图用推理演算方法严密的证明协议各种性质，采用的推理演算技术主要来自时序逻辑、谓词逻辑、代数演算等数学领域。协议综合将协议设计和协议验证紧密结合起来，也可以认为是一类验证技术。

1. 基于 Petri 网的协议验证与分析

1）Petri 网的变体及其应用概述

一组通信实体可以描述为单一的或成组的相互通信的 Petri 网模型，网间通信由直接耦合或者由库所和变迁表示的通道实现。网络的动态特性如控制和数据流由发生规则和标记分布描述。为适应不同规范及验证的需求，从基本 Petri 网模型衍化出许多扩展模型系统，如谓词/动作 Petri 网、时间 Petri 网（TPN）、带时态逻辑的 Petri 网、有色 Petri 网（XCPN）、面向对象 Petri 网（NPN）等。

Petri 网还没有国际标准，但已得到广泛应用，其优越性表现在以下几个方面：

（1）采用图示化表示，清晰直观；

（2）具有很好的适应性，不仅适应于计算机科学而且也适应于社会、物理等领域；

（3）它能描述系统的并发行为，使用 Petri 网的分析技术分析模拟系统，能得到系统行为方面的信息；

（4）具有坚实的数学基础和分析技术。

2）Petri 网在协议验证和性能分析中的应用

对于单个特定协议的验证可能涉及专门的技术，而可达性分析和不变量分析是验证大多数协议的基本途径，Petri 网模型的许多性质都可以由它们推导出来，这为映射相应协议的性质提供了可能。而 Petri 网自身具备的可运行性方便了系统形式化描述级模拟。

（1）**可达性分析**。由于需要验证系统状态是否完全符合设计的协议要求，必要的步骤包括进行可达性分析。可达性分析是指生成 Petri 网的所有可达状态的过程，用以验证实现的状态和行为是否符合预设的协议要求。这通常包括检查死锁、意外的接收/发送、变迁的活性，以及库所标记数的有界性等。可达性分析从初始状态出发，根据每个活跃的变迁或同时满足点火条件的变迁集合生成分支结点，最终构成一个可达图。

（2）**不变量分析**。由于协议在扫行过程中需保持一定的不变量来确保其守恒性，不变量分析成为必需的方法。不变量分析是指评估 Petri 网在特定执行模式下的不变量特性。理论上最完备且应用最广泛的两种不变量是 T-不变量和 P-不变量。P-不变量对应于 Petri 网中某些库所标记总数保持不变，这反映了协议的守恒性。例如，在 Stop-Wait 协议中，发送方、信道和接收方的缓冲器中的报文总数恒为 1。T-不变量则是指一系列保持网状态不变的变迁序列，反映了协议操作的周期性或重复性特征。

（3）**状态爆炸问题**。由于状态空间随着模型增长，人们一直试图压缩 RG 或 Petri 网的规范。目前主要有保持特性变换和构造/分解理论这两种途径。保持特性变换的具体方法是，在保持有界性、活性等 Petri 网模型特性的前提下，增加生成可达图时的限制条件或在可达性分析之前间接地改变网模型，如用单个库所或变迁代替一个特定子网，建立层次化的可达图或网模型以及基于等价关系削减结点数等。构造/分解理论的关键问题是如何确定构造和分解 Petri 网的规则，具体方法仍然是划分子网，分析网元素的相关性以及建立层次模型等。

（4）**其他分析功能**。由于 Petri 网具备严格的矩阵运算理论支持，它还能推导出许多系统行为特征，如等价关系、进程等；而 Petri 网与其他几种形式化描述工具的内在联系使得它能起到模型间的桥梁作用，已经出现许多自动正向/反向翻译 Petri 网与 ESTELLE 或 LOTOS 等语言工具。要特别说明的是，因为数学基础是随机过程（排队论），所以，SPN 能够用于协议的性能评价，定量地求解系统的主要性能指标，如报文队列长度（库所标记数）、吞吐量和丢包率等。

2. 基于有限状态自动机模型的协议验证与分析

有限状态机 FSM 是最为重要的一种形式描述技术，它是很多形式化方法的基础。它直观性强，可实现与其他形式方法的组合和转换，且易于自动实现，因而在 FDT 中占有重要的地位。有限状态机最常用的技术是可达性分析技术。可达性分析技术试图产生和检查协议所有或部分可达性状态。所谓可达性状态，是指协议从状态开始经历有限次转换之后达到的状态，所有可达性状态构成可达图。可达性分析最重要的工作是产生和检查可达图，判断是否存在死锁、活锁等协议错误，它涉及以下三个重要问题：

（1）怎样找出所有可达图，构成可达图；

（2）怎样检测死锁、活锁等协议错误；

（3）怎样解决状态爆炸问题。

一般来说，对于每次发生的转变，可通过使用系统全局状态来决定特性，如是否表示一个死锁状态，所有实体是否在当前状态能接收发给它的所有报文等。

基于 FSM 描述的协议验证可通过构造可达树来实现。可达树的根为系统的初始状态。

从初始状态出发,列举出全部可能的转移,每一个转移将产生一个新的状态空间,即形成可达树的一个叶结点,产生一个叶结点的过程叫一次扰动过程。在此叶结点的基础上,不断生长新的叶结点,直到没有新的叶结点为止。可达树上各结点分别表示某一给定时刻的全局状态矩阵(GMS),它动态地反映了两个或多个协议实体或进程的交互活动。FSM 由于简单、直观而得到广泛应用,但不利于协议验证的实现,不易于描述复杂的系统。

3. 基于时序逻辑的协议验证与分析

1)基于模态逻辑的研究

模态逻辑包含各种关于对分布式系统中消息的知识和信任,或从某些知识得到其他知识和信任的推导规则。最有影响的逻辑系统则属 M. Burrows、M. Abadi 和 R. Needham 于 1989 年提出的 BAN 逻辑。BAN 逻辑形式化定义协议的目标,并且还确定了协议初始时刻各参与者的知识和信任,通过协议中消息的发送和接收步骤产生新知识,使用推导规则来得到目标信任和知识。如果最终得到的关于知识和信任的语句中不包含所要得到的知识和信任语句,就表明协议存在安全缺陷。BAN 逻辑包含 5 个推导规则,基本能表达信任的建立和传递过程,它的定义和规则集合的简洁清晰性与其他相比非常突出。

基于逻辑本身的发展规律,这个领域的研究总是围绕逻辑体制的诞生、应用、找缺陷和改进这样一个不断发展和完善的过程。因此,人们在使用 BAN 时存在这样和那样的缺陷。此后出现了五六种基于 BAN 逻辑的改进逻辑,一般称之为"类 BAN 逻辑",在 IEEE 软件工程杂志和 IEEE 计算机安全工作组会议上有很多研究成果。其中 GNY90 和 AT91 逻辑比较受人注意。GNY90 拓展了 BAN 的范围,详细定义了与消息可认证相关的规则,与 BAN 相比更为全面而细致。但它的规则膨胀到 50 个,这阻碍了它的应用推广。AT91 则因它良好的计算模型和形式语言而受到好评。利用 AT91 框架,1996 年推出了一种用于统一类 BAN 逻辑的逻辑,称为 SVO 逻辑。MB93 逻辑则因提出格式化改写协议方法及引入集合概念而独具特色。

但类 BAN 逻辑不适用于分析电子商务协议,原因在于信念逻辑是要证明某个主体相信某一个公式,而可追究性的目的在于某个主体要向第三方证明另一方对某个公式负有责任。为此 Kailar 提出了新的用于分析电子商务中可追究性的形式化分析方法,简称 Kailar 逻辑。它是目前电子商务协议中主要的形式化分析工具。但它不能分析协议的公平性、对协议语句的解释及初始化假设是非形式化的、无法处理密文等局限性。其他模态逻辑还有 CKT5 和 KPL 等。其中 CKT5 逻辑曾被用于分析 Needham-Schroeder 依赖实现的缺陷,且对基于时序逻辑的加密协议也有研究。

2)基于代数理论的协议分析

另一种分析验证协议的方法是利用数学上的代数理论,使用代数表示协议参与者和敌对方的知识。这种方式具有前两种方法的优点,即自动机模型的精致和模态逻辑对知识发展的推理能力。Meadows 在 1990 年曾尝试使用代数分析描述知识的能力来拓展 NRL 分析器的推理模型,其应用效果并不理想。近两年来,这一领域的研究却比较活跃,该方法最早的实现是 FDR 模型检测器,之后有 PVS 验证系统。FDR 和 PVS 系统目前应用比较广泛，有助于协议的工程化设计。另外，在利用数学手段分析认证协议的方法中，还有用 Spi 演算描述和验证密码学安全协议的。不过，这种方法是采用有名字的通道控制域来实现的，不是真正意义上的利用加密技术实现的保密，它的实现代价很高。

3）规约证明

规约证明是一个新的研究热点，同证明程序的正确性一样，将协议的证明规约到证明一些循环不变式。这方面的研究开始于 Kemmerer 的 Ina Jo 和 ITP 研究，该领域中值得一提的有 Paulson 的 Isabelle 证明系统、Huet 的 Coq 证明系统、Owre 的 PVS 证明系统以及 Gordom 的公理证明器 HOL。规约证明方法既可手动进行，也可自动证明；自动证明比较复杂，是目前一个发展方向。关于协议验证的研究也是基于规约证明的，其自动化证明需进一步完善。

4）各种形式分析协议技术的对比

各种形式分析协议技术既有各自的应用领域，又有各自的缺陷与不足。主要表现在以下方面：

（1）基于模型的协议验证具有假定算法强大、攻击者可获得任意信息、安全的不可判定性等特点；

（2）基于模态逻辑的分析需要理想化协议，不需秘密确定，既可手动进行，也可自动进行；

（3）状态搜索法通常采用模型检测器来查找攻击途径，这种方法有效，但限于有限状态；

（4）归纳证明可以手动进行，但工作量大，最好用验证工具。

4.2　软件工程

软件工程是研究和应用如何以系统性的、规范化的、可定量的过程化方法去开发和维护软件，以及如何把经过时间考验而证明正确的管理技术和当前能够得到的最好的技术方法结合起来的学科。它涉及程序设计语言、数据库、软件开发工具、系统平台、标准、设计模式等方面。软件工程的目标是：在给定成本、进度的前提下，开发出具有适用性、有效性、可修改性、可靠性、可理解性、可维护性、可重用性、可移植性、可追踪性、可互操作性和满足用户需求的软件产品。追求这些目标有助于提高软件产品的质量和开发效率，减少维护的困难。

（1）**适用性**：软件在不同的系统约束条件下，使用户需求得到满足的难易程度。

（2）**有效性**：软件系统能最有效地利用计算机的时间和空间资源。各种软件无不把系统的时/空开销作为衡量软件质量的一项重要技术指标。很多场合，在追求时间有效性和空间有效性时会发生矛盾，此时不得不牺牲时间有效性换取空间有效性或牺牲空间有效性换取时间有效性。时/空折中是经常采用的技巧。

（3）**可修改性**：允许对系统进行修改而不增加原系统的复杂性。它支持软件的调试和维护，是一个难以达到的目标。

（4）**可靠性**：能防止因概念、设计和结构等方面的不完善造成的软件系统失效，具有挽回因操作不当造成软件系统失效的能力。

（5）**可理解性**：系统具有清晰的结构，能直接反映问题的需求。可理解性有助于控制系统软件复杂性，并支持软件的维护、移植或重用。

（6）**可维护性**：软件交付使用后，能够对它进行修改，以改正潜伏的错误，改进性能和其他属性，使软件产品适应环境的变化等。软件维护费用在软件开发费用中占有很大的比重。可维护性是软件工程中一项十分重要的目标。

（7）**可重用性**：把概念或功能相对独立的一个或一组相关模块定义为一个软部件，可组装在系统的任何位置，降低工作量。

（8）**可移植性**：软件从一个计算机系统或环境搬到另一个计算机系统或环境的难易程度。

（9）**可追踪性**：根据软件需求对软件设计、程序进行正向追踪，或根据软件设计、程序对软件需求的逆向追踪的能力。

（10）**可互操作性**：多个软件元素相互通信并协同完成任务的能力。

本节将从软件生命周期、软件安全和软件验证技术三个方面对软件工程进行介绍。

4.2.1　软件生命周期

软件生命周期（Software Life Cycle，SLC）描述了软件从产生到最终被废弃的整个过程。这一周期不仅涵盖了软件的开发阶段，如编码、测试和验收，还包括了维护和最终的废弃。在软件工程中，这种按时间分段的方法强调逐步推进、分阶段完成任务，并在每个阶段生成文档以供后续阶段使用，从而提高软件的整体质量。

宏观来说，软件生命周期可分为三大阶段，即问题定义、软件开发和软件维护。在问题定义阶段，需求分析是核心，直接影响到软件项目的成功与否。需求分析应明确目标，采用合理的方法和工具进行，以确保需求的全面性和准确性。这一阶段的输出是软件的业务需求、用户需求和功能需求。业务需求反映的是客户对软件产品的高层次目标；用户需求描述用户完成任务所必需的功能；功能需求则是开发者必须实现的软件功能。

随着软件生命周期的进行，软件开发阶段采用这些分析结果来设计、编码和测试软件。软件维护阶段则关注于升级和修正，以保持软件的可用性和适应性。

值得注意的是，随着面向对象的设计方法和技术的成熟，软件生命周期的设计方法指导意义正在逐步减少。而软件工程的要求则是每一个周期工作的开始，必须建立在前一个周期结果"正确"的前提下，以确保整个生命周期的顺利进行。

1. 软件生命周期的阶段

同任何事物一样，一个软件产品或软件系统也要经历孕育、诞生、成长、成熟、衰亡等阶段，一般称为软件生存周期（软件生命周期）。把整个软件生命周期划分为若干阶段，使得每个阶段有明确的任务，使规模大、结构复杂和管理复杂的软件开发变得容易控制和管理。详细来讲，软件生命周期可进一步分为五个阶段，分别为可行性研究阶段、需求分析阶段、软件设计阶段、软件测试阶段、软件运行和维护阶段。

（1）**可行性研究阶段**：确定了一个软件以目前的条件可以完成，主要是经济、技术和社会条件，撰写可行性分析报告。需求方和开发方共同探讨项目中的问题的解决方案；需要的资金、人力、物力；社会方面的影响，如是否符合法律等；对项目的进度和预期效益进行估计。

（2）**需求分析阶段**：在确定软件开发可行的情况下，对软件需要实现的各个功能进行详细分析。需求分析阶段是一个很重要的阶段，也是在整个软件开发过程中不断变化和深入的阶段，能够为整个软件开发项目的成功打下良好的基础。

（3）**软件设计阶段（概要设计和详细设计）**：主要根据需求分析的结果，对整个软件系统进行设计，如系统框架设计、数据库设计等。软件编码阶段是将软件设计的结果转换成计算机可运行的程序代码。在程序编码中必须制定统一、符合标准的编写规范，以保证程序的可读性、易维护性，提高程序的运行效率。

（4）**软件测试阶段**：在软件设计完成后要经过严密的测试，以发现软件在整个设计过程中存在的问题并加以纠正。

（5）**软件运行和维护阶段**：软件生命周期中持续时间最长的阶段，包括纠错性维护和改进性维护两个方面。

2. 软件工程中几个常用的生命周期模型

1）瀑布模型

典型的瀑布模型可以用 B. W. Boehm 的描述，他将软件生命周期划分为七个阶段，每个阶段的任务分别为系统需求分析、软件需求分析、概要设计、详细设计、编码、测试和运行维护。每一阶段工作的完成需要确认，如图 4-1 所示。

瀑布模型的主要特点是：阶段间的顺序性和依赖性。开发过程是一个严格的下导式过程，即前一阶段的输出是后一阶段的输入，每一阶段工作的完成需要确认，而确认过程是严格的追溯式过程，后一阶段出现了问题要从前一阶段的重新确认来解决，因此，问题发现的越晚，解决问题的代价就越高。

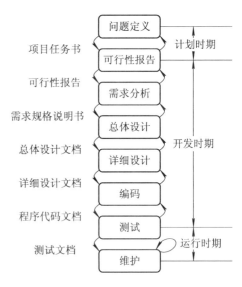

图 4-1　瀑布模型

瀑布模型的不足主要有以下两点：

第一，从认识论上讲，人的认识是一个多次反复的过程，实践—认识—再实践—再认识，多次认识，多次飞跃，最后才能获得对客观世界较为正确的认识。软件开发是人的一个智力认识活动，不可能一次完成，需要多次反复地进行，但瀑布模型中划分的几个阶段，没有反映出这种认识过程的反复性。

第二，软件开发是一个知识密集型的开发活动，需要人们合作完成，因此，人员之间的通信、软件工具之间的联系、活动之间的并行和串行等都是必需的，但在瀑布模型中也没有体现出这一点。

2）快速原型法模型

快速原型法模型可借助程序自动生成工具或软件工程支撑环境，尽快地构造一个实际系统的简化模型，供开发人员和用户进行交流，以便较准确地获取用户的需求，如图 4－2 所示。

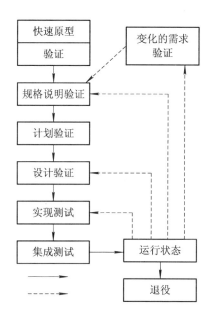

图 4-2　快速原型法模型

快速原型法模型的主要特点是：建立一个能够反映用户主要需求的原型，为用户展示未来软件系统的概貌，使用户可以比较直观地从最终软件产品的角度出发对原型提出修改意见，软件人员反复改进，最终建立完全符合用户要求的软件系统。这实际上是一个软件人员不断向用户提供样品，而用户对其作出迅速反馈，以进一步改善样品的过程，从而避免了瀑布模型冗长的开发过程中，看不见最终软件产品雏形的现象。

快速原型法在各个阶段用户反馈活动的基础上，突出了快速的改造过程，它改变了瀑布模型的线性结构，采用逐步求精方法使原型逐步完善，以满足用户的要求，是一种在新的高层次上不断反复推进的过程。

快速原型法的不足有以下两点：

第一，为了使系统尽快地运行起来，系统开发初期往往考虑得不周全，经常采取一些折中的方案，有可能使原型不能成为最终软件产品的一部分，只是一个示例而已。这样，在实际开发软件产品时，仍然有许多的工作要做。

第二，快速原型法需要大量完备而实用的软件工具的支持，即快速原型法对工具和环境的依赖性较高。

3）喷泉模型

喷泉模型的主要特点是认为软件生命周期的各个阶段是相互重叠和多次反复的，如图 4－3 所示，就像水喷上去又可以落下来，既可以落在中间，也可以落在最底部。

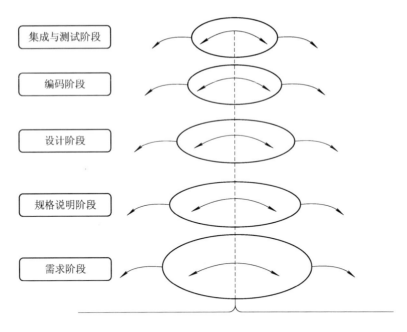

图 4-3 喷泉模型

4）边做边改模型

边做边改模型是软件产品最早采用的一种模型，没有规格说明，也没有经过设计，而是随着客户的需要一次一次地不断修改，如图 4-4 所示。这种模型只适合于 100 行或 200 行以内的短程序，但对一定规模的产品来说则完全不能令人满意。

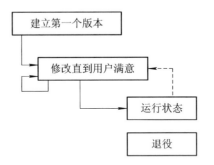

图 4-4 边做边改模型

边做边改模型在需求分析或设计阶段修改产品，费用相对较小，但若在产品已编写好代码后，或更坏地，在产品已处于运行状态时，再修改产品，则其费用将高得难以承受。因此，边做边改的方法所用经费远远大于经过正确规格说明和设计的产品费用。此外，该模型没有规格说明文档或设计文档，产品的维护将极其困难，产生回归故障的概率将大大增加。

5）增量模型

增量模型产品被作为一系列的增量构件来设计、实现、集成和测试，每个构件是由多种相互作用的模块所形成的提供特定功能的代码片段构成的，如图 4-5 所示。

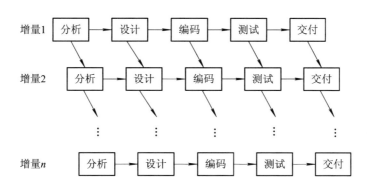

图 4-5　增量模型

增量模型在各个阶段并不交付一个可运行的完整产品，而是交付满足客户需求的可运行产品的一个子集。整个产品被分解成构件，开发人员一个构件接一个构件地交付产品。典型的产品通常由 10 到 50 个构件组成。每个阶段客户都得到一个完成部分需求的可运行产品。从第一个构件交付后开始，客户就能做有用的工作。使用该模型，整个产品的各个部分可能在几周内就可使用了，使用瀑布模型或快速原型法模型时，客户可能要等几个月甚至几年才能收到一个产品。

该模型的困难是，每个附加的构件在并入现有的软件体系结构时，必须不破坏原来已构造好的东西。从某种意义上说，增量模型本身是自相矛盾的，有可能导致构件无法安装到一起的危险。

上面介绍的仅仅是几个常用的软件生命周期模型。每个软件开发组织都应该结合实际，选择合适的软件生命周期模型，并能灵活地融汇各种生命周期模型的优点，以优化开发效率与开发成本。

4.2.2　软件安全

软件安全(software security)就是使软件在受到恶意攻击的情形下依然能够继续正确运行及确保软件被在授权范围内合法使用的思想。

在国内，也有一些专家和学者将"software security"译作"软件确保"。

软件安全：保护软件中的智力成果、知识产权不被非法使用，包括篡改及盗用等。软件安全研究的主要内容包括防止软件盗版、软件逆向工程、授权加密以及非法篡改等，采用的技术包括软件水印(静态水印及动态水印)、代码混淆(源代码级别的混淆、目标代码级别的混淆等)、防篡改技术、授权加密技术以及虚拟机保护技术等。

数据安全保护系统以全面数据文件安全策略、加解密技术与强制访问控制有机结合为设计思想，对信息媒介上的各种数据资产，实施不同安全等级的控制，有效杜绝机密信息泄露和窃取事件。保护数据安全的现有技术主要有以下几种：

(1) **透明加解密技术**：提供对涉密或敏感文档的加密保护，达到机密数据资产防盗窃、防丢失的效果，同时不影响用户正常使用。

(2) **泄密保护**：通过对文档进行读写控制、打印控制、剪切板控制、拖拽、拷屏/截屏控制、内存窃取控制等技术，防止泄露机密数据。

（3）**强制访问控制**：根据用户的身份和权限以及文档的密级，可对机密文档实施多种访问权限控制，如共享交流、带出或解密等。

（4）**双因子认证**：系统中所有的用户都使用 USB-KEY 进行身份认证，保证了业务域内用户身份的安全性和可信性，完全符合国家保密局的要求。

（5）**文档审计**：能够有效地审计出用户对加密文档的常规操作事件。

（6）**三权分立**：系统借鉴了企业和机关的实际工作流程，采用了分权的管理策略，系统管理采用审批、执行和监督职权分离。

（7）**安全协议**：确保密钥操作和存储的安全，密钥存放和主机分离。

（8）**对称加密算法**：系统支持常用的 AES、RC4、3DES 等多种算法，支持随机密钥和统一密钥两种方式，更安全、可靠。

（9）**软硬兼施**：独创软件系统与自主知识产权的硬件加密 U 盘融合，可更好地解决复杂加密需求和应用场景，U 盘同时作为身份认证 KEY，使用更方便，安全性更高。

（10）**跨平台、无缝集成技术**：系统采用最先进的跨平台技术，能支持 Linux/Windows 环境应用，稳定兼容 64、32 位系统及各种应用程序，能与用户现有的 PDM/OA/PLM 等系统整合，提升用户体验。

在软件企业中，系统安全、应用安全以及敏感信息的保护已成为不可回避的核心挑战。为此，制定和实施规范化、系统化的安全开发流程至关重要。国际标准 ISO 27034 提供了一种系统性的解决方案，它不仅定义了软件系统在实际应用中可能面临的安全风险，还为各种类型的软件开发组织提供了一套灵活的方法。

ISO 27034 是由国际标准化组织批准的首个专注于建立安全软件程序流程和框架的标准。这一标准为销售软件的企业提供了一个通用的方法来验证产品安全性，使得安全性成为企业的竞争优势。对于购买软件和服务的客户来说，ISO 27034 作为一个清晰的标准，推动开发者采纳安全的开发实践。

有效的软件安全措施包括多种自动化的安全测试，如静态安全扫描和动态安全扫描测试。静态安全扫描通常在代码开发阶段进行，通过威胁建模和分析来识别静态代码中的安全漏洞。动态安全扫描则在软件运行期间进行，用于检测运行中代码的漏洞。除此之外，人工渗透测试也扮演着关键角色，通过白帽分析师的人为干预来寻找漏洞。一个真正有效的应用程序安全项目应综合运用这些测试方法，将静态安全扫描和动态安全扫描深入融入应用程序的开发流程，并在必要时辅以人工渗透测试。

4.2.3　软件验证技术

在当今的信息社会中，计算机系统的正确性至关重要。虽然现代计算机系统由复杂的硬件和软件组成，但确保软件部分的正确性往往比底层硬件的正确性更难。复杂软件的人工检查容易出错且成本高昂，因此迫切需要工具支持。一方面，一些工具试图使用测试向量来检查软件系统的特定执行来发现设计缺陷。另一方面，形式化的验证工具可以检查所有输入向量的设计行为。有许多形式化的工具可以找到硅中的功能设计缺陷，并且被广泛使用。相比之下，满足高质量软件需求的工具市场仍处于起步阶段。

目前一些软件验证技术包括**抽象静态分析**、**模型检测**和**有界模型检测**。

1. 抽象静态分析

静态分析包含一系列技术，用于在不执行程序的情况下自动计算有关程序行为的信息。虽然这些技术在编译器优化中被广泛使用，但我们主要关注它们在程序验证中的应用。大多数关于程序行为的问题是无法确定的或无法计算的。因此，静态分析的本质是有效地计算近似而可靠的保证，保证不具有误导性。

近似的概念是定性的，与大多数工程问题中使用的概念相反。可靠的近似是可以信赖的近似。例如，检测程序中除零错误的过程必须考虑除法操作中涉及的变量的所有可能的运行时值。近似过程可以计算这些值和表达式的子集或超集。

若计算一个子集并且没有发现错误，则返回"No Division Errors"是不合理的，因为错误可能仍然存在。若计算超集并且没有发现错误，则返回"No Division Errors"是合理的。虚假警告是指程序中实际上不存在错误但仍然被误报为错误的警告信息。遗漏的 bug 是指存在但没有被分析过程报告的 bug。由于静态分析问题的不可判定性，设计一个不产生虚假警告或遗漏错误的程序是不可能的。

1) 一般模式和术语

静态分析技术通常通过程序传播一组值，直到该值达到饱和，不随进一步传播而改变。在数学上，这种分析被建模为单调函数的迭代应用，饱和发生在计算函数的一个固定点。

下面用一个简化的例子来说明这个想法。

例 4-1 在下面的程序中确定变量 i 的值。这些信息有各种各样的用途。若将 i 用作数组索引，则该分析对于确保不超出数组边界非常有用。

```
int i＝0；
do {
        assert(i＜＝10)；
        i＝i＋2；
} while (i＜5)；
```

该程序的控制流程图(Control Flow Graph, CFG)如图 4-6(a)所示。在到达程序位置时，每个结点都用它可能具有的值(即值集)进行注释。设 int 为 int 类型变量可以拥有的值的集合。为了进行分析，可以沿着 CFG 的边缘传播一个值集 i，并在遇到新值时添加新值。

在前两次迭代中计算的注释在图 4-6(a)中以灰色和黑色显示。

i 的初始值集是 int，未定义。赋值"i ＝ 0"后，值集为{0}。语句"assert(i＜＝10)"不会改变 i，因此 L3 具有与 L2 相同的注释。在语句"i ＝ i ＋ 2"之后，集合{0}被更改为{2}。当 2＜5 时，这个集合从 L4 传播到 L2。集合{0}从 L1 传播到 L2，集合{2}从 L4 传播到 L2，因此 L2 用{0}与{2}的并集进行标注。像 L2 这样有多条入边的结点是一个连接点，用所有传播到它的集合合并得到的集合来标记。在图 4-6(a)中，沿着 CFG 重复传播该值集，直到到达一个固定点。

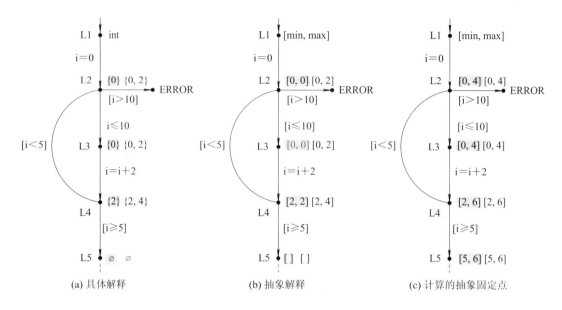

图 4-6　程序的具体和抽象解释

注：i 值在(a)中的程序位置收集，用(b)中的区间提取，并在(c)中达到固定点。边缘上的标签表示控制流通过边缘必须保持的条件；结点上的标签对应于变量的值。在两次连续迭代中计算的控制位置的注释分别以灰色和黑色显示

以上分析是对该方案的具体解读。int 的子集表示执行期间 i 的精确值，并构成一个具体的域。具体的解释是不切实际的，因为集合增长得非常快，而且沿着 CFG 单一的传播是不可扩展的。在实践中，通过使用值集的抽象和在传播过程中忽略程序的结构，以精度换取效率。程序分析方法如下：

（1）若考虑了程序中语句的执行顺序，则程序分析方法是流敏感的。

（2）路径敏感，如果它区分程序中的路径并尝试只考虑可行的路径。

（3）上下文敏感，如果方法调用根据调用地点的不同进行不同的分析。

（4）过程间：分析方法调用的主体。

若忽略其中一个条件，则分析技术分别对流程、路径或上下文不敏感。忽略方法调用主体的分析是过程内分析。

2）抽象的解释

在早期的工具中，抽象分析和程序运行时行为之间的关系常常是不清楚的。

抽象域是一组具体值的近似表示。抽象函数用于将具体值映射为抽象值。抽象解释涉及评估程序在抽象域上的行为以获得近似解。抽象解释可以通过定义抽象域中的具体操作（如加法或并集）的对应项，从具体解释派生出来。若抽象域和具体域之间满足一定的数学约束，则在抽象域中计算的不动点保证是具体不动点的可靠逼近。

例 4-2　例 4-1 中分析的可能抽象域是区间集合 $\{[A,b]\,|\,A\leqslant b\}$，其中 A 和 b 为 int 的元素。例 4-1 中的具体操作是 int 子集上的加法和并集，以直观的方式定义了区间的加法和并。

程序的抽象解释如图 4-6(b)所示。设 min 和 max 为 int 变量的最小值和最大值。i 在 L1 处的抽象值为 $[\min, \max]$，在 L2 处的抽象值为 $[0,0]$。此间隔将传播到 L3，然后通过 $i = i + 2$ 变换成 $[2,2]$。区间 $[0,0]$ 与区间 $[2,2]$ 在连接点 L2 处的并为 $[0,2]$。i 不是 1 的信息在合并区间时丢失了。在第二次迭代中计算的间隔在图 4-6(b)中以黑色显示。当到达如图 4-6(c)所示的固定点时，传播结束。

对抽象领域的适当选择和分析的敏感性，会对程序分析问题产生不精确但合理的答案。然而，抽象分析可能仍然需要不可行的迭代次数来达到固定点。加宽运算符用于加速和确保定点计算的终止，通常会导致精度的进一步损失，然后使用互补缩小算子来提高解的精度。

3）数值抽象域

目前，已经设计了各种抽象域，特别是用于计算数值变量的不变量。可计算的不变量种类及其对应可证明的性质，都取决于定义域表达能力的强弱。关系域可以捕获变量之间的关系，而非关系域不能。如果丢失的信息较少，抽象领域比其他领域更精确。不同领域之间的信息损失可能是无法比拟的，后面将具体说明。下面回顾一下常见的抽象领域，从简单的非关系领域开始，再到关系领域。

符号域有三个值 $\{Pos, Neg, Zero\}$，使用有限。区间更具表现力，因为符号域中的值由区间 $[\min, 0]$、$[0,0]$ 和 $[0, \max]$ 建模。对偶域将值抽象为偶数和奇数。尽管奇偶域的元素比符号域或区间域少，但它不能与后两者进行比较。没有区间可以用来对所有奇数或偶数值建模。同余域对奇偶进行了推广，用 $(v \bmod k)$ 表示某个固定整数 k 的值 v。

考虑表达式 $1/(x-y)$，如果用抽象解释来表明 $(x \bmod k) \neq (y \bmod k)$，可以得出结论，在计算这个表达式时不会发生除零的情况。同余可以用来证明变量之间不相等，但不能用来证明变量之间的不等关系。非关系域的表示和操作效率很高，但是，即使像 $x \leqslant y$ 这样简单的关系也无法表示。

下面考察一些关系领域。差分界矩阵是形式为 $x-y \leqslant c$ 和 $\pm x \leqslant c$ 的方程的连接。它们最初用于分析定时 Petri 网，后来用于实时系统的模型检测。差分界矩阵允许比区间更精确的抽象，但不承认 $-x-y \leqslant c$ 形式的约束。八角形是一个更有表现力的领域，其方程的形式为 $ax + by \leqslant c$，其中 $a, b \in \{-1, 0, 1\}$，c 为整数。八面体将八角形推广到两个以上的变量。Polyhedra 领域是最早和最流行的关系领域之一，用于证明程序的数值性质和嵌入式软件的时序行为。多面体是形式为 $a_1 x_1 + \cdots + a_n x_n \leqslant c$ 的不等式的结合，其中 a_n 和 c 为整数。操纵多面体涉及计算凸壳，这在计算上是昂贵的。操作多面体的程序的时间和空间通常要求是变量数量的指数。

符号、间隔、差分界矩阵、八角形、八面体和多面体的领域在表达能力方面形成了一个层次结构。它们对于计算整数变量的不等式、约束和推导嵌套程序循环的不变量是有用的。相关椭球域编码形式为 $ax^2 + bxy + cy^2 \leqslant n$ 的非线性关系，并已用于分析实时数字滤波器。

这些关系域不能用来证明不相等。考虑检验 $1/(2*x+1-y)$ 是否能除零的问题。证明这一性质的抽象定义域应能同时表示线性约束和不等式。线性同余的定义域包含这样的方程 $ax+by=c \bmod k$。该领域结合多面体和同余的特征进行设计。一般来说，新领域可以根据需要从现有领域设计出来。

上述领域已被用于证明航空电子和嵌入式软件的特性。数值域也被用于分析指针行为、字符串操作和程序终止。

4）形状分析

下一类需要考虑的抽象分析和域涉及堆，它对于分析带有指针的程序至关重要。别名分析是检查两个指针变量是否访问相同的内存位置的问题。

Points-to 分析需要确定指针可能访问的内存位置。形状分析由 Reynolds 提出，后来由 Jones 和 Muchnick 独立提出，将这些问题概括为验证动态创建的数据结构的属性，之所以这样称呼，是因为这些属性与堆的"形状"有关。

点到分析的抽象域包含存储形状图，也称为别名图。图中的结点表示变量和内存位置，边表示点到关系。考虑程序结构对形状分析的效率有重要影响。最快和最流行的点到分析算法是流不敏感的，不考虑控制流。在以下示例中演示流不敏感分析。

例 4 - 3　考虑下面的程序片段和问题"x 和 y 是否指向相同的内存位置?"

```
1：int * * a, * * b, * x, * y;
2：x＝(int *) malloc (sizeof (int));
3：y＝(int *) malloc (sizeof (int));
4：a＝&x;
5：b＝&y;
6：* a＝y;
```

点到图的结构如图 4 - 7 所示。

malloc 语句(第 2,3 行)的效果是通过添加一个内存结点和指向它的指针来建模。将边添加到图中以模拟第 4 行和第 5 行中的分配。第 6 行的效果是在标记为 x 的结点上添加另一条边。由于算法对流不敏感且保守，只能添加但不能删除边。这样的更改被称为弱更新。分析最后的图可以得出结论，a 和 b 指向不同的位置，但只能得出结论，x 和 y 可能指向相同的位置。流不敏感分析是有效的，但不精确。对于具有重要指针操作的程序，不精确雪

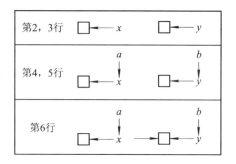

图 4 - 7　例 4 - 3 图

球和大多数边可能指向相同的内存位置。规范抽象是一个更精确的抽象领域，旨在解决这些问题。具体域是堆的基于图的表示，增加了描述堆单元之间关系的逻辑谓词。这种关系的例子是一个单元格可以从另一个单元格到达，或者一个单元格不指向另一个单元格。规范抽象是一个抽象图，其中结点表示堆单元，摘要结点表示多个堆单元，三值谓词可以求值为 True、False 或 Don't Know。因此，可以区分指向相同位置的指针变量、不指向相同

位置的指针变量和可能指向相同位置的指针变量。可以使用谓词表达和分析更复杂的关系。

5）静态分析工具

早期流行的用于查找 C 程序中简单错误的静态分析工具是 LINT，由贝尔实验室于 1979 年发布。一些现代工具在检测到的错误类型、提供的警告和用户体验方面模拟和扩展了 LINT。用于 Java 的 FindBugs 是一个著名的现代工具，具有类似的特性。提及 LINT 和 FindBugs 是因为它们对静态分析工具的重要性和影响。然而，这些工具通常是不健全的，并且没有提供严格的保证，因此不进一步讨论它们。

虽然有几个商业静态分析仪可用，但实现技术的细节及其可靠性尚不清楚，因此这里避免进行完整的市场调查，仅列出几个示例工具。GrammaTech 公司生产的 CodeSonar，是一个使用程序间分析来检查 C/C++ 代码中的模板错误的工具。这些包括缓冲区溢出、内存泄漏、冗余循环和分支条件。Klocwork 的 K7 工具具有类似的特性，并且支持 Java。Coverity 公司生产的静态分析器 Coverity Prevent 和用于执行编码标准的工具 EXTEND 具有类似于 CodeSonar 的功能，但也支持 Microsoft COM 和 Win32 API，以及使用 PThreads、Win32 或 WindRiver VxWorks 实现的并发性。

6）优点和缺点

使用静态分析器的体验与使用编译器相当。大多数静态分析器都可以用最少的用户交互来分析大型软件系统。这些工具非常强大，这意味着它们可以处理大量不同的输入，而且效率很高。相反，可以证明的属性通常很简单，并且通常硬编码到工具中，例如，确保不超过数组边界或不发生算术溢出，以及最近的断言违规。早期的静态分析器产生了大量的警告，因此被废弃了。最近的工具包括用户控制输出的详细程度和指定必须分析哪些属性的选项。

与模型检测不同，抽象静态分析由于连接和扩展操作的精度损失，生成反例是困难的，甚至是不可能的，这是当前的一个研究课题。

忽略程序结构的简单抽象域和分析可能对编译器优化有用，但很少足以进行验证。流和上下文不敏感分析计算的不变量只能用于显示不存在简单错误。相比之下，模型检测工具可以证明用时间逻辑或其他逻辑表达的程序的更复杂的属性，更精确，并提供反例。由于状态空间爆炸问题，模型检测器的鲁棒性较差。下面将更详细地讨论这些差异。

2. 模型检测

1）简介及概述

模型检测是一种算法方法，用于确定系统模型是否满足预定的正确性规范。在模型检测中，程序的模型由状态和转换组成，其中状态表示程序计数器、所有变量的值以及堆栈和堆的配置，而转换描述了程序从一种状态过渡到另一种状态的过程。模型检测算法通过详尽地检查程序可达的状态来实现这一点，如果状态空间是有限的，这一过程一定会终止。若检测到违反规范的状态，则生成反例来展示错误的执行轨迹。

模型检测工具常用于验证**安全性**或**活动性**属性。安全性属性关注于防止坏状态的发生，如断言冲突、空指针解引用、缓冲区溢出，或不正确的 API 使用顺序。活动性属性则确保良好事件的发生，如确保请求最终被处理，或程序最终被终止。

模型检测与静态分析的主要区别源于历史发展。静态分析通过对源代码进行分析来计算程序中的基本事实。为了提高效率，它常采用抽象化技术对程序状态进行简化表示，并在控制流的汇合点处将这些抽象状态合并，从而在一定程度上牺牲了精度，对具体流程和路径信息不够敏感。相比之下，模型检测强调在不合并状态的情况下，以流和路径敏感的方式探索程序的状态空间，专注于复杂的时间逻辑属性的检查。虽然理论上静态分析和模型检测可以互为替代，但在实践中，它们在适用性和功能上存在差异。现代的静态分析器支持复杂的规范机制，而软件模型检测器则利用抽象并直接操作程序代码，这使得二者在实际应用中的区别逐渐模糊。

2）显式和符号模型检测

模型检测面临的主要问题是状态空间爆炸，即随着变量数量和数据类型宽度的增加，软件程序的状态空间呈指数增长，特别是在涉及函数调用和动态内存分配的情况下，状态空间可能无限大。此外，程序的并发性进一步加剧了该问题，因为不同线程的调度（称为交织）数量也呈指数级增长。

模型检测的基本方法可以分为两类，即显式状态模型检测和符号模型检测。

（1）显式状态模型检测。

· 显式方法通过递归地生成初始状态的后继状态来构建状态转移图，采用深度优先、宽度优先或启发式方法构造。

· 新状态在动态检查中验证是否违反属性，从而可能在不完全构建状态图的情况下发现错误。

· 已探索的状态经压缩后存储在散列表中，避免重复计算后继状态。

· 如果内存不足，可采用有损压缩方法，如比特状态哈希或哈希压缩，尽管这可能导致哈希冲突和遗漏错误状态。

（2）符号模型检测。

· 符号方法使用状态集的抽象表示而非枚举单个状态，常用的表示有布尔决策图（BDD）和命题逻辑。

· BDD 通过最大化共享结点和消除冗余结点优化存储，允许有效地检查布尔函数等价性，尽管 BDD 的增长可能非常大。

· 符号表示以计算时间为代价，有效地节省内存，可以处理超过 10^{20} 种状态的复杂硬件设计。

此外，偏序约简是对并发程序状态空间探索的一种优化方法，它通过识别对某些属性验证不重要的指令执行顺序，将其分组，减少需要探索的状态空间。

对抗状态空间爆炸的另一种方法是程序抽象，通过分析程序的合理抽象而非完整状态空间来简化问题。这种抽象在最新的工具中常是自动构造的，基于抽象解释方法，具体细节将在后续小节中讨论。

3）谓词抽象

在 SLAM 工具包成功的推动下，谓词抽象是目前软件模型检测中主要的抽象技术。Graf 和 Saldi 使用逻辑谓词通过划分程序的状态空间来构建抽象域。这个过程不同于标准的抽象解释，因为抽象是由程序参数化的，并且特定于程序。谓词抽象的挑战在于识别谓词，因为它们决定了抽象的准确性。在反例引导的抽象细化（CEGAR）中，若模型检测抽象得到反例，而该反例在具体程序中不存在，则使用抽象反例来识别新的谓词，并获得更精确的抽象。图 4-8 显示了 CEGAR 回路的四个阶段，即抽象、验证、仿真、细化，这些内容将分别在后文中讨论。可用图 4-9(a)中的程序作为运行示例来说明这些步骤，该程序的灵感来自一个典型的缓冲区溢出错误。

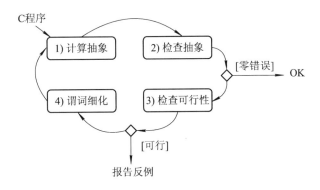

图 4-8　CEGAR 抽象—细化方案

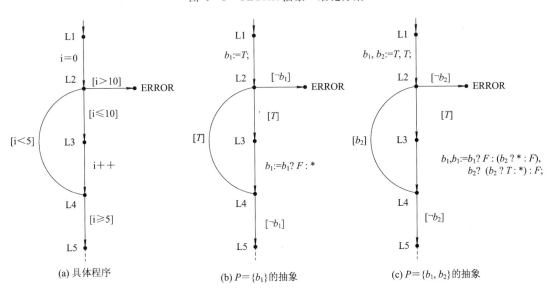

注：原程序(a)的第一个抽象(b)使用谓词($i=0$)（用变量b_1表示）。图(c)显示了用附加谓词($i<5$)（变量b_2）对(b)的细化。

图 4-9　谓词抽象的迭代应用

（1）**抽象**。

在命令式编程语言中，程序是带有指令（如图 4-9(a)中 L1，L2，…）的位置序列。指令 L1 的效果由数学关系 R_{L1} 来建模，该关系将程序状态与执行 L1 所达到的后继状态联系起来。设关系 R_{L1}，R_{L2}，…的并集为 R，即程序的过渡关系，用于模型检验。

在谓词抽象中，使用程序变量上的谓词构造 $\hat{R}$ 的可靠近似。谓词 P 将程序的状态划分为两类：一类 P 的值为真，另一类 P 的值为假。每个类都是一个抽象状态。设 A 和 B 是抽象状态。若在 A 中存在一个状态，并且在 B 中存在一个状态的转换，则定义从 A 到 B 的转换（即 $(A,B)\in\hat{R}$）。这种构造产生了程序的存在抽象，有利于可达性属性。对应于 R 的抽象程序用布尔程序表示；只有布尔数据类型，并且与 C 程序（包括过程）具有相同的控制流结构。n 个谓词将状态空间划分为 2^n 个抽象状态，每个状态对应所有谓词的真值分配。

例 4-4 将例 4-1 从 L3 到 L4 的转换修改为 i++ 的程序如图 4-9(a)所示。抽象是使用谓词(i=0)构造的。在图 4-9(b)中，谓词在每个程序位置的值由变量 b_1 表示。在满足(i=0)的状态下执行 i++ 将导致状态满足 ¬(i=0)。在满足 ¬(i=0)的状态下，无法确定该指令之后谓词的值。用 * 表示一个值为真或假。i++ 的效果通过图 4-9(b)中对 b_1 的条件赋值抽象地体现出来。

注意：原始程序中可访问的每个位置在抽象中都是可访问的。虽然原始程序只包含一条到 L5 的路径，但图 4-9(b)中的抽象包含了无限多条这样的路径。对于所有抽象状态 A、B 和指令 Li 对，若 Li 允许从 A 到 B 的转换，则使用决策过程自动构造抽象。

例 4-5 考虑图 4-9(c)中使用(i=0)和(i<5)抽象的从 L3 到 L4 的过渡。允许从抽象状态 ¬(i=0)∧(i<5)到 ¬(i=0)∧(i<5)的过渡，并通过对 b_1 和 b_2 的并行赋值捕获。不存在从 ¬(i=0)∧¬(i<5)到 ¬(i=0)∧(i<5)，因为这与 i++ 不一致。

由于 n 个谓词导致 2^n 个抽象状态，因此上面的方法需要调用 $(2^n)^2$ 个决策过程来计算抽象。在实践中，分别为每个谓词构造抽象，并取结果抽象关系的乘积来构造一个更粗略但更有效的计算笛卡尔抽象。决策过程要么是一阶逻辑定理证明，结合机器算法等理论，用于推理 C 编程语言（如 ZAPATO 或 Simplify），要么是 SAT 求解器，用于决定公式的位级精确表示的可满足性。

（2）**验证**。

下面介绍如何验证抽象。尽管存在潜在的无界调用堆栈，顺序布尔程序的可达性问题是可确定的。状态的后继完全由堆栈的顶部和全局变量的值决定，两者都在一个有限的集合中取值。因此，对于每个过程，可能的输入输出值对，称为汇总边，是有限的，可以缓存，并在模型检测时使用。

所有布尔程序的现有模型检测器都是符号的。如果变量的数量很大，基于 BDD 的工具就无法扩展。基于 SAT 的方法尺度明显更好，但不能用于检测固定点。为此必须使用量化布尔公式（QBF）求解器。QBF 是一个经典的 PSPACE—完全问题，它面临着与 BDD 相同的可伸缩性问题。因此，验证阶段通常是谓词抽象的瓶颈。

例 4-6 下面用图 4-9(c)中的抽象程序部分演示了可达性计算，在从 L1 过渡到 L2

之后，变量 b_1 和 b_2 的值都是 t。这个抽象状态的符号表示是 $b_1 \wedge b_2$。跃迁 L3→L4 后，抽象态为 $\neg b_1 \wedge b_2$。因此，位置 L2 处的可能状态现在是 $(b_1 \wedge b_2) \vee (\neg b_1 \wedge b_2)$，等于 b_2。在循环 L2、L3、L4 的额外迭代之后，b_1 和 b_2 的值是任意的（用公式 T 表示）。

（3）仿真。

以上可达性计算可能会发现抽象程序中的错误状态是可达的。

下一步是确定错误是否存在于具体的程序中，或者它是不是假的。

例 4 - 7　如图 4 - 9(b)所示，位置 ERROR 可以通过执行 trace L1、L2、L3、L4、L2、ERROR 到达。

trace 在图 4 - 9(a)中的程序是虚假的，因为当达到 L2 时 i 的值为 1，并且保护 $i > 10$ 阻止从 L2 过渡到 ERROR，用符号仿真对抽象反例的可行性进行了评价。通过细化抽象来消除虚假的踪迹，从而消除虚假的反例。这种方法不会产生虚假的错误消息。

（4）**细化**。

在抽象模型中有两个不精确的来源。出现虚假痕迹是因为谓词集不够丰富，无法区分特定的具体状态。伪过渡的出现是因为笛卡尔的抽象可能包含存在抽象中没有的过渡。通过计算跟踪中指令的最弱前提条件（或最强后置条件），可添加额外的谓词来消除虚假跟踪。

通过在抽象转换关系中添加约束可消除虚假转换。下面用示例展示如何添加新谓词。

例 4 - 8　例 4 - 7 中 trace 对应的指令为 $i=0$、$[i \geqslant 10]$、$i++$、$[i<5]$、$[i>10]$（如图 4 - 9(a)所示）。沿着这条轨迹计算最弱的前提条件，得到 $(i>10) \wedge (i<5)$。使用最强后置条件，得到 $(i=1) \wedge (i \geqslant 5)$。两个公式是不一致的，证明了这条轨迹是不可行的。因此，将谓词 $(i=1)$ 和 $(i<5)$ 添加到抽象中就足以消除这种虚假的跟踪。现有的改进技术是启发式地识别一小组谓词，这些谓词解释了反例的不可行性。克雷格插值是一种替代方案。

例 4 - 9　添加谓词 $(i<5)$，其值用 b_2 表示，得到如图 4 - 9(c)所示的精细化抽象程序。可达性分析表明，在图 4 - 9(c)的 L2 处，只有 $\neg b_1 \wedge b_2$ 和 $b_1 \wedge b_2$ 可达状态，因此 ERROR 不可达。抽象是合理的，因此可以得出结论，图 4 - 9(a)中的原始程序是安全的。实际上，例 4 - 9 中的谓词 $(i<5)$ 足以说明任何以 L4、L2、ERROR 结尾的路径都是不可行的，因此在图 4 - 9(a)中 ERROR 是不可达的。

谓词 $(i=0)$ 是不必要的，明智地选择细化谓词可能导致更少的细化迭代。

通过向抽象模型添加约束，可以消除虚假的转换。例如，在图 4 - 9(c)中，从抽象状态 $\neg b_1 \wedge b_2$ 在 L3 到 $b_1 \wedge b_2$ 在 L4 的转变会导致不一致状态 $(i=0) \wedge (i \geqslant 5)$。通过限制转变前后布尔变量的值（如通过添加约束 $\neg(\neg b_1 \wedge b_2 \wedge b_1' \wedge b_2')$）来消除这种转变，其中的素数变量指执行转变后的变量。

现有研究提出了各种技术来加快精化和仿真步骤。路径切片消除了反例中不会导致属性冲突的指令。环路检测用于在单个仿真步骤中计算反例中任意循环迭代的效果。细化步骤可以通过添加静态计算的不变量来加速，包括那些消除一整类虚假反例的不变量。基于证明的细化消除了一定长度的所有反例，将计算工作从验证转移到细化阶段，并减少所需的迭代次数。

并发性：多线程程序给软件验证带来了巨大的挑战，谓词抽象本身是不够的，因为异步布尔程序的可达性问题是不可判定的。模型检测器可以检查交错的执行轨迹，或者使用可靠保证推理。在前一种情况下，算法要么计算可达状态集的过度近似值，要么限制线程之间上下文切换的数量。由于不可判定性问题，这些方法必然是不完整的。

可靠保证推理允许模块化验证，通过使用总结所有其他线程行为的环境假设单独验证每个线程。在此类设置中，使用谓词抽象和反例引导的抽象细化来获得程序线程及其环境假设的抽象模型。

4）模型检测工具

（1）**模型检测**。

Holzmann 的 SPIN 项目开创了显式状态软件模型检测。SPIN 最初用于验证 PROMELA 语言中指定的通信协议的时间逻辑属性。

在软件模型检测领域，不同的工具和方法被开发以适应各种编程语言和需求。以下是几种主要的软件模型检测器和其特点的简要概述：

① **PROMELA 和 SPIN**。PROMELA 是一种模型描述语言，支持简单数据类型、非确定性赋值和条件、简单循环、线程创建和消息传递。SPIN 是一个动态运行的模型检测器，广泛使用位状态哈希和偏序约简来优化性能。

② **Java Pathfinder**（JPF）。早期版本的 JPF 将 Java 代码转换为 PROMELA，并使用 SPIN 进行模型检测。这种方法因为 PROMELA 不支持如动态内存分配等 Java 的某些特性，而不太适合 Java 语言。最新版本的 JPF 直接分析 Java 程序的字节码，能够处理比原始实现更大的 Java 程序类。此外，JPF 也支持符号技术，但主要用于软件测试目的。

③ **Bandera**。Bandera 工具提供状态抽象功能，但其过程尚未完全自动化。

④ **其他显式状态模型检测器**。CMC 和 ZING（由微软研究院开发）是两个显著的显式状态软件模型检测器，具体实现和性能各有特点。

⑤ **VERISOFT**。VERISOFT 软件验证工具采用无状态方法避免状态爆炸，即通过不存储访问过的状态来减少内存使用。由于访问过的状态可以被反复访问和探索，这要求限制搜索深度以防止不终止的搜索循环，这使得对于含循环的转换系统，这种方法可能是不完整的。

这些工具和方法展示了软件模型检测技术的多样性和复杂性，每种工具都有其独特的优势和局限性，选择合适的工具需要根据具体的应用场景和需求进行。

（2）**谓词抽象**。

用于软件模型检测的谓词抽象的成功是由微软研究院的 SLAM 工具包发起的。SLAM 检查一组大约 30 个预定义的系统特定属性，例如"线程可能不会获取它已经获得的锁，或者释放它不持有的锁"。SLAM 包括谓词抽象工具 C2BP，用于布尔程序的基于 BDD 的模型检测器 BEBOP，仿真和细化工具 NEWTON。基于 BDD 的模型检测器 MOPED 可以代替 BEBOP 来检查任意时间逻辑规范。

SLAM 已经成功地应用于验证用 C 编写的 Windows 设备驱动程序。SLAM 的一个化身——静态驱动程序验证器（SDV），目前作为 Windows 驱动程序开发工具包（DDK）测试版的一部分可用。当与 Cogent 结合使用时，SLAM 可以验证依赖于位矢量算法的属性。

BLAST 工具使用了一种惰性抽象方法：细化步骤只触发原始程序的相关部分的重新抽象，抽象—验证—精化阶段的紧密集成可以加速 CEGAR 迭代。与 SLAM 不同的是，BLAST 使用 Craig 插值从反例中获得细化谓词。与 SLAM 一样，BLAST 提供了一种语言来指定可达性属性。

上面提到的验证工具使用通用定理证明器来计算用于模型检测的抽象 BDD。SATABS 使用 SAT 求解器而不是通用定理证明器来生成抽象并模拟反例。C 程序的位级精确表示使得对算术溢出、数组和字符串进行建模成为可能。SATABS 自动生成并检查数组绑定违规、无效指针解引用、除零和用户提供的断言的证明条件。

5）优点和缺点

在实践中，模型检测器提供的反例通常比正确性的证明更有价值。

谓词抽象与 CEGAR 相结合适用于检查与控制流相关的安全属性。虽然没有误报，但是抽象—细化周期可能不会终止。此外，谓词抽象在存在复杂的基于堆的数据结构或数组时不能很好地工作。该方法的成功关键取决于改进步骤：许多现有的改进启发式可能会产生一组发散的谓词。

3. 有界模型检测

1）BMC 的背景

有界模型检测（Bounded Model Checking，BMC）是半导体工业中应用最广泛的形式化验证技术之一。该技术的成功归功于命题 SAT 求解器令人印象深刻的能力。它是 Biere 等于 1999 年引入的，作为基于 BDD 的无界模型检测的补充技术。在 BMC 中，将验证的设计与一个属性一起展开 k 次，形成一个命题公式，然后将该命题公式传递给 SAT 求解器。当且仅当存在长度为 k 的痕迹反驳该属性时，该公式是可满足的。若该公式不可满足，则该技术是不确定的，因为可能存在超过 k 步的反例。尽管如此，这项技术是成功的，因为许多错误已经被识别出来，否则就会被忽视。

回想一下，R 表示描述设计可以进行的可能步骤（转换）集的关系，I 表示初始状态谓词，并且感兴趣的属性用 p 表示。为了获得具有 k 个步骤的 BMC 实例，转换关系被复制 k 次。对每个副本中的变量进行重命名，以便将步骤 i 的下一个状态用作步骤 $i+1$ 的当前状态。过渡关系连接，第一步的当前状态受 I 约束，且其中一个状态必须满足 ¬ p：

这样一个公式的任何可满足的赋值都对应于一条从初始状态到违反 p 的状态的路径。这个公式的大小与设计的大小和 k 是线性的。

2）立即展开整个程序

BMC 的思想也适用于系统级软件。实现软件 BMC 最直接的方法是通过向模型中添加程序计数器变量，将整个程序视为一个转换关系 R。

设计的一个过渡通常对应于程序的一个基本块。在每次转换中，通过遵循程序的控制流图（CFG）来计算下一个程序位置，将基本块转换为静态单赋值（Static Single Assignment，SSA）形式，将基本块转换为公式，基本块中的算术运算符被转换成简单的等效电路。在硬件验证中，数组和指针被视为内存的情况，对地址的可能值进行编码。

这样的展开，当用 k 步完成时，允许探索长度为 k 或更短的所有程序路径。这个基本展开的大小是程序大小的 k 倍。对于大型程序，这是令人望而却步的，因此，研发者提出了几种优化方法。其中一种是对可能的控制流进行分析。图 4-10(a) 中的小控制流程图，每个结点对应一个基本块，这些边对应于块之间可能的控制流。

注意：块 L1 只能在任何路径的第一步执行。同样，块 L2 只能在步骤 2、4、6 等中执行。如图 4-10(b) 所示，各时间段内不可达结点用灰色表示。

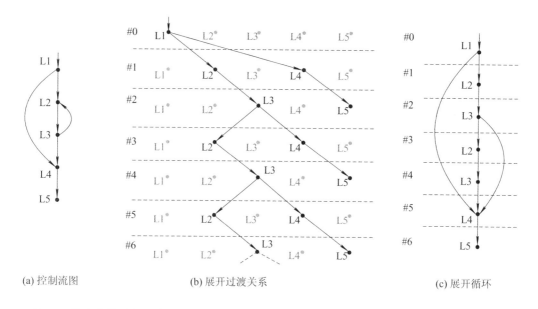

(a) 控制流图　　　(b) 展开过渡关系　　　(c) 展开循环

注：(a) 给出的模型有两种方式：展开整个过渡关系 (b) 时，可以省略不可达结点（灰色）；展开循环 (c) 时，必须为每个循环提供单独的展开绑定。

图 4-10　展开控制流图

3）分开展开循环

如图 4-10(a) 中的示例：观察到通过 CFG 的任何路径最多执行一次 L4 和 L5。注意，图 4-10(b) 中转换关系的 unwind 包含 L4 和 L5 的三个副本。2000 年，Currie 等报道了一种工具，可以解压缩运行在数字信号处理器（DSP）上的汇编程序。他们没有将程序视为一个转换关系，而是构建了一个遵循特定执行路径的公式。这激发了循环展开的想法，不是展开整个转换关系，而是分别展开每个循环。从语法上讲，这对应于环路体的复制以及适当的保护（如图 4-11 所示）。它对控制流图的影响如图 4-10(c) 所示，L2 和 L3 之间的环路被展开两次。这种展开可以得到更紧凑的公式。它还要求公式中更少的案例分割，因为每个时间框架的继任者更少。其缺点是基于循环的展开可能需要更多的时间框架才能达到给定的深度。示例中，在 L2 和 L3 之间的循环中，以相同的步数展开转换关系，深度为 3。

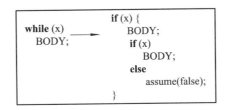

图 4 - 11　深度为 2 的 while 循环的基于循环展开

循环展开与基于路径的探索不同：示例中，从 L1 到 L4 的分支对应的路径与跟随循环的路径合并。因此，生成的公式在深度和程序的大小上都是线性的，即使通过 CFG 的路径是指数级的。

4）一个完整的 BMC 软件

当如上所述应用 BMC 时，它本质上是不完整的，因为它只在给定的范围内搜索违反属性的情况，并且永远不会返回"No Errors"，超出给定范围的 bug 将被忽略。尽管如此，如果以稍微不同的方式应用，BMC 可以用来证明活性和安全性。

直观地说，如果能搜索得足够深，就能保证已检查了模型的所有相关行为，而且搜索得再深也只能显示已探索过的状态。提供这种保证的深度称为完整性阈值。计算最小的阈值与模型检测一样困难，因此，在实践中，人们习惯于过度近似。

在软件上下文中，获得程序深度边界的一种方法是确定高级最坏情况执行时间（WCET）。这个时间是根据循环迭代的最大次数的界限给出的。计算 WCET 的工具通常对循环结构执行简单的语法分析。如果失败，可以应用迭代算法：CBMC 工具首先猜测一个边界，然后检查超过该边界的路径是否违反了断言。这个断言称为 unwind 断言，通过用断言替换图 4 - 11 中的假设来获得。如果程序（或它的主循环体）有运行时间限制，这种技术是适用的，这对于许多嵌入式应用程序是非常理想的。

5）解决决策问题

通过展开循环或按照特定的执行路径展开整个程序的结果，都是一个位向量公式。除了常用的算术和位操作符外，该公式还可能包含与指针和（可能是无界的）数组相关的操作符。对于这类公式的有效求解，有大量的工作要做。最早确定位矢量算法的工作是基于定理证明界的算法，并使用了理论的正则化和求解器。Cyrluk 等和 Barrett 等对 Stanford 有效性检查器的研究就属于这一类。这些方法设计非常精妙，但仅限于位向量算法的一个子集，包括位向量上的连接、提取和线性方程（不是不等式）。

随着 ZChaff 等高效命题 SAT 求解器的出现，这些方法已被淘汰。检验这些公式的可满足性最常用的方法是用电路等价替换算术运算符，得到一个命题公式，然后将其传递给命题 SAT 求解器。这种方法通常被称为"比特爆破"或"比特平坦化"，因为字级结构丢失了。前面提到的 Cogent 程序就属于这一类。当前版本的 CVC Lite 对输入公式进行预处理，首先进行归一化步骤，其次重写等式，最后进行 SAT 爆破。

6）优点和缺点

BMC 是查找浅层错误的最佳技术，在发现错误时，它提供了完整的反例跟踪。它支持最广泛的程序结构，这包括动态分配的数据结构；为此，BMC 不需要内置关于程序维护的数据结构的知识。另外，完备性只能在非常"浅"的程序上实现，即没有深循环的程序。

本 章 小 结

本章深入探讨了协议工程与软件工程的基础知识。

首先，介绍了协议工程的概念和重要性。协议工程是指设计和实现通信协议的过程，它在计算机网络中起着至关重要的作用。本章详细讨论了协议设计原理、协议安全和协议验证技术三个部分，帮助读者理解协议工程的核心概念和技术。

其次，介绍了软件工程。软件工程是一门综合性学科，涉及软件开发和维护的各个方面。本章介绍了软件生命周期、软件安全和软件验证技术三个部分，涵盖了软件工程的基本知识和实践技巧。通过学习这些内容，读者可以更好地理解和应用软件工程的原理和方法。

总的来说，本章为读者提供了协议工程与软件工程的基础知识。通过深入学习协议设计原理、协议安全和协议验证技术，以及软件生命周期、软件安全和软件验证技术，读者将能够更好地理解和应用这些领域的概念和技术。在实际应用中，这些知识将为协议工程师和软件工程师提供有力的支持和指导。

本 章 习 题

1. 根据你的理解，说明协议在计算机网络中的重要性。
2. 密码协议的基本特征是什么？
3. 密码协议的安全性质有哪些？其具体含义是什么？
4. 试利用有限状态自动机模型验证你熟悉的安全协议。
5. 模型检测和静态分析的区别是什么？
6. 如何理解软件生命周期？
7. 常见的软件生命周期模型有哪些？它们各有什么特点？
8. 简述 BMC 验证软件安全的原理和流程。
9. 选择一些你熟悉的实际应用系统，构造出相应的 Petri 网模型。
10. **扩展学习**：利用 SAT 求解器实现开源程序的模型检测。

第二单元　形式化安全分析方法

　　本书的第二单元将深入探索形式化安全分析方法,这些方法在确保通信协议和软件实现的安全性方面发挥着关键作用。形式化安全分析方法不仅多样化,覆盖了从演绎推理到自动机模型,再到进程演算及定理证明的广泛领域,而且它们根据分析的安全目标和使用的技术具有不同的应用场景。

　　对这些方法的系统介绍,旨在提供一个全面的视角,展示如何利用这些方法识别和缓解潜在的安全威胁。本单元不仅将阐释各种形式化方法在理论上的基础和实际应用中的效用,还将展示它们如何相互补充,共同构建出健壮的安全分析框架。

　　此外,本单元还将讨论这些分析方法在实际中的应用示例,包括它们在分析现代软件和协议中的具体案例,帮助软件工程师和系统分析师评估和增强通信协议和软件系统的安全性。通过这些讨论,读者将能够更好地理解形式化安全分析方法的重要性,并应用这些技术来提高他们在金融、国防以及其他关键基础设施领域工作的安全保障能力。

第5章 基于演绎推理的形式化安全方法

在计算机科学和人工智能领域，演绎推理是一种重要的逻辑推理方法，它将一般性原理应用于具体实例来推导出结论。基于演绎推理的形式化安全方法是一种将演绎推理应用于安全领域的技术，旨在确保系统的安全性和可靠性。本章将详细介绍基于演绎推理的形式化安全方法，包括 BAN 逻辑、GNY 逻辑、SVO 逻辑和演绎推理实例分析等内容。本章首先介绍这些逻辑的基本概念和原理，其次通过实例和案例分析来展示它们在实际问题中的应用。

随着计算机技术的飞速发展，网络安全问题日益严重，对形式化安全方法的需求也越来越大。在这一背景下，基于演绎推理的形式化安全方法为安全分析提供了一种有效的解决方案。通过对 BAN 逻辑、GNY 逻辑、SVO 逻辑等基本概念的深入理解，读者可以更好地掌握这些方法的原理和应用。同时，通过实例分析的实践，读者可以提高其推理能力和解决实际问题的能力。希望通过本章的学习，读者能够掌握这些方法的核心思想和应用技巧，为进一步开展该领域的研究和实践打下坚实的基础。

5.1 BAN 逻辑

本节将探讨 BAN 逻辑，这是一种基于布尔代数的数学逻辑系统。BAN 逻辑是一种形式化的语言，用于描述计算机程序和算法的性质。使用 BAN 逻辑可以对认证协议进行精确的分析，从而提高程序的正确性和效率。

BAN 逻辑的基本单元是命题变元（propositional variables），它们可以是真（true）或假（false），命题变量之间可以相互连接，形成复杂的布尔表达式。通过推理和操作这些表达式，可以描述程序的行为和性质。

本节将介绍 BAN 逻辑的定义、形式化描述和形式化的协议验证目标，还将讨论如何使用 BAN 逻辑来表示和分析常见的程序和协议。希望通过本节的学习，读者能够理解BAN 逻辑的基本思想，并学会如何运用它来分析和设计程序。

5.1.1 BAN 逻辑的定义

Burrows、Abadi 和 Needham 开发了一种分析认证协议的逻辑，这种逻辑被称为 BAN逻辑。通过这种逻辑，所有的公钥和共享密钥原语都被形式化了，"新消息"的概念也被形式化了。这使得对质询—响应协议的形式化分析成为可能。

BAN 逻辑可用于回答以下问题：

（1）该协议得出什么结论？

（2）该协议需要哪些假设？

（3）该协议是否使用了不必要的操作？这些操作可以省略吗？

（4）该协议是否加密任何可以明文发送的内容，而不会削弱安全性？

BAN 逻辑使得以一种简单、形式化的方式对加密协议进行推理成为可能。逻辑的基础是一方对公式的真实性的信念（信任）。一个公式不一定表示的是一般意义上的真理。

注意：BAN 逻辑是用于对加密协议进行推理的。具有 BAN 逻辑的"验证"并不一定意味着协议不可能被攻击。基于假设，使用 BAN 逻辑的证明是正确性的良好证明。然而，问题可能出现在逻辑的语义上，并且逻辑并不排除所有可能的攻击。

BAN 逻辑在设计加密协议方面具有重要作用。在设计过程中使用形式语言可以排除许多潜在的错误。

5.1.2　形式化描述

本小节将讨论 BAN 逻辑的语法、语义和规则，以及在对协议进行形式化分析之前协议的转换。

1. 基本符号

BAN 形式建立在一个多排序的模型逻辑上。在逻辑中，区分了几种对象，即主体、加密密钥和公式（也称为语句），语句用于识别消息。通常，符号 A、B 和 S 表示特定的主体；K_{ab}、K_{as}、K_{bs} 表示特定的共享密钥；K_a、K_b、K_s 表示特定的公钥；K_a^{-1}、K_b^{-1}、K_s^{-1} 表示对应的私钥；N_a、N_b、N_c 表示具体的语句。符号 P、Q 和 R 的范围超过主体；X 和 Y 的取值范围大于语句；K 的范围超过加密密钥。

BAN 逻辑唯一的命题连接词是连词，用逗号表示。自始至终，BAN 逻辑将连词视为集合，并将结合性和交换性等性质视为理所当然。除了连词外，还使用以下结构：

（1）P **相信** X：P 相信 X，或者 P 有资格相信 X。特别是，主体 P 可能会表现得好像 X 是真的。这个构造是逻辑的中心。

（2）P **看到** X：P 看到 X，有人发送了一条包含 X 的消息给 P，P 可以读取并重复 X（可能在做了一些解密之后）。

（3）P **说过** X：P 曾经说过 X，主体 P 在某个时候发送了一条包含 X 语句的消息，不知道该消息是很久以前发送的，还是在当前协议运行期间发送的，但已知 P 当时相信 X。

（4）P **控制** X：P 对 X 有管辖权。主体 P 是 X 的权威，在这件事上是值得信任的。例如，通常信任服务器能够正确地生成加密密钥。这可以通过假设主体相信服务器对关于密钥质量的声明具有管辖权来表示。

（5）**fresh**(X)：公式 X 是新鲜的，也就是说，在当前协议运行之前的任何时候都没有在消息中发送 X。这通常适用于 Nonces，即为了保持新鲜而发明的表达。Nonces 通常包括只使用一次的时间戳或数字。

（6）$P \overset{K}{\leftrightarrow} Q$：$P$ 和 Q 可以使用共享密钥 K 进行通信。密钥 K 是好的，因为它永远不会

被任何主体发现，除了 P 或 Q，或者被 P 或 Q 信任的主体。

（7）$P \stackrel{K}{\mapsto} Q$：$P$ 有 K 作为公钥。除了 P 或受 P 信任的主体外，任何主体都不会发现匹配的秘密密钥（记为 K^{-1}）。

（8）$P \stackrel{X}{\rightleftharpoons} Q$：公式 X 是一个只有 P 和 Q 知道的秘密，可能只有他们信任的主体知道。只有 P 和 Q 可以用 X 向彼此证明他们的身份。秘密的一个例子是密码。

（9）$\{X\}_K$：表示在密钥 K 下加密的公式 X。从形式上看，$\{X\}_K$ 是形式为"来自 P 的 $\{X\}_K$"的表达式的方便缩写。这里做了一个现实的假设，即每个主体都能够识别和忽略他自己的信息；为此目的提到了每条消息的发起者。

（10）$\langle X \rangle_Y$：表示 X 与公式 Y 的组合；Y 是一个秘密，它的存在证明了说出 $\langle X \rangle_Y$ 的人的身份。在实现中，X 简单地与密码 Y 连接在一起，符号强调 Y 扮演着特殊的角色，作为 X 的来源证明，其方式与加密密钥非常相似。

2. 逻辑假设

在身份验证的研究中，主要关注过去和现在两个时态之间的区别。当前时态从所考虑的协议的特定运行的开始处开始。在此时间之前发送的所有消息都被认为是过去的消息，并且身份验证协议应该小心地防止任何此类消息被认为是最近的。当前持有的所有信念在整个协议运行期间都是稳定的。然而，过去的信念并不一定会延续到现在。简单地将时间划分为过去和现在就足以满足分析目的，并且大大增加了操纵逻辑的方便性。

假定加密保证每个加密部分不能被更改或从较小的加密部分拼凑在一起。如果在一条消息中包含两个单独的加密部分，通常将它们视为单独到达的消息。不知道密钥的主体无法理解消息（或者在公钥加密的情况下，不知道密钥逆的主体无法理解消息），不能从加密的消息中推断出密钥。每条加密的消息都包含足够的冗余，使得解密它的主体能够验证它使用了正确的密钥。此外，消息包含足够的信息，主体可以检测（并忽略）自己的消息。

在对这些基本概念与基础知识的初步介绍之后，下面讨论在证明中使用的主要逻辑假设。

（1）信息含义规则涉及对信息的解释。其中两个涉及对加密消息的解释，第三个涉及对带有秘密的消息的解释。它们都解释了如何得出关于信息起源的信念。

对于共享密钥，假设：

$$\frac{P \text{ believes } Q \stackrel{K}{\leftrightarrow} P,\ P \text{ sees } \{X\}_K}{P \text{ believes } Q \text{ said } X}$$

也就是说，如果 P 相信密钥 K 与 Q 共享，并且看到 X 在 K 下被加密，那么 P 相信 Q 曾经说过 X。为了使这个规则成立，必须保证 P 不是自己发送消息的；只要回想一下 $\{X\}_K$ 代表形式为"来自 R 的 $\{X\}_K$"的公式就足够了，并要求 $R \neq P$。类似地，对于公钥，假设：

$$\frac{P \text{ believe } S \stackrel{K}{\leftrightarrow} Q,\ P \text{ sees } \{X\}_{K^{-1}}}{P \text{ believes } Q \text{ said } X}$$

对于共享的秘密，假设：

$$\frac{P \text{ believes } Q \stackrel{Y}{\rightleftharpoons} P,\ P \text{ sees } \langle X \rangle_Y}{P \text{ believes } Q \text{ said } X}$$

也就是说，如果 P 相信秘密 Y 与 Q 共享，并且看到 $\langle X \rangle_Y$，那么 P 相信 Q 曾经说过 X。这个假设是合理的，因为看到的规则（下面给出）保证 $\langle X \rangle_Y$ 不是 P 自己说的。

（2）临时值验证规则表示检查消息是最近的，因此发送方仍然相信它：

$$\frac{P \text{ believes fresh}(X), P \text{ believes } Q \text{ said } X}{P \text{ believes } Q \text{ believes } X}$$

也就是说，如果 P 相信 X 是最近才说出来的（在现在），而 Q 曾经说过 X（在过去或现在），那么 P 相信 Q 相信 X。为了简单起见，X 必须是"明文"，也就是说，它不应该包含任何形式为 $\{Y\}_K$ 的子公式。

（3）管辖权规则规定，如果 P 相信 Q 对 X 有管辖权，那么 P 相信 Q 对 X 的真实性：

$$\frac{P \text{ believes } Q \text{ controls } X, P \text{ believes } Q \text{ believes } X}{P \text{ believes } X}$$

（4）如果主体看到一个公式，那么他也会看到它的组成部分，只要他知道必要的密钥：

$$\frac{P \text{ sees } (X,Y)}{P \text{ sees } X}, \frac{P \text{ sees } \langle X \rangle_Y}{P \text{ sees } X}, \frac{P \text{ believes } Q \overset{K}{\leftrightarrow} P, P \text{ sees } \{X\}_K}{P \text{ sees } X}$$

$$\frac{P \text{ believes} \overset{K}{\mapsto} P, P \text{ sees } \{X\}_K}{P \text{ sees } X}, \frac{P \text{ believes} \overset{K}{\mapsto} Q, P \text{ sees } \{X\}_{K^{-1}}}{P \text{ sees } X}$$

回想一下，$\{X\}_K$ 表示"来自 R 的 $\{X\}_K$"形式的公式，作为一个边条件，要求 $R \neq P$，也就是说，$\{X\}_K$ 不是来自 P 本身。类似的条件也适用于 $\{X\}_{K^{-1}}$。

第（4）条规则是通过一个隐含的假设来证明的，即如果 P 相信 K 是他的公钥，那么 P 知道相应的秘密密钥 K^{-1}。

注意：如果 P 看到 X，P 看到 Y，这并不意味着 P 看到 (X,Y)，因为这意味着 X 和 Y 是同时发出的。

（5）如果公式的一部分是新鲜的，那么整个公式也必须是新鲜的：

$$\frac{P \text{ believes fresh}(X)}{P \text{ believes fresh}(X,Y)}$$

3. 委托中的量词

委托语句通常会提到一个或多个变量。例如，主体 A 可以让服务器 S 为 A 和 B 生成任意的共享密钥，可以表示为

$$A \text{ believes } S \text{ controls } A \overset{K}{\leftrightarrow} B$$

其中，密钥 K 是全称定量化的，可以通过以下公式来明确这种定量化：

$$A \text{ believes } \forall K, (S \text{ controls } A \overset{K}{\leftrightarrow} B)$$

对于复杂的委托语句，通常有必要显式地编写量词，以避免歧义。例如，读者可以验证这两个公式：

$$A \text{ believes } \forall K, (S \text{ controls } B \text{ controls } A \overset{K}{\leftrightarrow} B)$$

$$A \text{ believes } S \text{ controls } \forall K, (B \text{ controls } A \overset{K}{\leftrightarrow} B)$$

传达不同的含义。

在早期的逻辑工作中，没有认识到这种需求，事实上，在这里处理的任何示例中都没

有出现这种需求(没有嵌套的管辖权语句)。因此,在本书中隐式使用量词。

在实际应用中,只需要在管辖权语句中实例化变量的能力,正如规则所反映的:

$$\frac{P \text{ believes } \forall V_1 \cdots V_n. (Q \text{ controls } X)}{P \text{ believes } Q' \text{ controls } X'}$$

式中: Q' controls X' 为同时实例化 Q controls X 中变量 $V_1 \cdots V_n$ 的结果。因此,对量词的正式操作是相当直接的。

4. 理想化的协议

在文献中,通过列出其消息来描述身份验证协议,每个消息通常以以下形式编写:

$$P \to Q: \text{message}$$

这表示主体 P 向主体 Q 发送消息,该消息以非形式化的符号表示,旨在建议具体实现将使用的比特串。这种表示通常是模棱两可的,并不适合作为形式化分析的适当基础。

因此,需要将每个协议步骤转换为理想形式。理想协议中的消息是一个公式。例如,协议步骤

$$A \to B: \{A, K_{ab}\}_{K_{bs}}$$

可以告诉知道密钥 K_{bs} 的 B, K_{ab} 是与 A 通信的密钥。这个步骤应该被理想化为:

$$A \to B: \{A \overset{K_{ab}}{\leftrightarrow} B\}_{K_{bs}}$$

下面给出的示例的理想化协议不包括明文消息部分,理想化的消息形式为 $\{X_1\}_{K_1}$, $\cdots$, $\{X_n\}_{K_n}$。

理想化过程通常省略明文通信,因为它可以被伪造,因此它对身份验证协议的贡献主要是提供关于可能在加密消息中放置的内容的提示。

理想化的协议是比文献中发现的传统描述更清晰、更完整的规范,传统描述仅仅是协议的实现相关编码。因此,建议在生成和描述协议时使用理想形式。

虽然并非完全无关紧要,但从理想化的协议中推导出实用的编码比理解特定非形式化编码的含义要省时得多,而且容易出错。

然而,为了从现有文献中研究协议,必须首先为每个协议生成理想形式。简单的指导方针控制着哪些转换是可能的,这些指导方针有助于确定特定协议步骤的理想形式。粗略地说,如果每当接收者收到 m 时,他可以推断出发送者在发送 m 时一定相信 X,那么一个真实的信息 m 可以被解释为一个公式 X。真实的随机数被转换成任意的新公式,自始至终,都假设发送者相信这些公式。符号 $\langle X \rangle_Y$ 表示使用 Y 作为秘密,只有当秘密被用作身份证明时才能引入。最重要的是,为了稳健起见,总是需要保证每个主体都相信他作为消息生成的公式。这些简单的指导方针足以满足分析的目的,但是进一步研究形式化的转换规则可能会很有用。

5. 协议分析

为了分析理想化的协议,需要使用逻辑公式注释它们,在第一条消息之前和每条消息之后都添加公式。获得合法注释的主要规则如下:

(1) 如果 X 在消息 $P \to Q: Y$ 之前成立,那么 X 和 Q 都看到 Y 在之后成立。

(2) 如果 Y 可以通过逻辑假设从 X 导出,那么只要 X 成立, Y 就成立。

协议的注释类似于一系列关于主体信念的注释，以及它们在身份验证过程中所看到的内容。特别是，第一条消息之前的公式表示协议开始时主体的信念。一步一步地，可以遵循从最初的信念到最终的信念的演变——从最初的假设到结论。

5.1.3　形式化的协议验证目标

为了保证每个协议的成功，必须作出最初的假设。通常，这些假设说明了哪些密钥最初在主体之间共享，哪些主体生成了新的数据，以及哪些主体以某种方式受到信任。在大多数情况下，对于所考虑的协议类型，这些假设是标准的且显而易见的。一旦所有的假设都写好了，协议的验证就等于证明一些公式作为结论成立。

关于这些结论所描述的身份验证协议的目标应该是什么，还有待商榷。身份验证通常是由共享会话密钥保护的某些通信的前提，因此我们可能希望得到描述此类通信开始时情况的结论。因此，如果存在 K 满足以下公式，可以认为 A 和 B 之间的认证是完成的：

$$A \text{ believes } A \overset{K}{\leftrightarrow} B, \ B \text{ believes } A \overset{K}{\leftrightarrow} B$$

有些协议可以实现更多的功能，例如：

$$A \text{ believes } B \text{ believes } A \overset{K}{\leftrightarrow} B, \ B \text{ believes } A \text{ believes } A \overset{K}{\leftrightarrow} B$$

其他协议只能达到较弱的最终状态。例如，对于某些 X，A 相信 B 相信 X，这仅反映 A 相信 B 最近发送了消息。

有些公开密钥协议并不打算交换共享密钥，而是传输一些其他数据。在这些情况下，所需的目标从上下文中通常是显而易见的。

5.2　GNY 逻辑

GNY 逻辑于 1990 年由 Gong、Needham 和 Yahalom 提出，用来对认证协议的运行进行形式化分析，研究认证双方通过相互发送和接收消息能否从最初的信念逐渐发展到协议运行最终要达到的目的——认证双方的最终信念，其目的是在一个抽象层次上分析分布网络系统中认证协议的安全问题。

5.2.1　基本术语

GNY 逻辑采用的符号与 BAN 逻辑大致相同，下面给出其确定的语法和语义。

1. GNY 逻辑中主要相关符号及其定义

（1）$*X$：表示公式 X 不是由此首发的。

（2）$\lhd$：表示被告之（be told）。

（3）$\ni$：表示拥有（possess）。

（4）$\sim$：表示传输过（once conveyed）。

（5）$\sharp(X)$：表示 X 是新鲜的（fresh）。

（6）$\phi(X)$：表示公式 X 是可以识别的（recognizable）。

（7）$|\equiv$：表示相信（believe）。

（8）$|\Rightarrow$：表示有管辖权。

2. GNY 逻辑中其他相关符号和逻辑结构的语法及语义

（1）A、B、S：主体（principal），泛指参与协议的各方。

（2）(X,Y)：公式 X、Y 的合取式。

（3）K：一般意义上密钥的概念。

（4）$\{X\}_K$ 和 $\{X\}_K^{-1}$：分别表示用对称密钥对消息 X 进行加密、解密。

（5）$A \triangleleft X$：主体 A 收到了包含 X 的消息，即存在某一主体向 A 发送了包含 X 的消息。

（6）$A \ni X$：主体 A 拥有消息 X。

（7）$A \overset{K}{\leftrightarrow} B$：表示 K 是 A 和 B 的共享密钥。

（8）$A \overset{X}{\leftrightarrow} B$：主体 A 发送消息 X 给 B。

（9）$A \sim X$：A 曾经发送过消息 X。

（10）$A |\equiv \sharp(X)$：A 相信 X 是新鲜的。

（11）$A |\equiv \phi(X)$：A 可通过 X 的内容和格式识别 X。

（12）$A |\Rightarrow X$：主体 A 对 X 有管辖权。

（13）$X \sim > C$：命题 C 是 X 的消息扩展。

5.2.2 推理规则

GNY 逻辑的一系列逻辑推理规则由两部分组成，分子部分表示条件，分母部分表示结果。下面将第 n 条推理规则简记为 R_n（$n=1,2,3,\cdots$），具体如下：

（1）被告之推理规则（being told rules）：

$$R_1 \quad \frac{A \triangleleft * X}{A \triangleleft X}$$

R_1 表明，A 可识别 X 不是由自己首发的，由此可知某一主体向 A 发送了消息 X。

$$R_2 \quad \frac{A \triangleleft (X,Y)}{A \triangleleft X}$$

R_2 表明，A 接收到 X 和 Y 的消息级联，由此可知 A 接收到消息 X。

（2）拥有规则（possession rules）：

$$R_3 \quad \frac{A \triangleleft X}{A \ni X}$$

R_3 表明，如果主体 A 接收到消息 X，那么主体 A 就拥有消息 X。

（3）新鲜性规则（fresh rules）：

$$R_4 \quad \frac{A |\equiv \sharp(X)}{A |\equiv (X,Y)}$$

R_4 表明，如果主体 A 相信消息 X 是新鲜的，那么 A 也相信消息 X 和 Y 的级联也是新鲜的。

$$R_5 \quad \frac{A \mid\equiv \sharp(X), A \ni K}{A \mid\equiv \sharp \{X\}_K, A \mid\equiv \sharp \{X\}_K^{-1}}$$

R_5 表明，如果主体 A 相信消息 X 是新鲜的，并且拥有密钥 K，那么主体 A 相信由密钥 K 加密的消息 X 是新鲜的，而且对其解密的消息也是新鲜的。

（4）识别规则（recognizability rules）：

$$R_6 \quad \frac{A \mid\equiv \phi(X)}{A \mid \phi \equiv (X, Y)}$$

R_6 表明，如果主体 A 相信 X 是可识别的，那么主体 A 相信 X 和 Y 的级联也是可识别的。

$$R_7 \quad \frac{A \mid\equiv \phi(X), A \ni K}{A \mid\equiv \phi(\{X\}_K), A \mid\equiv \phi(\{X\}_K^{-1})}$$

R_7 表明，如果主体 A 相信消息 X 是可识别的，且 A 拥有密钥 K，那么 A 相信由密钥 K 对其加密和解密的消息都是可识别的。

（5）消息解释规则（message interpretation rules）：

$$R_8 \quad \frac{A \triangleleft * \{X\}_K, A \ni K, A \mid\equiv (A \overset{K}{\leftrightarrow} B), A \mid\equiv \phi(X), A \mid\equiv \sharp(X, K)}{A \mid\equiv B \sim X, A \mid\equiv B \sim \{X\}_K, A \mid\equiv B \ni K}$$

R_8 表明，如果某一主体向主体 A 发送由密钥 K 加密的消息，主体 A 拥有这个密钥 K，A 相信密钥 K 就是主体 A 和 B 的共享密钥，相信消息 X 是可识别的，也相信消息 X 和密钥 K 都是新鲜的，那么 A 相信主体 B 发送过消息 X，相信 B 发送过由密钥 K 加密的消息，也相信 B 拥有密钥 K。

$$R_9 \quad \frac{A \mid\equiv B \sim X, A \mid\equiv \sharp(X)}{A \mid\equiv B \ni X}$$

R_9 表明，如果 A 相信 B 曾经发送过消息 X，并且 A 相信 X 是新鲜的，那么 A 相信 B 拥有消息 X。

（6）管辖规则（jurisdiction rules）：

$$R_{10} \quad \frac{A \mid\equiv B \mid\Rightarrow C, A \mid\equiv B \mid\equiv C}{B \mid\equiv C}$$

管辖规则进一步拓展了主体的推知能力，是主体可以在基于其他主体已有的信念之上推知新的信念，R_{10} 遵循了此规则。

5.3　SVO 逻辑

自从 BAN 逻辑提出以后，其缺点和不足就被不断发现、指出，安全协议的专家学者及研究人员针对这些缺点和不足从各个角度对该逻辑进行了改进和补充。Syverson 和 Orschot 在 BAN 逻辑、GNY 逻辑、AT 逻辑和 VO 逻辑的基础上提出了 SVO 逻辑。SVO 逻辑既具有以上逻辑的优点又具有简洁的推理规则和公理，是 BAN 类逻辑中较为成熟的逻辑，具有以下几方面的优点：

（1）SVO 逻辑提供了相当详细的模型，从而极大地解决了由于形式化公式含义和推理规则的推理能力引起的理解模糊问题。通过语义解释可以更准确地理解协议消息的真实含义，这有助于 SVO 逻辑对协议进行抽象化。

（2）对 SVO 逻辑进行扩展非常方便。

（3）SVO 逻辑十分简洁、易用。这与 BAN 逻辑类似，但比 GNY 逻辑、AT 逻辑及 VO 逻辑简洁。

（4）针对 BAN 逻辑等缺乏独立明确的语义基础的缺点，SVO 逻辑提供了一个较为清晰的模态理论语义，以确保在此基础上的逻辑推理是可靠的。

5.3.1　SVO 逻辑的语法

SVO 逻辑所用的符号与 GNY 逻辑相类似，用 $|\equiv$、$\triangleleft$、$|\sim$、$|\approx$、$|\Rightarrow$、$\ni$、$\sharp$、$\equiv$ 分别表示相信（believed）、接收到（received）、发送过（said）、新发送过（says）、管辖（controls）、拥有（has）、新鲜（fresh）、等价（equivalent）。

另外，SVO 逻辑系统中所特有的 12 个符号及其含义如下：

（1）$*$：主体收到的、不可识别的消息。

（2）$\widetilde{K}$：密钥 K 对应的解密密钥。

（3）$\{X^P\}_K$：加密消息 $\{X\}_K$，P 是发送者（P 常省略）。

（4）$[X]_K$：用密钥 K 对消息 X 签名后所得签名消息。

（5）$\langle X_P \rangle_Y$：合成消息 $\langle X \rangle_Y$，P 是发送者（P 常省略）。

（6）$PK_\psi(P,K)$：K 为主体 P 的加密密钥，只有 P 才能理解应用密钥 K 加密的消息。

（7）$PK_\sigma(P,K)$：K 为主体 P 的公开签名验证密钥，K 用于鉴定私钥 K^{-1} 签名的消息来自 P。

（8）$PK_\delta(P,K)$：K 为主体 P 的公开协商密钥。

（9）$SV(X,K,Y)$：应用密钥 K 可验证 X 是 Y 的签名，即 $\{X\}K = H(Y)$。

（10）$P \overset{K}{\leftrightarrow} Q$：$K$ 是 P 和 Q 之间"好的"共享密钥，但是 P 和 Q 可能都不知道 K。

（11）$P \overset{K-}{\leftrightarrow} Q$：$K$ 是 P 的，适合于与 Q 通信的非确认共享密钥（unconfirmed key），即

$$P \overset{K-}{\leftrightarrow} Q = (P \overset{K}{\leftrightarrow} Q) \wedge (Q |\approx (Q \ni K))$$

（12）$P \overset{K+}{\leftrightarrow} Q$：$K$ 是 P 的，适合于与 Q 通信的确认共享密钥（confirmed key），即

$$P \overset{K+}{\leftrightarrow} Q = (P \overset{K}{\leftrightarrow} Q) \wedge (P \ni K) \wedge (Q |\approx (Q \ni K))$$

5.3.2　SVO 逻辑推理公理

在进行协议分析和验证时，常涉及一系列复杂的公式，用于定义系统行为的逻辑和性质。以下公式列出一些基本的信任和验证公理，它们是构建和分析安全协议时不可或缺的组成部分。这些公理通常用于表达协议元素之间的关系和条件，以及这些条件如何影响协议的整体安全性和功能。

以下是公理中使用的符号和变量的含义：

- P 和 Q：通常代表协议中的主体。
- Φ 和 ψ：用于表示命题逻辑中的条件或断言。
- K：表示密钥或与密钥相关的数据。
- X，Y，Z：通常代表协议中传输的消息。
- $F(X)$：表示应用于 X 的某种函数，通常与协议的某个操作相关。
- $\sharp(X)$：通常表示 X 的一个新鲜（fresh）实例，即在当前讨论协议上下文中未使用过的实例。

具体到每个公式，它们定义了从基本信任假设到如何处理消息的接收、发送和验证等各方面的具体规则。这些公理建立了一个形式化的框架，使得协议设计和验证过程中的逻辑关系和行预期更加明确并具有可验证性。

（1）信任公理（believing axioms）：

$$A_0 \quad (P \mid\equiv \Phi \wedge P \mid\equiv \psi) \equiv (P \mid\equiv \Phi \wedge \psi)$$

$$A_1 \quad P \mid\equiv \Phi \wedge P \mid\equiv (\Phi \supset \psi) \supset P \mid\equiv \psi$$

$$A_2 \quad P \mid\equiv \Phi \supset P \mid\equiv (P \mid\equiv \Phi)$$

（2）消息来源公理（source association axioms）：

$$A_3 \quad (P \overset{K}{\leftrightarrow} Q) \wedge R \triangleleft \{X^Q\}_K \supset (Q \mid\sim X \wedge Q \ni K)$$

$$A_4 \quad PK_\sigma(Q,K) \wedge R \triangleleft X \wedge SV(X,K,Y) \supset Q \mid\sim Y$$

（3）密钥协商公理（key agreement axioms）：

$$A_5 \quad PK_\delta(P,K_p) \wedge PK_\delta(P,K_q) \supset P \overset{K_{pq}}{\leftrightarrow} Q$$

$$A_6 \quad \psi \equiv \psi\left(\frac{F_0(K_p,K_q)}{F_0(K_p,K_q)}\right)$$

（4）消息接收公理（receiving axioms）：

$$A_7 \quad P \triangleleft (X_1,\cdots,X_n) \supset P \triangleleft X_i$$

$$A_8 \quad (P \triangleleft \{X\}_K \wedge P \ni \widetilde{K}) \supset P \triangleleft X$$

$$A_9 \quad P \triangleleft [X]_K \supset P \triangleleft X$$

（5）消息拥有公理（seeing axioms）：

$$A_{10} \quad P \triangleleft X \supset P \ni X$$

$$A_{11} \quad P \ni (X_1,\cdots,X_n) \supset P \ni X_i$$

$$A_{12} \quad (P \ni X_1 \wedge \cdots \wedge P \ni X_n) \supset (P \ni F(X_1,\cdots,X_n))$$

（6）消息理解公理（comprehension axioms）：

$$A_{13} \quad P \mid\equiv (P \ni F(X)) \supset P \mid\equiv (P \mid\equiv X)$$

（7）消息发送公理（saying axioms）：

$$A_{14} \quad P \mid\sim (X_1,\cdots,X_n) \supset (P \mid\sim X_i \cdots P \ni X_i)$$

$$A_{15} \quad P \mid\approx (X_1,\cdots,X_n) \supset (P \mid\sim (X_1,\cdots,X_n) \wedge P \mid\approx X_i)$$

（8）管辖公理（jurisdiction axioms）：

$$A_{16} \quad (P \mathrel{|}\!\!\Rightarrow \varphi \wedge P \mathrel{|}\!\!\approx \varphi) \supset \varphi$$

（9）消息新鲜性公理（freshness axioms）：

$$A_{17} \quad \sharp(X_i) \supset \sharp(X_1, \cdots, X_n)$$

$$A_{18} \quad \sharp(X_i) \supset \sharp(F(X_1, \cdots, X_n))$$

注意：公理 A_{18} 中的函数 F 必须确实依赖于新鲜的自变量 X_i。例如，若 $\sharp(X_2)$，则对 $F(X_1, X_2, X_3) = X_1 + 0 * X_2 + X_3$ 就不能用公理 A_{18}。

（10）临时值验证公理（nonce-verification axioms）：

$$A_{19} \quad (\sharp(X) \wedge P \mathrel{|}\!\!\sim X) \supset P \mathrel{|}\!\!\approx X$$

（11）"好的"共享密钥对称公理（symmetric goodness of shared axioms）：

$$A_{20} \quad P \overset{K}{\leftrightarrow} Q \equiv Q \overset{K}{\leftrightarrow} P$$

在使用这些公理的过程中，还会用到一条等价公理，即

$$P \ni K \equiv P \triangleleft K$$

这条公理说明主体 P 拥有一个 K 等价于 P 看到 K，在以后的证明或描述中不区分拥有 "has" 和看到 "sees"。

5.3.3　SVO 逻辑推理规则

安全协议和系统验证依赖一系列的公理来描述和分析特定的行为和性质。这些公理通过逻辑规则形式化描述协议中的操作，确保了在设计和验证过程中的精确性和一致性。推理规则为协议设计和分析提供了一种强有力的逻辑框架。

SVO 逻辑的两条基本推理规则如下：

MP 规则（modus ponens rules），由 Φ 和 $\Phi \supset \Psi$ 可以推导出 Ψ；

Nec 规则（necessitation rules），由 $\vdash \Phi$ 可以推导出 $\vdash P \mathrel{|}\!\!\equiv \Phi$（$\vdash \Phi$ 表示 Φ 是一个定理）。

（1）消息含义规则（message-meaning rules）：

$$M_1 \quad \frac{P \mathrel{|}\!\!\equiv Q \overset{K}{\leftrightarrow} P, P \triangleleft \{X\}_K}{P \mathrel{|}\!\!\equiv Q \mathrel{|}\!\!\sim X}$$

$$M_2 \quad \frac{P \mathrel{|}\!\!\equiv \overset{K}{\mapsto} Q, P \triangleleft \{X\}_{K^{-1}}}{P \mathrel{|}\!\!\equiv Q \mathrel{|}\!\!\sim X}$$

$$M_3 \quad \frac{P \mathrel{|}\!\!\equiv Q \overset{Y}{\leftrightarrow} P, P \triangleleft \langle X \rangle_Y}{P \mathrel{|}\!\!\equiv Q \mathrel{|}\!\!\sim X}$$

$$M_4 \quad \frac{P \mathrel{|}\!\!\equiv (Q \mathrel{|}\!\!\sim (X, Y))}{P \mathrel{|}\!\!\equiv (Q \mathrel{|}\!\!\sim X), P \mathrel{|}\!\!\equiv (Q \mathrel{|}\!\!\sim Y)}$$

（2）临时值验证规则（nonce-verification rules）：

$$N_1 \quad \frac{P \mathrel{|}\!\!\equiv \sharp(X), P \mathrel{|}\!\!\equiv Q \mathrel{|}\!\!\sim X}{P \mathrel{|}\!\!\equiv Q \mathrel{|}\!\!\equiv X}$$

（3）管辖权规则（hurisdiction rules）：

$$J_1 \quad \frac{P \mathrel{|}\!\!\equiv Q \mathrel{|}\!\!\Rightarrow X, P \mathrel{|}\!\!\equiv Q \mathrel{|}\!\!\equiv X}{P \mathrel{|}\!\!\equiv X}$$

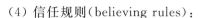

（4）信任规则（believing rules）：

$$B_1 \quad \frac{P \mid\equiv X, P \mid\equiv Y}{P \mid\equiv (X,Y)}$$

$$B_2 \quad \frac{P \mid\equiv (X,Y)}{P \mid\equiv X, P \mid\equiv Y}$$

$$B_3 \quad \frac{P \mid\equiv Q \mid\equiv (X,Y)}{P \mid\equiv Q \mid\equiv X, P \mid\equiv Q \mid\equiv Y}$$

$$B_4 \quad \frac{P \mid\equiv Q \mid\equiv X, P \mid\equiv Q \mid\equiv Y}{P \mid\equiv Q \mid\equiv (X,Y)}$$

（5）消息接收规则（receiving rules）：

$$R_1: \quad \frac{P \triangleleft (X,Y)}{P \triangleleft X, P \triangleleft Y}$$

$$R_2: \quad \frac{P \triangleleft \langle X \rangle_Y}{P \triangleleft X}$$

$$R_3: \quad \frac{P \mid\equiv Q \overset{K}{\leftrightarrow} P, P \triangleleft \{X\}_K}{P \triangleleft X}$$

$$R_4: \quad \frac{P \mid\equiv \mid\overset{K}{\to} P, P \triangleleft \{X\}_K}{P \triangleleft X}$$

$$R_5: \quad \frac{P \mid\equiv \mid\overset{K}{\to} Q, P \triangleleft \{X\}_{K^{-1}}}{P \triangleleft X}$$

（6）新鲜性规则（fresh rules）：

$$F_1 \quad \frac{P \mid\equiv \#(X)}{P \mid\equiv \#(X,Y)}$$

$$F_2 \quad \frac{P \mid\equiv \#(Y)}{P \mid\equiv \#(X,Y)}$$

　　结合以上逻辑推理规则与之前的逻辑公理，SVO 逻辑提供了一个强大的工具，使以形式化和系统化的方式分析和验证通信协议的安全性成为可能。通过学习这部分内容，读者可以增强对协议行为的理解，并将 SVO 逻辑作为发现和修正潜在安全漏洞的方法论。

5.4　演绎推理实例分析

　　本节将继续探讨演绎推理这一重要的数学思维工具。前面已经介绍了演绎推理的基本概念和规则。然而，理论知识的学习需要通过实例来加深对演绎推理的理解，以提高具体应用能力。

　　本节分别给出了使用前面所介绍的 BAN 逻辑、GNY 逻辑和 SVO 逻辑分析常见协议的实例。通过对这些实例的分析，读者可以更好地理解演绎推理的原理和优势，学会如何运用演绎推理来分析、验证协议，并解决实际问题。

5.4.1 使用 BAN 逻辑分析 Kerberos 协议

Kerberos 协议在身份验证服务器的帮助下在两个主体之间建立共享密钥。它基于共享密钥 Needham-Schroeder 协议，但使用时间戳作为随机数，既可以消除安全问题，又可以减少所需的消息总数。Kerberos 是作为麻省理工学院 Athena 项目的一部分开发的，在其他地方也有使用。

以下是协议的内容，其中 A 和 B 作为两个主体，K_{as} 和 K_{bs} 作为其私钥，S 作为身份验证服务器。S 和 A 分别生成时间戳 T_s 和 T_a，S 生成生存期 L。只有在需要相互身份验证时才使用 Message 4。

> Message 1. $A \rightarrow S$：A, B；
>
> Message 2. $S \rightarrow A$：$\{T_s, L, K_{ab}, B, \{T_s, L, K_{ab}, A\}_{K_{bs}}\}_{K_{as}}$；
>
> Message 3. $A \rightarrow B$：$\{T_s, L, K_{ab}, A\}_{K_{bs}}, \{A, T_a\}_{K_{ab}}$；
>
> Message 4. $B \rightarrow A$：$\{T_a + 1\}_{K_{ab}}$。

此消息序列如图 5-1 所示。A 向 S 发送一条明文消息，表明他希望与 B 进行通信。服务器响应一条加密消息，其中包含时间戳、生存期、A 和 B 的会话密钥以及只有 B 可以读取的票据。该票据还包含时间戳、生存期和密钥。A 将票据连同身份验证器（用会话密钥加密的时间戳）一起转发给 B。B 首先解密票据并检查时间戳和生存期。如果票据是最近创建的，那么他将使用附带的密钥对验证器进行解密。其次，如果验证器的时间戳是最近的，那么使用会话密钥返回 A 检查的时间戳。一旦主体得到满足，它们就可以继续使用会话密钥。

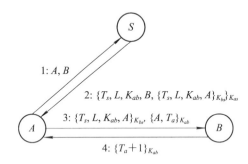

图 5-1 Kerberos 协议

将该协议理想化后如下：

> Message 2. $S \rightarrow A$：$\{T_s, A \overset{K_{ab}}{\leftrightarrow} B, \{T_s, A \overset{K_{ab}}{\leftrightarrow} B\}_{K_{bs}}\}_{K_{as}}$；
>
> Message 3. $A \rightarrow B$：$\{T_s, A \overset{K_{ab}}{\leftrightarrow} B\}_{K_{bs}}, \{T_a, A \overset{K_{ab}}{\leftrightarrow} B\}_{K_{ab}}$ from A；
>
> Message 4. $B \rightarrow A$：$\{T_a, A \overset{K_{ab}}{\leftrightarrow} B\}_{K_{ab}}$ from B。

理想化的消息与原始协议中描述的消息非常接近。为简单起见，生存期 L 与时间戳 T 组合在一起，时间戳 T 就像随机数一样被处理。Message 1 被省略了，因为它对协议的逻辑属性没有贡献。

在 Message 2 的理想化形式中可以看到进一步的区别。具体协议提到密钥K_{ab}，在此序列中，该密钥已被 A 和 B 可以使用K_{ab}进行通信的声明所取代。这种对消息的解释之所以可能，只是因为已知应该如何理解消息中的信息。此外，验证器和 Message 4 的理想形式包含K_{ab}是一个好的会话密钥的显式声明，而该声明仅在具体协议中使用K_{ab}时是隐含的。事实上，可以将 B believes A believes $A \overset{K_{ab}}{\leftrightarrow} B$ 添加到 Message 4 中；之所以不这样做，只是因为这种添加的结果对会话密钥的后续使用似乎并不重要。

在 Message 3 的后半部分和 Message 4 之间存在一些混淆的可能性。在理想的协议中，可以通过明确地提及发起者来避免这种混淆。在具体协议中，无论是在 Message 3 中提到 A，还是在 Message 4 中提到 A，都足以区分这两个消息——Kerberos 在这方面稍微有些多余。

此时，可以检查理想协议是否与具体协议相对应，并且是否遵守了构建理想协议的指导方针。

为了分析该协议，首先给出以下假设：

> A believes $A \overset{K_{as}}{\leftrightarrow} S$，$B$ believes $B \overset{K_{bs}}{\leftrightarrow} S$，
>
> S believes $A \overset{K_{as}}{\leftrightarrow} S$，$S$ believes $B \overset{K_{bs}}{\leftrightarrow} S$，
>
> S believes $A \overset{K_{ab}}{\leftrightarrow} B$，$B$ believes $(S$ controls $A \overset{K}{\leftrightarrow} B)$，
>
> A believes$(S$ controls $A \overset{K}{\leftrightarrow} B)$，$B$ believes fresh (T_s)，
>
> A believes fresh (T_s)，B believes fresh (T_a)。

前四个假设是关于客户端和服务器之间的共享密钥。第五个假设表示服务器最初知道 A 和 B 之间通信的密钥。第六个和第七个假设表示 A 和 B 对服务器的信任，以生成良好的加密密钥。最后三个假设表明，A 和 B 认为其他地方生成的时间戳是新鲜的，这表明该协议严重依赖于同步时钟的使用。

将规则应用于假设来分析 Kerberos 的理想版本，分析过程很简单。为了简洁起见，此处仅给出了 Message 2 中机器辅助证明所需的许多形式细节，并在后面省略了类似的细节。证明的主要步骤如下：

A 收到 Message 2，注释规则产生的结果为：

$$A \text{ sees } \{T_s, (A \overset{K_{ab}}{\leftrightarrow} B), \{T_s, A \overset{K_{ab}}{\leftrightarrow} B\}_{K_{bs}}\}_{K_{as}}$$

之后成立。因为有假设：

$$A \text{ believes } A \overset{K_{as}}{\leftrightarrow} S$$

共享密钥的消息含义规则应用并产生以下结果：

$$A \text{ believes } S \text{ said } (T_s, (A \overset{K_{ab}}{\leftrightarrow} B), \{T_s, A \overset{K_{ab}}{\leftrightarrow} B\}_{K_{bs}})$$

断开连词的规则之一（此处省略）为

$$A \text{ believes } S \text{ said } (T_s, (A \overset{K_{ab}}{\leftrightarrow} B))$$

此外，假设：

$$A \text{ believes fresh } (T_s)$$

临时值验证规则适用并产生

$$A \text{ believes } S \text{ believes } (T_s, A \overset{K_{ab}}{\leftrightarrow} B)$$

再一次断开一个连词，得到以下结果：

$$A \text{ believes } S \text{ believes } A \overset{K_{ab}}{\leftrightarrow} B$$

然后，在假设中实例化 K 到 K_{ab}：

$$A \text{ believes } S \text{ controls } A \overset{K}{\leftrightarrow} B$$

更具体地推导：

$$A \text{ believes } S \text{ controls } A \overset{K_{ab}}{\leftrightarrow} B$$

最后，适用管辖权规则，并产生以下结果：

$$A \text{ believes } A \overset{K_{ab}}{\leftrightarrow} B$$

这就是对 Message 2 的分析。

　　A 将票据和另一条包含时间戳的消息一起传递给 B。最初，B 只能解密票据：

$$B \text{ believes } A \overset{K_{ab}}{\leftrightarrow} B$$

逻辑上，该结果的获得方式与 Message 2 相同，即通过消息含义、临时值验证和管辖权假设。

　　新密钥的知识允许 B 解密 Message 3 的其余部分。通过消息含义和临时值验证假设，可以推导出如下结论：

$$B \text{ believes } A \text{ believes } A \overset{K_{ab}}{\leftrightarrow} B$$

Message 4 只是向 A 保证 B 相信密钥，并且已经收到了 A 的最后一条消息。在对 Message 4 重新应用消息含义和临时值验证假设后，最终结果如下：

$$A \text{ believes } A \overset{K_{ab}}{\leftrightarrow} B \qquad\qquad B \text{ believes } A \overset{K_{ab}}{\leftrightarrow} B$$

$$A \text{ believes } B \text{ believes } A \overset{K_{ab}}{\leftrightarrow} B \qquad\qquad B \text{ believes } A \text{ believes } A \overset{K_{ab}}{\leftrightarrow} B$$

若只使用前三条消息，则无法获得：

$$A \text{ believes } B \text{ believes } A \overset{K_{ab}}{\leftrightarrow} B$$

也就是说，三条消息协议不能使 A 确信 B 的存在——无论 B 是否在运行，A 都观察到相同的消息。

　　Kerberos 协议中的一个主要假设是主体的时钟与服务器的时钟同步。通过使用安全时间服务器将时钟同步到几分钟内，然后在此间隔内检测重放，可以获得完全同步时钟的效果。然而，实际的实现并不总是包括这种检查，因此只提供较弱的保证。

　　一个细微的(但可能代价高昂的)特性是 S 对 Message 2 中的票据进行双重加密。回顾形式化分析，可以看到这不会影响协议的属性，因为 A 随后立即将票据转发给 B，而无须进一步加密。有研究建议 Kerberos 的未来版本删除这种不必要的双重加密。

5.4.2　使用改进 GNY 逻辑分析 Kerberos＊协议

Kerberos＊协议是针对原有 Kerberos 协议在重放攻击防护方面的不足而提出的改进版本。该协议通过引入用户物理位置地址（全球定位系统（GPS）信息）作为新的认证因素，增强了安全性。Kerberos＊协议对消息交换过程进行了优化，确保 GPS 位置信息被正确地集成到安全防护机制中。同时，Kerberos＊协议解决了消息交换过程中 GPS 信息未被有效检测的问题，防止攻击者在不伪造物理位置的情况下截获消息。

以下是 Kerberos＊协议的描述：

> Message1. $A \rightarrow S$：A, N_a, B；
>
> Message2. $S \rightarrow A$：$\{N_s, \mathrm{GPS}_a, B, K_{ab}, \{N_s, \mathrm{GPS}_b, K_{ab}, A\}_{K_{bs}}\}_{K_{as}}$；
>
> Message3. $A \rightarrow B$：$\{N_s, \mathrm{GPS}_b, K_{ab}, A\}_{K_{bs}}, \{A, N_a\}_{K_{ab}}$；
>
> Message4. $B \rightarrow A$：$\{N_a+1\}_{K_{ab}}$。

其中，GPS_a、GPS_b 分别表示主体 A、B 的物理位置地址，N_a、N_s 分别表示主体 A、S 的临时值。

GNY 逻辑在 BAN 逻辑基础上增加了识别规则，可用于对所期望消息格式进行识别，这一特点能够很好应用于 Kerberos＊协议中。在 Kerberos＊协议中可添加用户的物理位置地址，并在服务器中存储每一位用户的物理位置地址。只有当服务器分发的物理位置地址与用户自身由 GPS 定位的地址匹配时，用户才可以获取消息。针对这一验证性质，将识别规则和管辖规则结合到一起生成一种新的管辖规则，将这一规则命名为 M -管辖规则，并添加到 GNY 逻辑中。M -管辖规则如下：

$$\frac{A \mid\equiv S \ni (X,Y), A \mid\equiv \phi(X), A \mid\equiv S \Rightarrow (X,Y)}{A \mid\equiv Y}$$

如果在 GNY 逻辑推理中证明主体 A 相信 S 拥有消息 (X,Y)，X 代表用户的 GPS，Y 代表会话密钥；接收消息的主体 A 识别出自己定位的物理位置和服务器存储的物理位置是匹配的，消息是从正确的物理位置发出的；主体 A 相信服务器 S 对 GPS 和会话密钥有管辖权，那么主体 A 相信会话密钥安全。

以下是使用改进的 GNY 逻辑分析 Kerberos＊协议的步骤。

首先，对协议中消息标识"非此首发"标记，记号为＊。

(1) $S \lhd (\ast A, \ast B, \ast N_a)$。

(2) $A \lhd \{\ast N_s, \ast \mathrm{GPS}_a, B, \ast K_{ab}, \ast \{N_s, \ast \mathrm{GPS}_b, K_{ab}, A\}K_{bs}\} \leadsto S \mid\equiv A \overset{K_{ab}}{\leftrightarrow} B\}K_{as} \leadsto S \mid\equiv A \overset{K_{ab}}{\leftrightarrow} B$。

(3) $B \lhd \{\ast N_s, \ast \mathrm{GPS}_b, \ast K_{ab}, A\}K_{bs} \leadsto A \mid\equiv A \overset{K_{ab}}{\leftrightarrow} B, \ast \{A, N_a\}K_{ab} \leadsto A \mid\equiv A \overset{K_{ab}}{\leftrightarrow} B$。

（4）$A \triangleleft * \{N_a + 1\} K_{ab} \sim > B | \equiv A \overset{K_{ab}}{\leftrightarrow} B$。

其次，给出初始化假设，如表 5-1 所示。

表 5-1　协议中可信任的假设条件

$A \ni K_{as}$	$B \ni K_{bs}$
$S \ni K_{as}$	$S \ni K_{bs}$
$S | \equiv \#(N_a)$	$A | \equiv \#(N_s)$
$B | \equiv \#(N_s)$	$B | \equiv \#(N_a)$
$A | \equiv A \overset{K_{as}}{\leftrightarrow} S$	$B | \equiv B \overset{K_{bs}}{\leftrightarrow} S$
$A | \equiv S | \Rightarrow \mathrm{GPS}_a$	$A | \equiv S | \Rightarrow \mathrm{GPS}_b$
$A | \equiv S | \Rightarrow K_{ab}$	$B | \equiv S | \Rightarrow K_{ab}$
$S | \equiv A | \Rightarrow \mathrm{GPS}_a$	$S | \equiv B | \Rightarrow \mathrm{GPS}_b$
$A | \equiv \phi(\mathrm{GPS}_a)$	$B | \equiv \phi(\mathrm{GPS}_b)$

最后，运用改进 GNY 逻辑对协议进行形式化分析。具体证明过程如下：

由"非此首发"标识得出：

$$A \triangleleft * ((* N_s, * \mathrm{GPS}_a, B, * K_{ab}, * \{N_s, * \mathrm{GPS}_b, K_{ab}, A\} K_{bs}) K_{as}) \qquad (5-1)$$

根据新鲜性规则 R_5 得出：

$$\frac{A | \equiv \#(N_s), A \ni K_{as}}{A | \equiv \#(\{N_s, \mathrm{GPS}_a, B, K_{ab}, \{N_s, \mathrm{GPS}_b, K_{ab}, A\} K_{bs}\} K_{as})} \qquad (5-2)$$

根据识别规则 R_7 得出：

$$\frac{A | \equiv \phi(\mathrm{GPS}_a), A \ni K_{as}}{A | \equiv \phi(\{N_s, \mathrm{GPS}_a, B, K_{ab}, \{N_s, \mathrm{GPS}_b, K_{ab}, A\} K_{bs}\} K_{as})} \qquad (5-3)$$

上述推导结果式（5-2）和式（5-3）分别证明，主体 A 相信接收到的消息是新鲜的、可识别的。为进一步增强消息的安全性，根据消息解释规则 R_8，主体 A 相信此消息是由服务器 S 发出的，没有入侵者仿冒产生恶意的攻击：

$$\frac{(5-1), A \ni K_{as}, A | \equiv A \overset{K_{as}}{\leftrightarrow} S, (5-3), (5-2)}{A | \equiv S \sim (\{N_s, \mathrm{GPS}_a, B, K_{ab}, \{N_s, \mathrm{GPS}_b, K_{ab}, A\} K_{bs}\} K_{as})} \qquad (5-4)$$

再次根据消息解释规则 R_9 得出：

$$\frac{(5-4), (5-2)}{A | \equiv S \ni (\{N_s, \mathrm{GPS}_a, B, K_{ab}, \{N_s, \mathrm{GPS}_b, K_{ab}, A\} K_{bs}\} K_{as})} \qquad (5-5)$$

根据 M-管辖规则得出：

$$\frac{(5-5), A | \equiv \phi(\mathrm{GPS}_a), A | \equiv S | \Rightarrow (\mathrm{GPS}_a, K_{ab})}{A | \equiv K_{ab}} \qquad (5-6)$$

根据增加的用户物理位置的应用，有效地识别消息来源的可靠性，让接收的主体 A 相信会话密钥。在 Message 3 中要求主体 B 访问票据中的消息，那么要先证明 B 相信会话密钥是安全的。会话密钥在 B 所接收到的票据中，所以由此票据开始证明，证明过程如下：

由"非此首发"标识得出：

$$B \triangleleft * (\{N_s, *GPS_b, K_{ab}, A\} K_{bs}) \tag{5-7}$$

根据新鲜性规则 R_5 得出：

$$\frac{B \mid\equiv \sharp(N_s), B \ni K_{bs}}{B \mid\equiv \sharp(\{N_s, GPS_b, K_{ab}, A\} K_{bs})} \tag{5-8}$$

根据识别规则 R_7 得出：

$$\frac{B \mid\equiv \phi(GPS_b), B \ni K_{bs}}{B \mid\equiv \phi(\{N_s, GPS_b, K_{ab}, A\} K_{bs})} \tag{5-9}$$

根据消息解释规则 R_8 得出：

$$\frac{(5-7), B \ni K_{bs}, B \mid\equiv B \overset{K_{bs}}{\leftrightarrow} S, (5-9), (5-8)}{B \mid\equiv S \sim (\{N_s, GPS_b, K_{ab}, A\} K_{bs})} \tag{5-10}$$

根据消息解释规则 R_9 得出：

$$\frac{(5-10), (5-8)}{B \mid\equiv S \sim (\{N_s, GPS_b, K_{ab}, A\} K_{bs})} \tag{5-11}$$

将 M -管辖规则应用其中，得到：

$$\frac{(5-11), B \mid\equiv \phi(GPS_b), B \mid\equiv S \Rightarrow (GPS_b, K_{ab})}{B \mid\equiv K_{ab}} \tag{5-12}$$

如果主体 B 相信 K_{ab} 安全，那么就可以解开票据，证实发送对象是否为自己所期望的，然后产生新的随机数，用会话密钥加密后发送给对方，双方就能相互证明自己的身份，达到认证目的后再进行通信。

Kerberos * 协议形式化分析与 Abdelmajid 运用改进 BAN 逻辑对 N-Kerberos 协议的分析进行对比有几大优势。从改进协议来看，Kerberos * 对用户物理位置这一新因素的有效利用很好地防止了重放攻击，而 N-Kerberos 虽然添加了此因素，但没有发挥作用；从推理逻辑来看，改进 GNY 逻辑比改进 BAN 逻辑更加适合改进协议的分析和证明，改进 GNY 逻辑中新引进的可识别性很好地应用到协议中；从证明过程来看，改进 GNY 证明过程比改进 BAN 逻辑更详细，让接收消息的主体相信 S 拥有此消息，比改进 BAN 逻辑证明过程更加严密。

5.4.3　使用 SVO 逻辑分析改进 Otway-Rees 协议

Otway 和 Rees 于 1987 年提出了一个简单且容易实现的基于共享密钥的 Otway-Rees 认证协议，这个协议用少量的消息提供了较好的及时性，并且它并未使用同步时钟。该协议描述如下：

> Message 1. $A \rightarrow B: M, A, B, \{N_a, M, A, B\}_{K_{as}}$;
>
> Message 2. $B \rightarrow S: M, A, B, \{N_a, M, A, B\}_{K_{as}}, \{N_b, M, A, B\}_{K_{bs}}$;
>
> Message 3. $S \rightarrow B: M, \{N_a, K_{ab}\}_{K_{as}}, \{N_b, K_{ab}\}_{K_{bs}}$;
>
> Message 4. $B \rightarrow A: M, \{N_a, K_{ab}\}_{K_{as}}$。

Otway-Rees 认证协议存在很多不足之处，具体如下：

第一，A 生成了两个临时值 N_a 和 N_c（将 M、A、B 合并成了 N_c），然而应用 N_a 和应用 N_c 进行校验的效果是一样的，因此 N_c 可以省略，减少协议中加密元素的数量。

第二，在 Message 2 中，N_b 无须加密，从而进一步减少协议中加密元素的数量。

第三，主体 A 相对主体 B 来说地位较为占优，因为 A 可以将 B 发送过来的临时值与自己的相对照，这使 A 能推断出存在 B，且 B 刚刚发送了消息。

第四，针对该协议的一个攻击方法：攻击者利用 Message 3 中的两个密钥块是分开到达的，从而通过两个并行的会话，使协议双方被蒙蔽，尽管得到了会话密钥，但却不是同一个，导致了协议的失效。

针对上面提到的该协议的不足，改进的协议描述如下：

> Message 11 ∗ . $A \rightarrow B$: A, B, N_a ;
>
> Message 22. $B \rightarrow S$: A, B, N_a, N_b ;
>
> Message 33. $S \rightarrow B$: $\{N_a, A, B, K_{ab}, \{N_a, A, B, K_{ab}\}_{K_{as}}\}_{K_{as}}, \{N_b, A, B, K_{ab}\}_{K_{bs}}$;
>
> Message 44. $B \rightarrow A$: $\{N_a, A, B, K_{ab}, \{N_a, A, B, K_{ab}\}_{K_{as}}\}_{K_{as}}$ 。

为了分析该协议，首先给出以下已知条件：

$$A \models A \overset{K_{as}}{\leftrightarrow} S,\ B \models B \overset{K_{bs}}{\leftrightarrow} S,\ S \models A \overset{K_{as}}{\leftrightarrow} S,\ S \models B \overset{K_{bs}}{\leftrightarrow} S,\ S \models A \overset{K_{ab}}{\leftrightarrow} B \quad \text{（第一组）}$$

$$A \models (S \Rightarrow A \overset{K_{ab}}{\leftrightarrow} B),\ B \models (S \Rightarrow A \overset{K_{ab}}{\leftrightarrow} B),$$

$$A \models (S \Rightarrow (B \mid\sim X)),\ B \models (S \Rightarrow (A \mid\sim X)) \quad \text{（第二组）}$$

$$A \models \sharp(N_a),\ B \models \sharp(N_b),\ A \models \sharp(N_c) \quad \text{（第三组）}$$

第一组的前四个条件是关于主体和认证服务器间的共享密钥，而第五个条件是为了说明认证服务器知道两主体共享的密钥；第二组条件表明主体信任服务器是生成的安全的会话密钥；第三组条件说明主体相信生成的临时值是新鲜的。

改进的 Otway-Rees 认证协议的安全目标可以形式化的归纳为：

$$G_1 \quad A \models A \overset{K_{ab}}{\leftrightarrow} B$$

$$G_2 \quad B \models A \overset{K_{ab}}{\leftrightarrow} B$$

具体推导过程如下：

由 Message 33 可得：

$$B \triangleleft \{N_b, A, B, A \overset{K_{ab}}{\leftrightarrow} B\}_{K_{bs}} \tag{5-13}$$

通过式(5-13)、已知条件 $B \models B \overset{K_{bs}}{\leftrightarrow} S$ 以及消息含义规则 M_1，可得：

$$B \models S \mid\sim (N_b, A, B, A \overset{K_{ab}}{\leftrightarrow} B) \tag{5-14}$$

通过已知条件 $B \models \sharp(N_b)$、新鲜性规则 F_1 以及 Nec 规则，可得：

$$B \models \sharp(N_b, A, B, A \overset{K_{ab}}{\leftrightarrow} B) \tag{5-15}$$

通过式(5-14)、式(5-15)和临时值验证规则 N_1，可得：

$$B| \equiv S| \equiv (N_b, A, B, A \overset{K_{ab}}{\leftrightarrow} B) \tag{5-16}$$

通过式(5-16)以及信任规则 B_1，可得：

$$B| \equiv S| \equiv A \overset{K_{ab}}{\leftrightarrow} B \tag{5-17}$$

通过式(5-17)、初始假设 $B| \equiv (S| \Rightarrow A \overset{K_{ab}}{\leftrightarrow} B)$ 以及管辖权规则 J_1，可得 $B| \equiv A \overset{K_{ab}}{\leftrightarrow} B$，证明了安全目标 G_2。

由 Message 44 可得：

$$A \triangleleft \{N_a, A, B, A \overset{K_{ab}}{\leftrightarrow} B\}_{K_{as}} \tag{5-18}$$

通过式(5-18)、已知条件 $A| \equiv A \overset{K_{as}}{\leftrightarrow} S$ 以及消息含义规则 M_1，可得：

$$A| \equiv S| \sim (N_a, A, B, A \overset{K_{ab}}{\leftrightarrow} B) \tag{5-19}$$

通过已知条件 $A| \equiv \sharp(N_a)$、新鲜性规则 F_1 以及 Nec 规则，可得：

$$A | \equiv \ \sharp(N_a, A, B, A \overset{K_{ab}}{\leftrightarrow} B) \tag{5-20}$$

通过式(5-19)、式(5-20)和临时值验证规则 N_1，可得：

$$A | \equiv S| \equiv (N_a, A, B, A \overset{K_{ab}}{\leftrightarrow} B) \tag{5-21}$$

通过式(5-21)以及信任规则 B_1，可得：

$$A | \equiv S| \equiv A \overset{K_{ab}}{\leftrightarrow} B \tag{5-22}$$

通过式(5-22)、初始假设 $A| \equiv (S| \Rightarrow A \overset{K_{ab}}{\leftrightarrow} B)$ 以及管辖权规则 J_1，可得 $A| \equiv A \overset{K_{ab}}{\leftrightarrow} B$，证明了安全目标 G_1。

本 章 小 结

本章深入探讨了基于演绎推理的形式化安全方法，介绍了 BAN 逻辑、GNY 逻辑、SVO 逻辑等重要概念，并通过实例分析，加深了对演绎推理的理解和。这些方法可以有效地分析和评估系统的安全性，并提出相应的防御策略。

首先，介绍了 BAN 逻辑的基本概念和原理。BAN 逻辑是一种基于布尔代数的数学逻辑系统，可以用于描述和分析计算机程序的行为和性质。使用 BAN 逻辑可以对程序进行精确的控制和分析，从而提高系统的安全性。

其次，详细讨论了 GNY 逻辑基本概念和原理。GNY 逻辑是一种基于模式匹配的逻辑系统，可以用于检测和预防恶意代码的攻击。使用 GNY 逻辑可以识别出潜在的漏洞和攻击模式，并采取相应的措施来保护系统的安全。

再次，探讨了 SVO 逻辑的基本概念和原理。SVO 逻辑是一种基于符号值的推理系统，可以用于分析和解决复杂的安全问题。使用 SVO 逻辑可以对系统中的安全状态进行建模和推理，从而找到最优的安全策略。

最后，基于前面介绍的三个常用的形式化逻辑，实例演绎了三个协议的推理。通过对这些实例的分析，读者可以更好地理解演绎推理的原理和优势，学会如何运用演绎推理来分析、验证协议，并解决实际问题。

总之，基于演绎推理的形式化安全方法是解决计算机安全问题的重要手段之一。运用BAN 逻辑、GNY 逻辑、SVO 逻辑可以更好地理解和评估系统的安全性，并提出相应的防御策略。未来的研究和应用还需要进一步探索和发展这些方法，以应对日益复杂和多变的安全威胁。

本 章 习 题

1. 为什么 BAN 逻辑不能验证秘密性？

2. 应用 BAN 逻辑分析 Yahalom 协议。

3. BAN 逻辑存在哪些缺陷？对应的有哪些解决方案？

4. GNY 逻辑适用于分析什么协议？

5. 应用 SVO 逻辑如何分析非否认协议？

6. SVO 逻辑存在哪些缺陷？

7. 选择一种 BAN 类逻辑（包括 GNY 逻辑、AT 逻辑、VO 逻辑、SVO 逻辑），分析以下三步协议存在什么安全缺陷，并提出相应的改进方案。

$$A \rightarrow B：\{r_A, ID_B\}$$
$$A \rightarrow B：\{r_B, ID_A, r_A\}$$
$$A \rightarrow B：\{r_B\}$$

其中，r_A、r_B 分别为主体 A、B 产生的随机数；ID_A 和 ID_B 为相应的主体标识。

8. 使用 BAN 逻辑分析 Needham-Schroeder 单钥认证协议。

9. **扩展学习**：AT 逻辑。以 Yahalom 协议为例，说明 AT 逻辑比 BAN 逻辑的优越之处。

10. **扩展学习**：VO 逻辑。说明 VO 逻辑在 AT 逻辑之上做了哪些改进，它与 SVO 逻辑有什么区别。

第 6 章　基于自动机模型的形式化安全方法

基于自动机模型的形式化安全方法可以用于验证计算机系统或协议的安全性，通过建立数学模型来形式化描述所涉及的安全属性和威胁模型，进而应用自动机模型来检查系统或协议是否满足所定义的安全属性。这种方法的核心是建立状态机模型，包括有限状态机（Finite-State Machine，FSM）和进程通信自动机（Process Communication Automata，PCA）。状态机模型使用有限图来描述系统或协议的所有可能状态。上面提到的安全属性是描述系统或协议所需的性质，如机密性、完整性和可用性，威胁模型则是描述可能的攻击方式和攻击者的资源和能力等因素。

形式化安全方法的基本流程包括以下三个主要内容：

（1）**系统建模**：构造合适的模型 M 来描述系统 S 及其行为模式。

（2）**形式规约**：使用形式化语言定义系统 S 必须满足的安全属性 φ。

（3）**形式验证**：使用自动机模型来执行前两步中所定义的安全属性和威胁模型，证明模型 M 确实满足形式规约 φ。

这种方法可以在设计或实现计算机系统或协议的早期阶段发现安全风险，减少安全漏洞对系统造成的损失。

6.1　FSM 模型

有限状态机（Finite-State Machine，FSM）或有限状态自动机（Finite-State Automaton，FSA）是一种计算的数学模型。它是一个抽象的机器，在任何时候都可以准确地处于有限数量的状态中的某一状态。FSM 可以根据输入从一个状态变为另一个状态，从一个状态到另一个状态的变化被称为转换（transition）。FSM 可以由其状态列表、初始状态以及触发每个转换的输入来定义。

状态机的行为可以在许多设备中观察到，这些设备根据它们所遇到的一系列事件，执行预先确定的动作。简单的例子有：自动售货机，当投下适当的硬币组合时会发放产品；电梯，其停靠顺序由乘客要求的楼层决定；交通灯，当汽车在等待时改变顺序；密码锁，需要按适当的顺序输入一串数字。

如图 6-1 所示，可以用分层的形式来划分自动机的类别，包括有限状态机、下推自动机和图灵机。其中，有限状态机是最简单的自动机，图灵机是最复杂的。图灵机是有限状态机，但有限状态机不一定是图灵机。

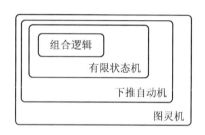

图 6-1　自动机理论

(1) **有限状态机**。可以非形式化地将有限状态机理解为基于某个固定字母表的输入字符串，在状态之间进行转换的一组状态，其中存在一个起始状态和一组接受状态。机器接受一个字符串，如果机器处理该字符串，就结束接受状态。有限状态机的简单性限制了其计算能力。可以证明，有限状态机可以识别的语言恰好是正则语言，即可以用正则表达式表示的语言。

(2) **下推自动机**。下推自动机是通过添加栈扩展的有限状态机。它提供了更多的计算能力，因为堆栈允许无限的内存量。因此，下推自动机可以识别比有限状态机更多的语言。

(3) **图灵机**。图灵机代表了一种通用的计算模型。非形式化的图灵机（Turing Machine，TM）由一个有限的控件、一个无限长的磁带（可能在两个方向上移动）、一个可以在磁带上读写符号并左右移动的读写头组成。

6.1.1　图灵机与系统状态机

图灵机是数学家艾伦·麦席森·图灵在 1936 年想到的一种假想机器。目前，图灵机被认为是可计算性和(理论)计算机科学的基础模型之一。尽管它很简单，但该机器可以模拟任何计算机算法，无论它有多复杂。

在图灵的原始定义中，图灵机是一种能够进行有限配置的机器，配置即机器的状态。该机器拥有一个单向的、无限的一维磁带，被分成若干个方块，每个方块正好能携带一个符号。在任何时候，该机器都在扫描一个方格的内容，这个方格或者是空白的(□)或者包含一个符号。

如图 6-2 所示，图灵机 M 的磁带在两个方向上都是无限的。输入的字符串写在磁带上，每个方块中都有一个字符，在 M 启动之前，磁带的所有其他方格初始为空白(□)。M 的行为只定义在具有以下性质的输入字符串上：

- 有限长；
- 只包含 M 输入字母表中字母的字符串。

M 有单个读写磁头，图 6-2 中用箭头表示。通常采用这样的约定，即当 M 启动时，读写磁头会在输入的最左边字符的左边空格上。但有时候，当设计一台机器作为其他机器的子程序时，可能会选择不同的初始配置。

M 开始于其起始状态。在每一步操作中，M 必须：选择下一个状态；写在当前的方块上；将读写磁头左移或右移一个方块。

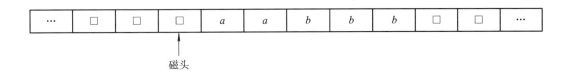

图 6-2　图灵机结构

M 可以在磁带上前后移动，因此不再有一次一个地消耗它的所有输入字符然后停止的情况。M 将继续执行，直到达到一种特殊状态，称为停止状态。有可能 M 永远不会达到停止状态，在这种情况下它将永远执行。

图 6-2 是对图灵机的一个非常简单的表示。它由一盘无限长的磁带组成，其作用类似于典型计算机中的存储器，或任何其他形式的数据存储。磁带上的方块在开始时通常是空白的，可以写上符号。在这种情况下，机器只能处理符号 0 和 1 以及" "（空白），因此可以说是一台 3 符号的图灵机。在任何时候，机器都有一个磁头，它被放置在磁带上的一个方格中。通过磁头，机器可以进行三个非常基本的操作：

（1）读取磁头下方块上的符号；

（2）通过写一个新的符号或擦除它来编辑符号；

（3）将磁带向左或向右移动一个方格，这样机器就可以读取和编辑相邻方格上的符号。

"磁带"和"读写"是为了帮助直观理解图灵机，在需要对图灵机进行形式化分析的情况下，用数学术语来阐述机器和程序的定义更合适。从形式上看，一台图灵机可以被指定为一个六元组 $T=(Q,\Sigma,\Gamma,s,\delta,F)$，其中：

- Q 为状态 q 的有限集合；
- Σ 为输入符号的有限集合；
- Γ 为磁带字母表，至少包含"空"和 Σ 所含字母作为子集；
- s 为初始状态，$s\in Q$；
- δ 为状态转移函数，决定了下一步行动，$\delta:(Q\times\Sigma)\rightarrow(\Sigma\times\{L,R\}\times Q)$，$L$、$R$ 为机器行动方向；
- F 为停止状态集。

状态转移函数将状态机 T 从一个计算状态变为另一个计算状态。假如 $\delta(q_i,S_j)=(S_{i,j},D,q_{i,j})$，那么当机器状态是 q_i，且读入了符号 S_j，T 用 $S_{i,j}$ 代替 S_j，按照方向 $D=\{L,R\}$ 行动并变为状态 $q_{i,j}$。

下面给出一个图灵机设计的例子：集合 L 包含一些字符串，这些字符串仅由字母 a、b 组成，且 a 的数目大于 b 的数目，即 $L=\{a^i b^j\,|\,0\leqslant j\leqslant i\}$，设计一个图灵机，将 L 中的一个字符串作为输入，并根据需要添加 b，使得 b 的个数等于 a 的个数。

图灵机 M 的输入如图 6-3 所示。在该输入下，输出（M 停止时磁带的内容）如图 6-4 所示。

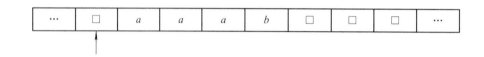

图 6-3　图灵机 M 的输入

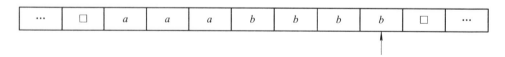

图 6-4　图灵机 M 停止后磁带的内容

M 将按照下面的内容行动：

(1) 向右挪动一个方块，若遇到□（"null"）则停止，否则继续。

(2) 循环：{

① 将"a"用"$\$$"标记。

② 向右移动直到遇到第一个"b"或"null"。

  a. 如果遇到 b，将其用"#"标记，然后准备返回寻找下一对 a、b。

  b. 如果遇到 null，说明没有更多的 b 来匹配 a。因此，需要在磁带上写入另一个 b，这个 b 也应当用"#"标记来指明它不能再与另一个 a 匹配。因此，可以直接在磁带写入"#"，然后准备返回寻找剩下的未标记的 a。

③ 向左移动寻找 a 或 null，如果是 a，回到循环的起点重复运行。如果是 null，说明所有的 a 已经得到匹配，结束循环。

  }

(3) 在磁带的非空区域内，从左到右，将每个 $\$$ 换成 a，将每个 # 换成 b，做最后一遍。

(4) 停止。

图灵机 $M = (Q, \Sigma, \Gamma, s, \delta, F)$ 可以表示为 $M = \{\{1,2,3,4,5,6\}, \{a,b\},$ $\{a, b, "null", \$, \#\}, 1, \delta, \{6\}\}$。

图灵机按照上面的步骤运行，状态转移关系 δ 可以表示为$(((1,\square),(2,\square,->)),$ $((1,a),(2,\square,->)), ((1,b),(2,\square,->)), ((1,\$),(2,\square,->)), ((1,\#),(2,\square,->)),$ $((2,\square),(6,\$,->)), ((2,a),(3,\$,->)), ((2,b),(3,\$,->)), ((2,\$),(3,\$,->)),$ $((2,\#),(3,\$,->)), ((3,\square),(4,\#,<-)), ((3,a),(3,a,->)), ((3,b),(4,\#,<-)),$ $((3,\$),(3,\$,->)), ((3,\#),(3,\#,->)),((4,\square),(5,\square,->)), ((4,a),(3,\$,->)),$ $((4,\$),(4,\$,<-)), ((4,\#),(4,\#,<-)),((5,\square),(6,\square,<-)), ((5,\$),(5,a,->)),$ $((5,\#),(5,b,->)))$。

虽然图灵机可以自动完成任意复杂的运算，但是，它也有不足之处：

- 定义的一系列规则只适合一种数学运算，图灵机的规则复杂且使用范围单一；
- 不能保存运算中间结果；
- 完美的图灵机其实是无法实现的，因为无法提供真正无限长的磁带。

在形式化安全方法中，有限状态机通常用于建模具有有限状态的系统，而图灵机则提供了一个理论上更强大的计算模型。有限状态机在更广泛的自动机理论领域被研究。

6.1.2　有限自动机的定义及分类

最早考虑有限状态机概念的人是一组生物学家、心理学家、数学家、工程师和第一批计算机科学家。他们都有一个共同的兴趣：无论是在大脑中还是在计算机中，对人类的思维过程进行建模。1943 年，神经生理学家沃伦・麦卡洛克和沃尔特・皮茨率先提出了有限自动机的描述。他们的论文《神经活动中的逻辑演算》对神经网络理论、自动机理论、计算理论和控制论的研究作出了重大贡献。随后，两位计算机科学家 G. H. Mealy 和 E. F. Moore 分别在 1955～1956 年发表的论文中把这一理论推广到更强大的机器上，后来人们分别将其命名为 Mealy 机和 Moore 机来表彰他们的工作。

有限状态自动机可以对每个输入字符作识别和判断，以确定能够到达的最终状态或状态集合与路径。有限状态机可分为两类，即确定有限状态自动机和非确定有限状态自动机。

定义 6 - 1　确定有限状态自动机（Deterministic Finite Automaton，DFA）是一个五元组 (Σ,Q,q_0,δ,F)，其中：

- Σ 为输入字母表（非空有限符号集）；
- Q 为非空有限状态集；
- $q_0 \in Q$ 为初始状态；
- δ 为状态转移函数，$\delta:Q \times \Sigma \to Q$；
- $F \subseteq Q$ 为最终状态集。

对于每一个 Σ 中的输入符号，都必须有一个转移函数。

例 6 - 1　图 6 - 5 为一个简单的 DFA 表示。其中，$Q=\{S_1,S_2\}$，$\Sigma=\{0,1\}$，$q_0=S_1$，$F=S_1$，δ 可以用表 6 - 1 描述。

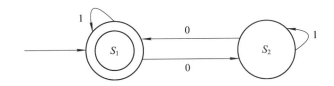

图 6 - 5　一个简单的 DFA 表示

表 6 - 1　例 6 - 1 的状态转移函数

当前状态	输入符号	下一状态
S_1	1	S_1
S_1	0	S_2
S_2	1	S_2
S_2	0	S_1

对于某个语言 L，怎么设计接受 L 的 DFA？

例 6-2　画出一个 DFA，输入字母表 $\Sigma = \{a, b\}$，只有以 abb 结尾的字符串才能被 DFA 接受。

输入字母表 $\Sigma = \{a, b\}$，状态 $Q = \{0, 1, 2, 3\}$，初始状态为 0，接受状态 $F = \{3\}$。

状态转移函数 δ 可以用表 6-1 表示。

表 6-2　例 6-2 的状态转移函数

当前状态	a	b
0	1	0
1	1	2
2	1	3
3	1	0

以 abb 结尾的字符串的 DFA 如图 6-6 所示。

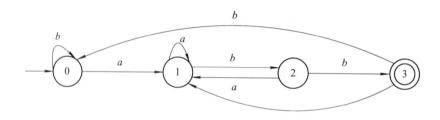

图 6-6　以 abb 结尾的字符串的 DFA

例 6-3（不出现字串）　设 L 是不包含"abb"的字符串集合，$L = \{w \in \{a, b\}* \mid w$ 不包含子串 $aab\}$，设计一个 DFA 使其只接受 L。

可以设计一个寻找子串 aab 的 FSM，因此在建立接受 L 的机器时，可以先建立接受 $\neg L$（即寻找 abb）的机器，然后将 q_0、q_1、q_2 变为接受状态（双圈），q_3 变为不接受状态。以 aab 结尾的字符串的 DFA 如图 6-7 所示。

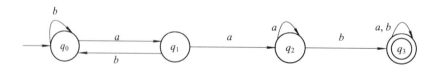

图 6-7　以 aab 结尾的字符串的 DFA

有时 DFA 模型的实用性并不像形式上那么强。有些正则语言看起来简单，但 DFA 非常复杂。

例 6-4　设 $\Sigma = \{a, b, c, d\}$，$L_{\text{Missing}} = \{w \mid w$ 缺少 Σ 中的部分符号$\}$，接受 L_{Missing} 的 DFA 需要下列状态：

开始状态：所有字母都缺。

 读取第一个字符后，M 可能为

    读取 a，缺 b、c、d

    读取 b，缺 a、c、d

    读取 c，缺 a、b、d

    读取 d，缺 a、b、c

 读取第二个字符后，M 可能还是上述状态（读取了相同的字母），也可能变为

    读取 a 和 b，缺 c、d

    读取 a 和 c，缺 b、d

    ……（共六种情形）

 读取第三个字符后，M 可能还是上述状态（读取了相同的字母），也可能变为

    读取 a、b、c，缺 d

    读取 a、b、d，缺 c

    读取 a、c、d，缺 b

    读取 b、c、d，缺 a

 读取第四个字符后，M 可能还是上述状态（读取了相同的字母），也可能变为四个字母都读取到了。

除了最后一个状态，每个状态都可以接受，DFA 虽然可以写出来，但很复杂。若 Σ 包含 26 个字母，则更加复杂，容易出错，这种情况下 DFA 就不再适用。

为了解决构建缺少字母的 FSM 时存在的问题，可以修改 FSM 定义，使其允许非确定性的存在。

定义 6 - 2　非确定有限状态自动机（Nondeterministic Finite Automata，NFA）也可以用五元组 (S,Σ,δ,s_0,F) 描述，其中：

- S 为有限状态集；
- Σ 为输入字母表（非空有限符号集）；
- δ 为状态转移函数，$\delta:S \times \Sigma \rightarrow S$；
- $s_0 \in S$ 为初始状态；
- F 为最终状态集。

在每个配置中，DFA 精确进行一个动作，与 DFA 不同，NFA 中 δ 可以是任意关系（也可能不是函数），同一符号在同一状态下可以有多种状态转移函数，因此 NFA 不一定可以精确进行下一个动作。此外，NFA 可以使用空转换，其表示方法是 ε。空转换允许机器从一个状态跳到另一个状态，而不需要读取符号。

NFA 可以用图 6 - 8 表示。若存在一条与字符串 x 兼容的、以接受状态结束的路径，则 NFA 接受字符串 x。在图 6 - 8 中，NFA 接受以"01"结尾的即能到达状态 q_2 的字符串。

对于确定性的和非确定性的 FSM 来说，传统的做法是允许 δ 是一个局部函数，即 $\delta(s,x)$ 不一定要为 $s \in S$ 和 $x \in \Sigma$ 的每个组合都定义。如果一个 FSM M 处于 s 状态，下一个符号

是 x，并且 $\delta(s,x)$ 没有被定义，那么 M 可以宣布一个错误（即拒绝输入）。这在一般状态机的定义中很有用，但在转换机器时就不那么有用了。一些算法在其默认形式下可能需要总函数。

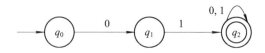

图 6-8 NFA 示意图

例 6-5（缺失字母） 设 $\Sigma = \{a,b,c,d\}$，$L_{\text{Missing}} = \{w \mid w$ 缺少 Σ 中的部分符号$\}$，画出接受 L_{Missing} 的 NFA。

字符串中缺少 a、b、c、d 中至少一个字母的 NFA 如图 6-9 所示。

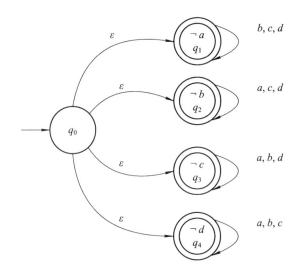

图 6-9 字符串中缺少 a、b、c、d 中至少一个字母的 NFA

前面用有限状态机作为语言识别器，在分析机器 M 时，需要关心的是 M 最终是否处于接受状态。可以改进有限状态机，使机器的每一步操作都有输出，这样就不需关心 M 是否实际接受任何字符串。许多有限状态变换器是永久运行的循环，处理输入。Mealy 机和 Moore 机就是这样的机器。

一个有限状态转换器（finite-state transducer）是具有两个"磁带"的 FSM，可以将其理解为一种"翻译机器"，从一个磁带中读取，然后写入另一个磁带。有限状态转换器将每个状态关联到一个输出。它是一个六元组 $(\Sigma, \Gamma, S, s_0, \delta, \omega)$，其中：

- Σ 为输入字母表（非空有限符号集合）；
- Γ 为输出字母表（非空有限符号集合）；
- S 为非空有限状态集合；
- $s_0 \in S$ 为初始状态；
- δ 为状态转移函数，$\delta: S \times \Sigma \rightarrow S$；
- ω 为输出函数。

Mealy 机通过当前状态和输入确定其输出，而 Moore 机的输出仅基于当前状态。它们的机器模型结构分别如图 6-10 和图 6-11 所示。

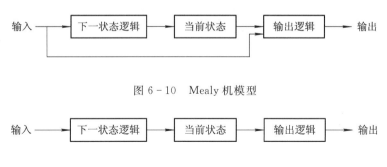

图 6-10　Mealy 机模型

图 6-11　Moore 机模型

定义 6-3　Mealy 机可以表示为六元组 $M=(S,\Sigma,\Delta,\delta,\Lambda,s_0)$，其中：

- S 为有限状态集；
- Σ 为输入字母表（非空有限符号集）；
- Δ 为输出字母表（非空有限符号集）；
- δ 为状态转移函数，$\delta:S\times\Sigma\to S$；
- Λ 为输出函数，$\Lambda:S\times\Sigma\to\Delta$（输出与状态和输入有关）；
- $s_0\in S$ 为初始状态。

一个输出同时反映当前状态和当前输入的 FSM 被称为 Mealy 机。由于 Mealy 机的输出不仅仅是状态的函数，Mealy 机状态图的边常常注释有输出值以及输入标准，图 6-12 是一个 Mealy 状态机的简单例子，该状态图包括三个状态，即 S_1、S_2 和 S_3。这三个状态被标记在圆圈内，这三个状态之间的转换是由有向线表示的。有向线上"/"左边表示输入，右边表示输出。在本例中根据输入值的不同（0 或 1），每个状态都有两个转换。

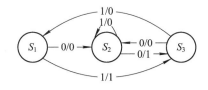

图 6-12　Mealy 机：输出表示在迁移上

注意：与大多数的时钟设备不同，Mealy 机的输入和输出端之间可能有组合路径。这种路径使 Mealy 机作为组件的使用变得复杂，因为连接输入和输出的组合逻辑可能会引入一个禁止的组合循环。

定义 6-4　Moore 机也可以用六元组 $M=(S,\Sigma,\Delta,\delta,\Lambda,s_0)$ 表示，其中：

- S 为有限状态集；
- Σ 为输入字母表（非空有限符号集）；
- Δ 为输出字母表（非空有限符号集）；
- δ 为状态转移函数，$\delta:S\times\Sigma\to S$；

- Λ 为输出函数，$\Lambda: S \rightarrow \Delta$（输出仅与状态有关）；
- $s_0 \in S$ 为初始状态。

Moore 机的输出值只反映当前状态，其状态转移图中通常将输出值标注在状态内，用输入组合标注转换，如图 6-13 所示。

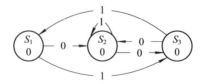

图 6-13　Moore 机：输出表示在状态中

例 6-6　为序列 011 设计一个简单的序列检测器。其中，包括三个输出，表明在正确的序列中收到了多少比特。例如，每个输出可以连接到一个 LED。

（1）画出 Moore 状态图，然后分配二进制状态标识符，如图 6-14 所示（注：A 是初始状态）。

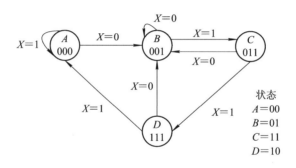

图 6-14　011 序列检测 Moore 图

（2）制作下一状态的真值表（$A=00$，$B=01$，$C=11$，$D=10$），如表 6-3 所示。

表 6-3　例 6-6 的真值表

状态	X	O_2	O_1	O_0	下一状态
A	0	0	0	0	B
A	1	0	0	0	A
B	0	0	0	1	B
B	1	0	0	1	C
D	0	1	1	1	B
D	1	1	1	1	A
C	0	0	1	1	B
C	1	0	1	1	D

表 6-4 列出了 Mealy 机和 Moore 机的对比。

表 6 - 4　**Mealy 机和 Moore 机的对比**

Mealy 机	Moore 机
输出受到信息变化的影响	输出不受信息变化的影响
实现相同的功能需要状态较少	实现相同的功能需要状态更多
输出是当前状态以及当前输入的函数	输出仅是当前状态的函数
Mealy 机对变化反应迅速	对输出进行解码需要更多的逻辑，从而导致更长的电路延迟。它们通常在一个时钟周期后作出反应
如果外部输入变化，输出可以在时钟边沿之间改变	只有在活动时钟边沿时，输出才会改变
输出被设置在转移上	输出被设置为状态

6.1.3　自动机模型的扩展

当状态数较多时，FSM 的符号会变得不容易使用。扩展有限状态机(Extended Finite-state Machine，EFSM)解决了这个问题，它用变量增强了 FSM 模型。

在传统的有限状态机中，转移与一组输入布尔条件和一组输出布尔函数有关。在扩展有限状态机模型中，转移可以由一组触发条件组成的"if 语句"来表达。如果触发条件全部满足，转移就被触发，将机器从当前状态带到下一个状态，并执行指定的数据操作。EFSM 模型扩展了经典的(Mealy)有限状态机模型，包括输入输出参数、上下文变量、操作(或更新函数)以及定义在上下文变量和输入参数上的谓词(或保护 guard)。EFSM 模型被用作许多流行的规范技术的基础模型，如 UML、SDL 和 Statecharts。

定义 6 - 5　扩展有限状态机可以定义为 $M=(S,\Sigma_1,\Sigma_2,I,O,V,\Lambda,S_0)$，其中：
- $S\neq\varnothing$ 为状态的有限集合，状态可以是简单的(原子的)或复合的；
- Σ_1 为事件的有限集合；
- Σ_2 为动作的有限集合；
- I 为状态机的输入集合；
- O 为状态机的输出集合；
- V 为状态变量的集合，每个变量 $x\in V$ 都是一个全局变量，在每个状态 $q\in S$ 时都可以访问；
- Λ 为转移的有限集合，一个转移 $\lambda\in\Lambda$ 是 $q\xrightarrow{e[g]/a}q'$，其中，$e\in\Sigma_1$，g 为条件(condition)，称为"guard"，guard 必须只包含定义在状态 q 的常量或变量，$a\in\Sigma_2$ 为动作，一个动作要么是机器内部的或者是一个共享的动作，可以被声明性地指定，如作为一个谓词，一个以上的动作可以被指定为谓词的组合，或者只是在括号{…}内列出它们；
- $s_0\in S$ 为初始状态。

例 6 - 7　下面通过一个简单的例子来说明 EFSM 的概念以及它是如何操作的。考虑图 6 - 15 中给出的 EFSM M_1，状态集 $S=\{1,2\}$，输入 a 和 b，即 $I=\{a,b\}$，其中 b 是非参数化的，输入 a 是用值为 $a.i$ 的整数参数化的，输出 $O=\{0,1\}$，上下文变量 $V=\{z\}$，在本

例中认为 D_V（变量 z 的定义域）是非负整数集。这台机器有四个转移。例如，$t_1=(1,a,1\leqslant$ $a.i\leqslant4,0,z:=z+1,2)$，初始状态和最终状态分别是状态 1 和 2，保护（谓词）是 $1\leqslant a.i\leqslant$ 4，变量更新是 $z:=z+1$。机器有一个带有保护 even(z) 的转换，如果上下文变量 z 的值是偶数，该转换为 1(True)；否则，保护 even(z) 为 0(False)。另一个转移有保护 odd(z)，如果 z 是奇数，它等于 1；否则，谓词等于 0。

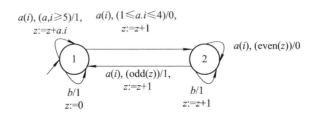

图 6-15　扩展有限状态机 M_1

如果 $(1,z=0)$ 是 EFSM 的当前配置，且机器受到参数化输入 $a(i)$，那么机器检查状态 1 的输出转换谓词在输入 $a(i)$ 条件下是否满足当前配置。如果收到的 $a.i=3$，那么机器检查转移 1 的谓词 $1\leqslant a.i\leqslant4$ 和转移 2 的谓词 $a.i\geqslant5$。由于 $1\leqslant a.i\leqslant4$ 成立，因此根据上下文更新函数 $z:=z+1$ 执行转移，并输出 0，机器从状态 1 变为最终状态 2。机器配置从 $(1,z=0)$ 变为 $(2,z=1)$。

6.1.4　自动机模型的应用

在计算机科学中，有限状态机被广泛用于应用行为的建模、硬件数字系统的设计、软件工程、编译器、网络协议以及计算和语言的研究。自动机模型的主要应用领域如下：

（1）**编辑器和解析器**。正则表达式引擎广泛用于文本编辑器、界面设计工具、代码分析器等软件中，用于字符串匹配和分词。自动机模型在这些应用中具有高效性和灵活性。

（2）**硬件设计**。自动机模型在数字电路设计和硬件驱动中也具有广泛的应用。自动机模型可用于状态机的描述（如序列检测、位移寄存器的控制、串行通信和协议转换等），以及建立测控系统和控制器。此外，中国科学家也在显式状态模型检测技术中成功地利用自动机模型实现了电路性质验证，这表明如今自动机模型在硬件设计中具有至关重要的角色。

（3）**通信协议**。自动机模型在通信协议领域中得到了广泛的应用，这些协议可用作传输控制协议（TCP）和用户数据协议（UDP）等。自动机模型可用于描述通信协议的状态机、事件和转移，以便于协议的建模、实现和验证。即使在复杂网络环境中，自动机模型在构建通信协议方面也保持高效性和可靠性。

（4）**安全领域**。自动机模型在安全领域有着重要的应用，用于描述密码协议的规范，以及对防范数据安全威胁的部署和响应。例如，在隐私保护中，把自动机模型应用于通信协议分析和保护方面，能够有效地支持隐私保护机制的设计和优化。

（5）**人工智能**。自动机模型在人工智能领域有着广泛的应用。自动机模型可用于描述机器学习算法，成为推荐系统、语音识别，以及自然语言处理等领域的重要研究工具。例如，在自然语言处理中，自动机模型可用于描述词法分析和语法分析的过程，同时也可用于描述含义推理等高级语义计算问题。

随着技术的进步和发展，自动机模型在各个领域中的应用不断扩大，并展示出更多的线性、并发，以及形式化分析方面的优势。本节通过几个简单例子来描述如何采用 FSM 对系统建模，FSM 的应用场景包括但不限于自动售货机、交通灯、视频游戏、文本解析、CPU 控制器、协议分析、自然语言处理、语音识别等。

例 6 - 8 设计一个自动售货机控制器的有限状态机，它可以接受面额为 5 美分（用 N 表示）、10 美分（用 D 表示）、25 美分（用 Q 表示）的硬币。当插入的货币价值等于或超过 20 美分时，机器放出物品，若需要找零，则返回响应面额，并等待下一次交易。

自动售货机的有限状态机如图 6 - 16 所示。

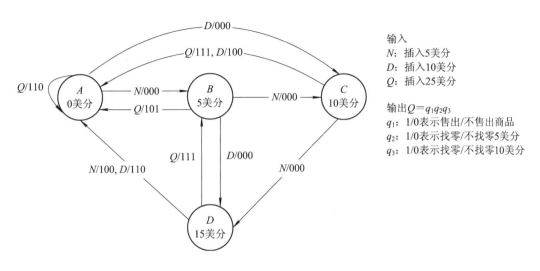

图 6 - 16 自动售货机的有限状态机

例 6 - 9 FSM 在视频游戏行业中可以用来定义某些不可玩角色（Non-Playable Character，NPC）行为，如攻击、游走或运行。例如，FSM 被用来控制吃人鬼魂的行为。他们一次只能有一种操作模式，即狩猎、追捕、死亡或等待复活。在后来更多的现代游戏中，一些模糊的逻辑被应用在 FSM 的坚实基础上，以增加一些不可预测性，使角色感觉不那么机器人和僵硬。例如，在基于隐身的动作游戏中，如不朽的"突击队员""刺客信条"，或流行的"金属齿轮"系列，每当敌人发现玩家，他就会从空闲状态过渡到警告状态。几秒钟后，如果玩家不躲在一个安全的地方，NPC 将开始主动寻找他，转换为攻击状态，图 6 - 17 为一个简单的 NPC 有限状态机。

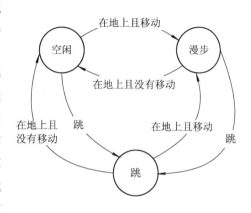

图 6 - 17 一个简单的 NPC 有限状态机

例 6-10   TCP 协议的有限状态机模型，如图 6-18 所示。

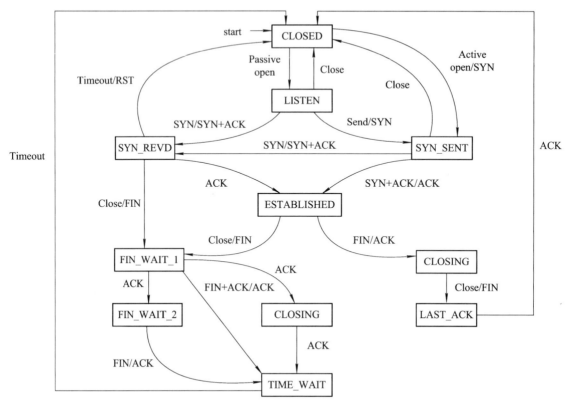

图 6-18   TCP 协议的有限状态机模型

6.2   Petri 网模型

在形式化安全方法中，Petri 网模型是一种常用的工具，用于描述和分析系统的行为和安全属性。本节将介绍 Petri 网的原理、扩展和应用，帮助读者了解其在形式化安全方法中的重要性和作用。通过学习本节内容，读者可对 Petri 网模型的原理和方法有一个全面地了解，并能够灵活运用 Petri 网模型来解决实际问题。同时，还可以掌握基于自动机模型的形式化安全方法的基本原理和应用技巧，为进一步研究和开发安全的软件系统奠定基础。

6.2.1   Petri 网的原理

Petri 网是一种集图形化与数学化于一体的建模工具，既可以通过直观的图形刻画系统结构，又可以引入数学方法对其性质进行分析。Petri 网又称为位置/变迁（Place/Transition，PT）网，是以描述资源在系统中的流动为特征的网络系统。Petri 网包含以下三类元素：

（1）**位置**：一个位置可以包含任意数量的令牌，位置元素被描绘成白色圆圈。

（2）**变迁**：变迁元素被描绘成矩形长条。令牌被描绘成黑点。若连接到变迁的所有输入位置都至少包含一个令牌，则启用变迁。令牌即网络中的资源，令牌在位置的分布代表了 Petri 网的状态，称为网络标记。

（3）**弧线**：弧线表示一种流关系。

定义 6-6　有标记的 Petri 网可以表示为五元组 $N=\langle P,T,F,W,m_0\rangle$，其中：

- P 为位置的有限集合；
- T 为变迁的有限集合，位置 P 和变迁 T 是不相交的（$P\cap T=\varnothing$）；
- $F\subseteq(P\times T)\cup(T\times P)$ 为所有位置与变迁的笛卡尔积，代表了流关系；
- $W:((P\times T)\cup(T\times P))\to\mathbb{N}$ 为弧权重映射；
- $m_0:P\to\mathbb{N}$ 为令牌初始分布的初始标记。

Petri 网系统中位置可以是空的，也可以容纳任何有限数量的令牌（tokens），令牌用黑点表示。令牌的分布被称为 Petri 网的标记，代表其状态。Petri 网的操作通过连续应用触发规则（firing rule）产生一连串的标记。在某个状态下，变迁 t 能被启用（enabled），就意味着此时可以执行变迁 t。

触发规则：如果 Petri 网中变迁的每个输入位置都至少有一个令牌，那么这个变迁就是启用的。触发一个启用的变迁意味着从它的每个输入位置移除一个令牌，并在它的每个输出位置增加一个令牌。

注意：由于 Petri 网的一个标记中可能有一个以上的变迁被启用，一般来说，该网是一个非确定性的系统，也就是说，从一个给定的初始标记开始，可能存在许多不同的触发序列。触发序列 σ 是导致 Petri 网从标记 M 经过一个或多个中间标记变迁到标记 M' 的一系列触发。在序列的每一步 M_x 处，一个启用的变迁被触发，使得标记从 M_x 变为 M_{x+1}。

例 6-11　图 6-19 为只有一个理发师的理发店的 Petri 网模型，包括一个模拟等待区的位置，顾客在那里等待理发师为他们服务，还有两个位置模拟理发师的状态，即繁忙或空闲。变迁建模了可能发生的事件：触发变迁"进入"对应于一个顾客进入理发店的等待区；变迁"服务"对应于一个顾客移动到理发师的椅子上进行服务；变迁"完成"对应于顾客在接受服务后离开理发椅，理发师变得空闲。这个理发店的模型允许任何数量的顾客进入等候区，但模型的约束条件是只有一个顾客可以占据理发椅。这个网络是一个无界的 Petri 网，因为等待处的令牌数量可以无限增加。

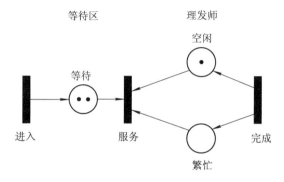

图 6-19　只有一个理发师的理发店的 Petri 网模型

例 6 - 12(升级的理发店)　图 6 - 20 为有两个理发师的理发店的 Petri 网模型。该模型现在有两个理发师，而且等待区的容量是有界的。"可用"位置是指等待区的顾客空位数量，已占用位置是指已有人占用的位置。这一补充使该模型变成一个有界 Petri 网。

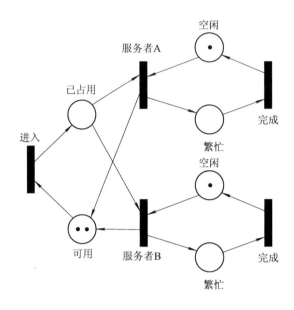

图 6 - 20　有两个理发师的理发店的 Petri 网模型

　　注意：现在由两个变迁来模拟一个顾客移动到理发椅上，这些变迁共享一个输入位置，被称为冲突。这个结构代表了在两个理发师都空闲的情况下，决定哪个理发师为下一个顾客服务的不确定性。一个不可能存在冲突的 Petri 网是确定的(determinate)，也就是说，它的行为是：尽管操作是不确定的，但是所有触发序列都是等价的。

　　有限状态机(FSM)模型是用于设计和分析开关电路和一些工程用品的著名工具，它缺乏 Petri 网提供的能力，无法以有助于研究和分析的方式捕捉系统的空间结构。图 6 - 21 的 FIFO 队列说明了这一点。通过 $2N$ 个位置和 N 个变迁，可以表示出一个长度为 N 的队列，包括队列中每个位置的占用状态。对该队列的等效 FSM 描述将有 2^N 个状态。这种差异是支持在系统设计和分析中使用 Petri 网的有力论据。

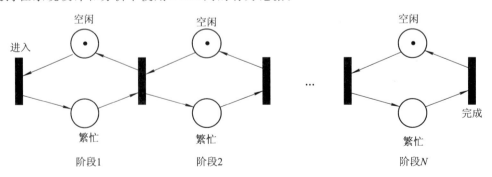

图 6 - 21　第 2 阶段被占用的先进先出队列的模型

此外，Petri 网还表现出一些有趣的特性。一个有标记的 Petri 网可能没有启用的变迁；这种情况下，称该网处于死锁状态。另外，一个 Petri 网可以有触发序列，其中某些位置的令牌数量无限制地增加（不断有顾客进入等待区）。有两个定义可将 Petri 网限制在对某些类型的现实系统建模最有用的子类中。

（1）**活性**（**liveness**）：一个有标记 M 的 Petri 网是活的，当且仅当给定的标记 M' 可以从给定的标记 M 到达，以及对于该网的任何变迁 T，存在一个从 M' 开始的触发序列，触发变迁 T。

（2）**安全性**（**safety**）：一个 Petri 网对于一个给定的标记是 N-safe 的，当且仅当从给定的标记可到达的标记在任何位置都没有超过 N 个令牌。如果一个网和标记是 1-safe 的，就被称为安全的。

6.2.2　Petri 网的扩展

Petri 网是一个有用的模型，用于分析离散事件系统，如并行处理系统、分布式系统、通信协议和顺序控制系统。研究它的结构属性和行为属性是很重要的，因为这些属性与离散系统的行为有关。一般来说，Petri 网很难检查条件（如有界性、活性、可达性），因为时间复杂度较高。目前，已提出了许多扩展的 Petri 网，因为有些情况下普通 Petri 网不能应用于某些实际系统。例如，着色 Petri 网用于由相同子系统组成的大规模系统，定时 Petri 网用于有时间的系统，随机 Petri 网和模糊 Petri 网已经被提出并进行了研究。特别是模糊 Petri 网模型是一种新型的神经网络，其中变迁作为神经元，位置作为细胞单元。这种模糊 Petri 网避免了通常神经网络的连锁爆炸，并且输出简单高效。但是，模糊 Petri 网的定义不同于一般的 Petri 网。一般来说，当使用扩展 Petri 网时，新的扩展 Petri 网的定义包含普通 Petri 网的定义是合理的，因为这样可以在它们的分析结果中使用普通 Petri 网理论。例如，无法使用普通 Petri 网理论技术（如关联矩阵法）分析模糊 Petri 网，因为模糊 Petri 网的触发规则不包括普通 Petri 网。

Petri 网有很多扩展，它们有的与原始 Petri 网完全向后兼容（如着色 Petri 网），有的在原始 Petri 网形式中添加了无法建模的属性（如时间 Petri 网）。尽管向后兼容模型并没有扩展 Petri 网的计算能力，但它们可能具有更简洁的表示，并且可能更便于建模。无法转化为 Petri 网的扩展有时非常强大，但通常缺乏可用于分析普通 Petri 网的全方位数学工具。

着色 Petri 网（Coloured Petri Nets，CPN）是一种图形化的面向系统设计、规范、仿真和验证的语言。它特别适合于通信、同步和资源共享等非常重要的系统，典型的应用领域包括通信协议、分布式系统、嵌入式系统、自动化生产系统、工作流分析和 VLSI 芯片。

定义 6 - 7　一个有标记的着色 Petri 网可以表示为六元组 $CPN = \langle P, T, C_{col}, C_{sec}, W, M_0 \rangle$，其中：

- $P = \{p_1, p_2, \cdots, p_m\}$ 为非空有限位置集合；
- $T = \{t_1, t_2, \cdots, t_n\}$ 为非空有限变迁集合；
- $C_{col} = \{c_1, c_2, \cdots, c_m\}$ 为非空有限颜色集合；
- C_{sec} 为颜色 C_{col} 的函数子集，它与每个位置和变迁关联，$C_{sec}: P \cup T \rightarrow \Phi(C_{col})$，其中

$\Phi(C_{col})$ 是 C_{col} 的子集；

· W 为关联函数，W 的每个元素 $W(p, t)$ 本身是一个函数，$W(p, t) : C_{sec}(t) \times C_{sec}(p) \to N$；

· M_0 为初始标记，对于每一个位置和这个位置的每一种可能的颜色，它关联了许多令牌，$M_0(p) : C_{sec}(p) \to N$。

6.2.3 Petri 网的应用

以上描述的基本 Petri 网已经在描述数字系统，使用 Dijkstra 的 P 和 V 操作对过程同步方案进行建模、监控，以及数据流图的控制结构中得到了应用。目前，已经开发了将 Petri 网转换为逻辑设计的方法。在计算机科学领域之外，Petri 网已经在制造系统的建模中得到了应用，还有许多其他用途。

另外，基本的 Petri 网在分析并发系统的许多重要问题上，如性能分析和工作/工作流管理方面，显得烦琐和有限。为了使形式化方法更加普遍有用，基本 Petri 网的几个扩展已经被开发出来，并且这些扩展的形式化分析和应用已经发展出一个丰富的体系。最重要的扩展有着色 Petri 网、定时 Petri 网和连续/混合 Petri 网。

6.3 标签转移系统(LTS)模型

使用形式化方法，通常需要对被检测的系统进行形式化建模。并发系统比串行系统的行为更加复杂，根据并发行为的方式，并发系统的计算模型可分为交错模型和非交错模型。其中，交错模型是通过各个原子迁移以不确定的顺序交错执行来表示并发行为的。标签转移系统是适用于分布式系统的交错语义模型。本节将对标签转移系统进行介绍，包括标签转移系统的基本概念、标签转移系统的扩展和标签转移系统的应用等内容。本节还讨论了行为等价的概念，如同构等价、迹等价、互模拟等价等，以及模态转移系统的非交错模型。

6.3.1 标签转移系统的基本概念

一个简单的反应式分布式系统模型是基于边标记的有向图（可能是无限的），其中结点是系统的状态，边是变迁，每个变迁标记一个动作，描述了当动作发生时系统如何演化。这类模型被 R. M. Keller 提出，称为标签转移系统(Labeled Transition System，LTS)。

定义 6-8 标签转移系统是一个四元组 $LTS = (Q, q_0, L, \to)$。其中：

· Q 为非空有限的状态集合；

· q_0 为初始状态；

· L 为标签(动作)集合，范围为 l；

· $\to \subseteq Q \times L \times Q$ 为转移关系。

图 6-22 为开关灯的简单转移系统，系统存在的两个状态是亮和暗，动作有开和关，

形式化表示该标签转移系统为 LightSwitch＝（｛dark,light｝,dark,｛on,off｝,｛（dark,on, light）,（light,off,dark）｝）。

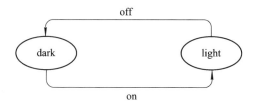

图 6-22　开关灯的简单转移系统

给定迁移$(q,l,q')\in\rightarrow$，称 q 为源（source），q' 为目标（target），l 是迁移的标签。称 $((Q,L,\rightarrow),q_0)$ 为带根的标签转移系统，其中 $q_0\in Q$ 是初始状态，或称为根。有时将带根 LTS 写作$(Q,L,\rightarrow,q_0)$。给定 LTS$(Q,L,\rightarrow)$，将转移$(q,l,q')\in\rightarrow$表示为 $q\xrightarrow{l}q'$。

若存在状态 s' 使得$(s,l,s')\in\rightarrow$，则认为标签 t 在状态 s 下是启用的（enabled），表示为 $s[t>$。$s[t>s'$ 意味着从状态 s 开始通过执行 t，s' 是可达的（reachable）。

例 6-13　一个简单的咖啡自动售货机，可以输入一个硬币，允许选择浓缩咖啡（动作 ask-esp）或美式咖啡（动作 ask-am），然后提供所选择的饮料，可以如图 6-23 中描述的 LTS（初始状态 q_1）来建模，具有明显的图形约定。形式上，状态集合 Q 为$\{q_1,q_2,q_3,q_4\}$，标签集合 L 为｛coin,ask-esp,ask-am,esp-coffee,am-coffee｝，转移关系→为集合$\{(q_1,\text{coin}, q_2),(q_2,\text{ask-esp},q_3),(q_2,\text{ask-am},q_4),(q_3,\text{esp-coffee},q_1),(q_4,\text{am-coffee},q_1)\}$。

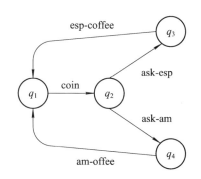

图 6-23　咖啡自动售货机的 LTS 模型

定义 6-9（迹，trace）　LTS 的迹是由一个从初始状态开始的最大路径（关于前缀排序）产生的动作标签序列（有限或无限）。

例如，上述开关灯的案例具有无限迹：on,off,on,off,on,off,…

等价：给定两个 LTS，一个自然的问题是它们是否描述了相同的行为。要回答这个问题，首先要明确"相同"是什么意思。例如，如果两个 LTS 可以执行相同的动作序列（从它们的初始状态开始）是否满足标准？或者如何施加更严格的标准？换句话说，当考虑两个 LTS 是等价的时，必须指定等价的标准。

定义 6-10（迹等价（trace equivalence））　根据迹等价，两个 LTS 等价当且仅当它们可以从初始状态开始执行相同的动作序列。形式化来看，对于任意 LTS$(Q,L,\rightarrow,q_0)$和状态

$q \in Q$，定义 $Tr(q)$ 为 q 中可能出现的迹的集合，$Tr(s) = \{\sigma \in A^* \mid \exists_{t \in s} s \overset{\sigma}{\rightarrow} t\}$，给定两个标签转移系统 $T = (Q, L, \rightarrow, q_0)$ 和 $T' = (Q', L', \rightarrow', q'_0)$，若 $Tr(s_0) = Tr(s'_0)$，则称 T 和 T' 是迹等价的。

并发组合：由多个进程组成的系统有一个由各个进程的状态组成的状态。如图 6-24 所示的例子，Bill 和 Ben 想要见面，在见面之前他们有不同的活动计划。Bill 计划玩乐后与 Ben 见面，Ben 计划工作后与 Bill 见面，在组合状态 Bill ∥ Ben 中：玩乐和工作是并发动作，即它们被观察到的顺序无关紧要；共享动作"相遇"同步了两个组成过程的执行；组合的迹有两组，即 play, work, meet 和 work, play, meet。

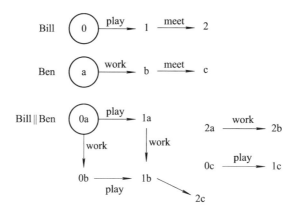

图 6-24　Bill 和 Ben 行程的并发组合

死锁(deadlock)发生在一个系统的所有组成进程都被阻塞的情况下。

例 6-14　哲学家就餐问题(如图 6-25 所示)。五位哲学家同住一所房子，哲学家的生活本质上是由思考和吃饭的交替阶段组成的。对于吃饭，有一个有五个座位的圆桌和一个大碗意大利面；相邻的座位之间总是有一个叉子，每个哲学家需要拿到两个叉子才能吃饭，当饥饿时，每个哲学家会坐在一张免费的椅子上，拿起他左边和右边的叉子吃饭，然后放下叉子离开餐桌。是否存在可能使哲学家们都饿死？

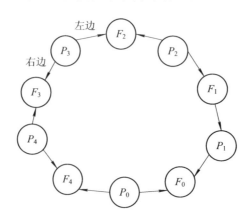

图 6-25　哲学家就餐问题示意图

发生死锁的一个迹是：每个哲学家坐下时都拿起右手边的叉子。解决这个死锁的方法是：让一些哲学家先拿起左边的叉子，或者是让所有哲学家随机决定拿哪个叉子，并优先考虑"饥饿"的邻居，或者安排一个管家，限制最多只能坐 4 位哲学家。

6.3.2　标签转移系统的扩展

一个反应式系统可以用 LTS 指定，LTS 表示了系统的静态结构，并使用时态逻辑公式断言了动态行为。在保留动态行为的同时完善静态结构的表示可能很困难，原因如下：

（1）LTS 是"总"的——特征达到互模拟（bisimulation），这意味着在改进中不会出现新的转移结构。

（2）不以互模拟为基础的改进标准可能产生违反时间特性的改进的转移系统。

注意：在集合论中，设 S 是一个具有二元关系 $<$ 的集合，则互模拟是一个二元关系 $\sim$，使得对于所有满足 $x \sim y$ 的 $x \in S$ 和 $y \in S$，下列条件成立：

对于所有满足 $a < x$ 的 $a \in S$，存在 $b \in S$ 满足 $b < y$ 和 $a \sim b$；

对于所有满足 $b < y$ 的 $b \in S$，存在 $a \in S$ 满足 $a < x$ 和 $a \sim b$。

Larsen 和 Thomsen 指出，标签转移系统作为计算系统规范的效用有限，因为 LTS 的正确实现必须具有互模拟的行为。这就排除了未确定规范的使用，并限制了逐步实现所需的灵活性。遗留软件的分析通常面临状态爆炸问题，并且通常不得不求助于激进的抽象技术。然而，若在固定的互模拟等价类中进行，则状态空间约简受到严重约束。作为回应，Larsen 和 Thomsen 提出了模态转移系统（modal transition system），它是"部分"的，并定义了一个保留 Hennessy-Milner 逻辑公式的改进标准。Dams 又独立地发展了混合转移系统（mixed transition system），可以看作是模态转移系统的更一般的表示。

定义 6-11（混合转移系统与模态转移系统）

（1）带有标签 Act 的混合转移系统是一个三元组 $\mathcal{M} = (\Sigma, R^a, R^c)$，使得对于每个模态 $m \in \{a, c\}$，(Σ, R^m) 是一个带有标签 Act 的标签转移系统。

（2）带有标签 Act 的模态转移系统是一个混合转移系统 $\mathcal{M} = (\Sigma, R^a, R^c)$，使得 $R^a \subseteq R^c$。

（3）当 $R^a = R^c$ 时，模态转移系统是具体的或整体的。

例 6-15　图 6-26 是一个标签转移系统的图形化表示，它指定了共享文件资源的两个读取器和一个写入器的系统结构。读取一个状态，如 RSW 意为"第一阅读器读，第二阅读器休眠，写入器写"；动作是 r（"开始读"），er（"结束读"），w（"开始写"）和 ew（"结束写"）。指定状态 SSS 为系统的起始状态。

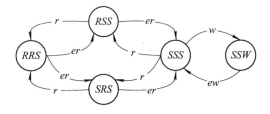

图 6-26　共享文件资源的两个读取器和一个写入器的标签转移系统

图 6-27(a)是一个混合转移系统，它只抽象了一个或多个读/写系统的读/写获取结构。为简洁起见，R^a 转换被绘制为实线弧，而 R^c 转换被绘制为虚线弧。状态 Reads 表示一个或多个读者处于阅读状态；Write 表示写入器处于活动状态；Sleep 断言没有进程使用共享文件。来自 Sleep 状态的 R^a 转换断言读写获取转换在混合转移系统规范的任何正确实现中都是有保证的。由于从 Sleep 状态的转换（虚线）是有保证的，不会被任何 R^c 转换遮蔽，转移系统不是模态的。

相反，图 6-27(b)是一个模态转移系统，它显示了读写系统的获取和释放转换的结构。在这里，每一个有保障的转变都被一个可能的转换所掩盖。Reads 上的自弧承认了多个读者的可能性。

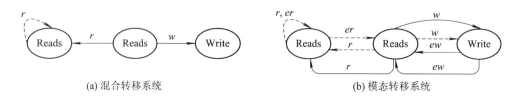

(a) 混合转移系统　　　　　　　　(b) 模态转移系统

图 6-27　不是模态转移系统的混合转移系统和模态转移系统

注意：从 Read 到 Sleep 的转换是在 $R^c \backslash R^a$ 中，因为 Reads 表示一个或多个读取器正在读取共享文件的状态——不能保证仅仅释放一个读取器就会使系统返回睡眠状态。

6.3.3　标签转移系统的应用

标签转移系统(LTS)是一种常用的形式化建模工具，它被应用于许多领域，具体如下：

(1) **操作系统**：LTS 经常被用于描述操作系统的行为和性能，如处理机调度、死锁检测等。

(2) **硬件设计**：LTS 可以用于描述硬件的行为和接口。

(3) **通信协议**：LTS 可以用于描述通信协议的行为和规范，如 HTTP、TCP/IP 等。

(4) **安全协议**：LTS 可以用于描述安全协议的行为和约束条件，如 Kerberos、SSL/TLS 等。

(5) **软件系统**：LTS 可以用于描述软件系统的行为和状态转换，如数据流图、Petri 网等。

总之，LTS 适用于任何需要描述系统行为和状态转换的领域。它提供了一种简单而有效的描述工具，可以帮助开发人员更好地理解系统的行为和性能，进而更好地设计、测试和优化系统。

1. 铁路场景

LTS 可以用于描述铁路十字路口的场景。在该系统中，有三个进程，即火车(train)、门(gate)、控制器(controller)。当控制器收到信号"列车正在靠近"时，控制器关闭大门。当且仅当列车向控制器发出信号"列车已经驶过路口"，控制器开启大门。图 6-28 描述了火车、门、控制器的状态转换，图 6-29 描述了这个场景的标签转移系统。

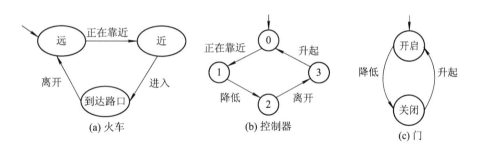

图 6-28　铁路十字路口处火车、控制器、门的状态转换

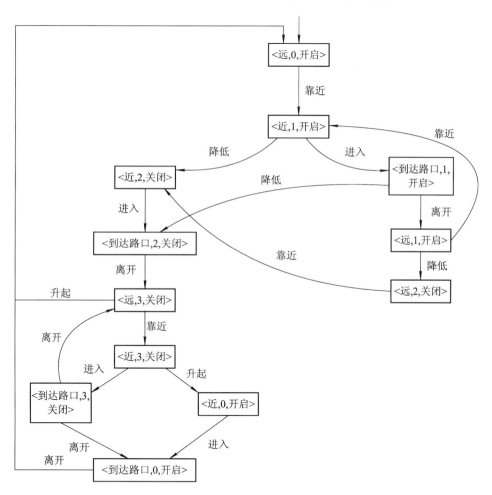

图 6-29　铁路十字路口的标签转移系统

2. 通道系统(CS)

1) 异步消息传递

进程通过有限或无限容量的通道相互传递信息进行交互——通道就像一个缓冲器，因此系统由进程和通道组成。如果通道容量(cap)大于 0，那么进程在发送消息时不需要等待接收方的响应；如果通道容量为 0，那么这种交互形式就变成握手。每个通道只能接收指

定类型的消息。

2）通信动作

进程可以执行以下通信动作：

$c!v$：通过通道 c 传输 v 值。

$c?x$：通过通道 c 接收消息，并将其分配给变量 x。

3）启用通信动作

握手：如果通道容量为 0，$cap(c)=0$，那么只有在另一个进程 P_j 提供补充性接收动作，即执行 $\ell_j \xrightarrow{c?x} \ell'_j$ 之后，进程 P_i 才可以通过执行动作 $\ell_i \xrightarrow{c!v} \ell'_i$ 在通道 c 上传输值 v。

这样进程 P_i 和 P_j 可以相继执行 $c!v$ 和 $c?x$。

例 6-16　一个系统由 S（发送方）、R（接收方）两个进程组成，通过 c、d 两个通道进行通信。通道 c 是不可靠的（"损失"），因为它在传输过程中会丢失消息；通道 d 是完美的。设计的目标是保证 S 传输的数据单元（数据）被 R 接收。图 6-30 和图 6-31 分别是对发送者 S 和接收者 R 建模的标签转移系统。

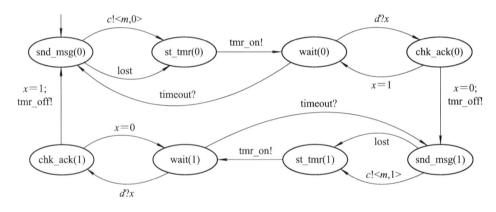

图 6-30　对发送者 S 建模的标签转移系统

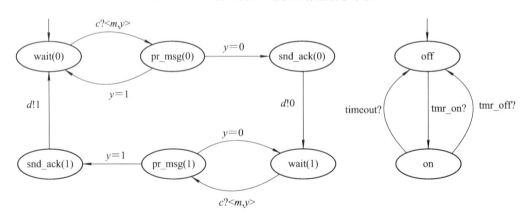

图 6-31　对接收者 R 建模的标签转移系统

S 发送数据的形式是 $<m,b>$，其中 m 为一条消息，b 为一个控制比特，cap 是 0 或 1。S 发送一条消息并等待 R 确认接收，若在给定的时间内没有收到确认消息，则 S 重传消息；若 R 收到消息，则发送一个由它收到的控制比特组成的确认消息。

6.4　标准形式化语言

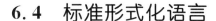

在形式化方法中，需要使用形式化语言来描述系统或协议，包括安全属性和威胁模型。形式化描述技术（FDT）源于几十年来对计算机系统开发的形式化规范语言和严格方法的研究。这种语言和方法的本质是一种保证精确性和易处理性的数学基础。传统的描述通常以自然语言或图表的形式给出，但这些描述很难明确且难以分析。计算机系统中的错误和遗漏往往需要花费高昂的成本进行纠正，并可能危及生命或财产。

"形式化描述技术"一词是为了描述需要标准化的语言和方法而产生的。尽管 FDT 现在被松散地用来指任何基于形式的语言或方法，但它仍然具有本书所讨论的标准化技术的限定意义。ISO FDT 小组的早期研究表明，有许多现有的方法可以采用。其中主要分为两大类，即基于有限状态自动机的方法和基于代数思想的方法。这两种方法都被认为是有用的，并且具有互补性，因此 ISO FDT 小组决定在每个类别中标准化一个 FDT。经过 8 年的研究，最终成果为 SDL（Specification and Description Language）、ESTELLE（Extended Finite State Machine Language）和 LOTOS（Language Of Temporal Ordering Specification）标准。

6.4.1　SDL 语言

规范和描述语言（Specification and Description Language，SDL）是一种规范和描述反应式和分布式系统行为的语言。SDL 最初运用于电信系统；截至 2016 年，其应用领域已扩大至过程控制和一般的实时应用等。SDL 既提供了图形化的图形表示法（SDL/GR），也提供了文本化的短语表示法（SDL/PR），它们都是同一基础语义的等效表示。模型通常以图形化的 SDL/GR 形式显示，SDL/PR 主要用于工具之间交换模型。SDL 将一个系统指定为一组相互连接的抽象机，它们是有限状态机（FSM）的扩展。

SDL 包括以下五个主要方面：

（1）**结构**：系统、块、进程和程序层次，如图 6 - 32 所示；

（2）**通信**：具有可选参数的信号和通道；

（3）**行为**：进程；

（4）**数据**：抽象数据类型；

（5）**继承**：描述关系和规范。

组件的行为是通过将系统划分为一系列的层次来解释的。组件之间的通信是由通道连接的门来进行的。通道是延迟通道类型，所以通信通常是异步的，但当延迟被设置为零（即没有延迟）时，通信就变为同步的。

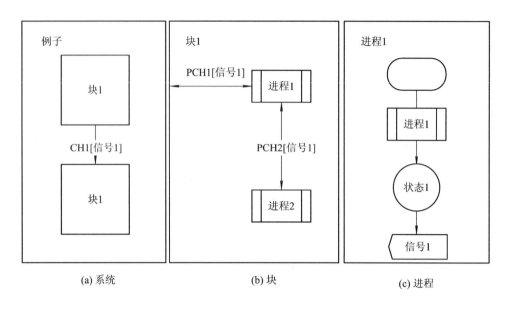

图 6-32　SDL 的结构

进程（processes）通过信号进行交互，信号可以与消息相关联（发送输出信号和消耗输入信号），输出信号以非阻塞的方式发送，每个信号在接收进程侧以 FIFO 形式缓冲。系统级信号与块级信号的表示如图 6-33 所示。

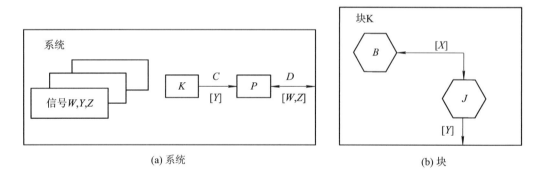

图 6-33　系统级信号与块级信号的表示

进程是一种自动机（扩展有限状态机），每个进程有自己的输入队列，状态转换可以被输入消息即信号触发。一个最简单的输出"HELLO"的进程表示如下：

```
PROCESS B;
    START;
    OUTPUT HELLO;
    STOP;
ENDPROCESS
```

起始符号下进程 B 可以不等待信号输入，输出 HELLO 消息后进入停止状态。

一个进程间交互的例子如图 6-34 所示，S_1 和 S_2 分别发出"brown""red"，这两个信

号根据调度在接收端等待，假设"red"位于首位，由于接收端需要的是"brown"，它将丢弃
"red"。

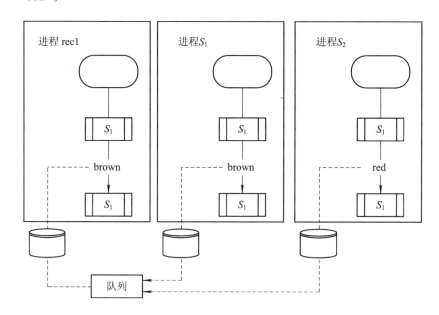

图 6-34　进程间交互的例子

6.4.2　ESTELLE 语言

ESTELLE 是一种形式化定义的规范语言，用于描述分布式或并发处理系统，特别是
那些实现 OSI 服务和协议的系统。该语言基于广泛使用和接受的通信非确定性有限状态机
（自动机）的概念。ESTELLE 和 SDL 有许多相似之处，特别是都使用有限状态机的概念来
描述系统，但它们也有很大的区别，其中大部分与系统组件的创建和互连方式有关。

ESTELLE 规范定义了一个分层结构状态机系统。状态机在双方的通信端口之间通过
双向通道交换消息进行通信。消息在信道的任一端排队。

（1）**模型**：ESTELLE 的底层模型是一个有限状态自动机。有限自动机有多种变体，
ESTELLE 使用的是基于传感器（transducer）的概念。ESTELLE 自动机接受输入并产生输
出，从一个状态迁移到另一个状态。

（2）**通道**：模块是由通道连接的。这些通道形成了从一个模块的输出到与另一个模块
相关的（无界的）队列的捆绑关系。当一个模块发起交互时，该交互被放置在另一个模块的
队列中，这取决于该交互通过的通道对应的绑定。通道不允许发生任意的交互。每个通道
有两个端点，连接到两个模块的交互点。

ESTELLE 的底层模型是扩展有限状态机，一组变量定义了模型的状态空间，其中一
个变量明显区别于其他变量，称为"STATE"，它表示 FSM 的状态。也将"STATE"叫作主
要状态（major state），从而区别于其他上下文变量（context variables）。转移定义为一个主
要状态到一个主要状态的变化。转移可能定义在上下文变量或者输入的谓词上。不依赖于
任何输入的转移称为自发转移（spontaneous transitions）。每个转移都与一个操作

(operation)相关联，操作将改变上下文变量的值或者与其他模块进行输出交互，操作是原子的。

6.5　自动化验证工具

自动化验证工具作为基于自动机模型的形式化安全方法的重要组成部分，为研究人员和工程师提供了一种高效、可靠的验证手段。本节将介绍两种常用的自动化验证工具——SPIN 和 UPPAAL，并探讨它们的原理和应用。本节将首先介绍 SPIN 和 UPPAAL 的原理和特点。其次，将详细讨论这两种自动化验证工具的使用方法和技巧，包括如何建立模型、定义符号变量、编写规则等。最后，将通过实际案例展示 SPIN 和 UPPAAL 在形式化验证中的应用效果，帮助读者更好地理解和掌握这些工具的使用。

通过本节内容的学习，读者将对自动化验证工具的原理和方法有一个全面地了解，并能够灵活运用这些工具来进行形式化安全分析。同时，读者还将掌握基于自动机模型的形式化安全方法的基本原理和应用技巧，为进一步研究和开发安全的软件系统奠定基础。

6.5.1　SPIN

SPIN 是一种广泛使用的开源软件验证工具。该工具可用于多线程软件应用的形式化验证。该工具于 1980 年由贝尔实验室的计算科学研究中心 Unix 组开发，1991 年开始可以免费使用。

为了验证一个设计，使用 SPIN 的输入语言 PROMELA(process meta language)建立一个形式化模型。PROMELA 是一种非确定性语言，松散地基于 Dijkstra 的防护命令语言符号，并从 Hoare 的 CSP 语言中借用了 I/O 操作的符号。

SPIN 可以在以下三种基本模式下使用：

(1) 作为一个模拟器，允许用随机的、有指导的或交互式的模拟进行快速原型设计；

(2) 作为一个详尽的状态空间分析器，能够严格地证明用户指定的正确性要求的有效性(使用部分顺序还原理论来优化搜索)；

(3) 作为一个比特状态空间分析器，甚至可以用状态空间的最大覆盖率来验证非常大的协议系统(一种证明近似技术)。

SPIN 软件是用 ANSI 标准 C 编写的，可以在所有版本的 UNIX 操作系统中移植。它也可以被编译成适合在任何 Linux、Windows95/98 或 WindowsNT 等标准 PC 上运行的形式。

SPIN 模型检测器的典型工作模式是，从规范并发系统的高级模型开始。并发系统的高级模型的规范或分布式算法的高级模型，通常使用 SPIN 的图形化前端 XSPIN。在修正了语法错误之后，进行交互式仿真，直到设计的行为符合预期。然后，在第三步中 SPIN 被用来生成一个优化的即时验证的程序。这个验证程序被编译，在编译时可以选择要使用的还原算法的类型，并执行，也可以选择削减算法的类型，并执行，如果有任何正确性声明的反例被发现可以反馈到交互式模拟器中，并进行详细检查，以确定并消除其原因。

SPIN 首先从描述系统模型开始，经过分析没有语法错误后，对系统的交互进行模拟，直到确认系统设计拥有预期的行为。然后，SPIN 从系统的规约中生成一个优化的 on-the-fly 验证程序，经检验器编译后被执行，执行中若发现了违背正确性说明的任何反例，则返回到交互模拟执行状态再继续仔细诊断，确定产生反例的原因。图 6 - 35 描述了整个检测过程。

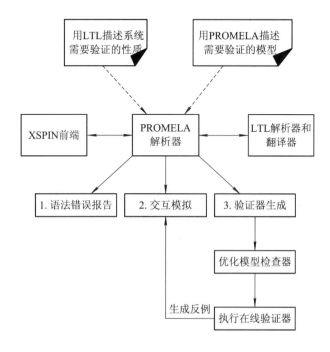

图 6 - 35　SPIN 的工作原理

SPIN 接受 PROMELA 元语言编写的规范。该语言的语义是精心选择的，只可用于定义模型，原则上，可达的系统状态可以详尽列举，保证了标准安全性和活动性的可判定性。SPIN 可以操作的三种主要对象类型是进程、通道、变量。

SPIN 可用于检测一个有限状态系统是否满足线性时序逻辑(LTL)公式表示的属性，如可达性和死锁等。它的建模方式是：首先定义进程模板，每个进程模板作为一类进程的行为规范，而实际系统可以看作是一个或若干个进程模板实例的异步组合。进程的基本要素包括赋值语句、条件语句、通信语句、非确定语句和循环语句。

SPIN 工具有别于其他相关验证系统的一些特点如下：

(1) SPIN 的目标是高效的软件验证，而不是硬件验证。

(2) SPIN 是即时工作的，这意味着它避免了构建全局状态图或 Kripke 结构作为验证任何系统属性的先决条件。

(3) SPIN 可以作为一个完整的 LTL 模型检测系统，支持所有可在线性时间时态逻辑中表达的正确性要求，但它也可以作为一个高效的即时验证器，用于更基本的安全性和活动性属性。许多这类属性可以在不使用 LTL 的情况下被表达和验证。

（4）正确性属性可以被指定为系统或进程的不变量（使用断言），或一般的 LTL 要求，可以直接在 LTL 的语法中，或间接地作为 Büchi 自动机（称为永不索赔）。

（5）SPIN 支持动态地增加和减少进程的数量，使用橡胶状态矢量技术。

（6）SPIN 支持会合和缓冲的消息传递，以及通过共享内存进行通信，也支持同时使用同步和异步通信的混合系统。会合和缓冲通道的消息通道标识可以在消息中从一个进程传递到另一个进程。

（7）SPIN 支持随机、交互式和引导式模拟，以及详尽和部分证明技术。该工具旨在随着问题的大小而平滑扩展，并被专门设计用来处理其至非常大的问题规模。

（8）为了优化验证运行，该工具利用了有效的部分减序技术，以及（可选择的）类似 BDD 的存储技术。

下面以 1997 年初火星探路者任务控制软件中广为人知的缺陷为例，帮助读者理解基于自动机模型的检测工具 SPIN 中的主要概念。问题的本质是两组协调规则之间不可预见的冲突。为了简化分析，可以将问题限制为在两个不同优先级上运行的并发进程；在火星上发生的问题涉及三个过程和三个优先级。

第一个协调规则用于执行一个简单的互斥策略，用于进程对共享资源（如中央数据总线）的访问。这些共享资源的单独使用可能不会在时间上重叠，因此每个进程必须首先设置一个锁来访问资源，这个锁将阻止对同一资源的进一步访问，直到锁被释放。在分布式系统中处理对共享资源的访问当然是相当标准的，这种做法可以追溯到 20 世纪 60 年代末，并且是完全可信的。

第二个协调规则用于执行一个简单的进程优先级方案。有些任务显然比其他任务更为紧迫。例如，某些类型的处理和数据传输可以随时进行，而某些类型的数据收集必须在严格的最后期限内完成，否则，有可能丢失一些数据。在优先级的基础上调度进程执行同样很容易理解。这里也没有什么严重的问题值得怀疑。但是，在并发系统中，不能保证如果将两个可靠且可信的方案组合在一起，结果也将是可靠且可信的。因此，探路者控制软件反复陷入死锁状态，只有通过自动重启才能恢复，即当检测到长时间不活动时，系统才会恢复到健康状态。

这是怎么发生的？构建一个同时使用互斥规则和进程优先级规则的系统的抽象模型非常简单，然后使用 SPIN 检查系统是否有可能死锁。（当然，一旦错误被识别出来，这样做就容易多了——模型检测的真正挑战是定位那些还未知的错误。）首先，需要对单个进程共享资源的访问进行建模。在 PROMELA 中，具体代码如下：

```
active proctype high()
{
end:do
    :: h_state = waiting;
        atomic{ mutex == free -> mutex = busy };
        h_state = running;
```

```
            / * critical section-consume data  * /

            atomic{ h_state = idle; mutex = free }
    od
    }
```

关键字 active 表示接下来的进程声明将在初始系统状态下实例化，将有一个进程执行此处声明的行为。这里使用的进程名是 high，没有启动参数，所以进程名后面的参数列表为空。

进程的主体是一个迭代，在 PROMELA 中称为 do 循环。在这种情况下，循环中只有一个执行选项。该选项前面有双冒号标志::。进程通过将全局状态变量 h_state 的值设置为 waiting 来开始其执行的每个周期，该值表示该进程现在正在等待访问其临界区(访问共享资源)。然后进程通过检查互斥锁 mutex 变量的值检查资源处于空闲状态还是被锁定。若 mutex 的值为 free，则进程自动将其设置为 busy 并继续。若变量没有正确的值，则进程等待直到正确的值。一旦锁被传递，进程状态被设置为新的值 running，表示进程现在正在临界区内执行。PROMELA 的语义规定，在进程的任意两个原子语句的执行之间可以有任意的延迟，因此不必显式地表示对临界区本身的访问，任何数量的计算都可能在这一步中执行。在某个时刻，这种对共享资源的访问结束，锁将被释放。这里使用另一个原子序列来确保进程状态和互斥变量的值在同一时刻被重置。现在从循环开始处继续执行，进程将再次尝试访问临界区以执行更多任务。

通过防止第二个(低优先级)进程执行来实现优先级规则，只要上面的高优先级进程不在空闲状态(即它正在运行或等待运行)。其代码如下：

```
active proctype low() provided (h_state == idle)
{
end:do
    :: l_state = waiting;
        atomic{ mutex == free -> mutex = busy};
        l_state = running;

        / *  critical section -produce data  * /

        atomic{ l_state = idle; mutex = free }
    od
    }
```

低优先级进程的模型与高优先级进程的模型几乎相同，只有一些小的例外。首先，进程将其状态记录在全局变量 l_state 中，而不是 h_state 中。其次，在声明的第一行向进程名添加了一个 provided 子句。该子句将进程的执行限制在全局变量 h_state 的值等于 idle

的情况下，正如预期的那样。

为了完成规范，并将其转换为有效的 PROMELA 规范，可插入以下全局声明：

```
mtype = { free, busy, idle, waiting, running };
mtype h_state = idle;
mtype l_state = idle;
mtype mutex = free;
```

这里定义了系统中使用的五个符号名，并声明了三个全局变量，正确地初始化为它们各自的值。

作为第一个测试，可以用 SPIN 模拟该系统的执行。运行的输出如下（$ 是命令提示符）：

```
$ spin -p pathfinder
0:proc -(:root:) creates proc 0 (high)
0:proc - (:root:) creates proc 1 (low)
1:proc 1 (low) line 39 "pathfinder" (state 9)
[l_state = waiting]
2:proc 1 (low) line 41 "pathfinder" (state 4)
[((mutex==free))]
3:proc 1 (low) line 41 "pathfinder" (state 3)
[mutex = busy]
4:proc 0 (high) line 26 "pathfinder" (state 9)
[h_state = waiting]
5:proc 1 (low) line 42 "pathfinder" (state 5)
<<Not Enabled>> timeout
5:proc 1 (low) line 42 "pathfinder" (state 5)
<<Not Enabled>>
# processes: 2
h_state = waiting
l_state = waiting
mutex = busy
4:proc 1 (low) line 42 "pathfinder" (state 5)
4:proc 0 (high) line 28 "pathfinder" (state 4)
2 processes created
$
```

参数-p 告诉 SPIN 模拟器打印进程执行中的每一步。可以看到，在第一步中创建了两个实例化进程。此时，低优先级进程或高优先级进程都可以开始执行。在此场景中，低优先级进程首先将其状态更新为 waiting，测试锁的可用性，并将其设置为 busy。高优先级进程随后发现要设置的锁，所以它不能继续，奇怪的是，低优先级进程也不能继续（它被标记为"Not Enabled"），被 provided 优先级子句阻止执行。

结果是发生了 timeout，查看是否有进程可以通过这种方式脱离，但是情况仍然保持原样，系统执行停止。这个简单的模拟可以识别死锁，但通常不能依赖这种幸运的行为。模拟很像从数千或数百万个可能的测试中随机选择的单个测试。如果运气好的话，它会抖出大部分的漏洞，但不能保证所有的漏洞都被抓住。

6.5.2　UPPAAL

1. UPPAAL 简介

UPPAAL 是由 Uppsala 大学和 Aalborg 大学联合开发的用于验证实时系统的工具。它已经成功地应用于从通信协议到多媒体应用的案例研究中。该工具旨在验证可以建模为带有整数变量、结构化数据类型和通道同步的时间自动机网络的系统。UPPAAL 基于时间自动机理论，其建模语言提供了额外的特性，如有界整数变量和紧迫性。UPPAAL 的查询语言用于指定要检查的属性，是计算树逻辑（Computation Tree Logic，CTL）的一个子集。本小节将介绍 UPPAAL 的建模和查询语言，并给出了时间自动机中时间的直观解释。

UPPAAL 的第一个版本于 1995 年发布。从那时起，它一直在不断发展。对 UPPAAL 的实验和改进包括数据结构、偏序约简、对称约简、UPPAAL 的分布式版本、引导和最小成本可达性、UML 状态图、加速技术以及新的数据结构和内存缩减。它的特点是 Java 用户界面和用 C++编写的验证引擎。它可以在 http://www.uppaal.com/上免费获得。

2. UPPAAL 的组成架构

UPPAAL 使用客户机—服务器架构，将工具分为图形用户界面和模型检测引擎。用户界面（或客户端）是用 Java 实现的，而引擎（或服务器）是针对不同的平台（Linux、Windows、Solaris）编译的。这两个组件可以在不同的机器上运行，它们通过 TCP/IP 相互通信。该引擎还有一个可以在命令行上使用的独立版本。UPPAAL 工具由三个主要部分组成，即描述语言、模拟器和模型检测器，其基本结构如下：

（1）描述语言是数据类型为有界整数、数组等的非确定性有保护命令的语言。它作为一种建模或设计语言，将系统行为描述为由时钟和数据变量扩展的自动机网络。

（2）模拟器是一种验证工具，可以在早期设计（或建模）阶段检查系统可能的动态执行，从而提供了一种廉价的故障检测手段，然后由模型检测器进行验证，该模型检测器涵盖了系统的详尽动态行为。

（3）模型检测器可以通过探索系统的状态空间来检查不变量和可达性性质，即通过约束表示的符号状态进行可达性分析。

3. UPPAAL 的功能

UPPAAL 建模语言扩展了时间自动机，具有以下附加功能：

（1）模板（template）：自动机是用一组参数定义的，参数可以是任何类型（如 int、chan）。这些参数被替换为进程声明中的给定参数。

（2）UPPAAL 表达式。UPPAAL 中的表达式包括时钟和整型变量。表达式与以下标签一起使用：

• Guard。保护是满足以下条件的特定表达式：无副作用；计算结果是布尔值；只引用时钟、整型变量和常量（或这些类型的数组）；时钟和时钟差异仅与整数表达式进行比较；时钟上的保护本质上是连接（在整数条件下允许断开）。

• Synchronisation。同步标签的形式要么是 Expression! 或 Expression?，或者是一个空标签，表达式必须没有副作用，求值为通道，并且只能引用整数、常量和通道。

• Assignment。赋值标签是一个逗号分隔的表达式列表，具有副作用，表达式只能引用时钟、整型变量和常量，并且只能将整数值赋给时钟。

• Invariant。不变量是满足以下条件的表达式：无副作用；只引用时钟、整型变量和常量；它是形如 $x<e$ 或 $x\leqslant e$ 的条件的合取，其中 x 为时钟参考，e 赋值为整数。

4. UPPAAL 的查询语言

模型检测器的主要目的是根据需求规范验证模型。与模型一样，需求规范必须用正式、定义良好且机器可读的语言表示。科学文献中存在多种这样的逻辑，UPPAAL 使用了 CTL 的简化版本。与 CTL 一样，UPPAAL 的查询语言由路径公式和状态公式组成。状态公式描述单个状态，而路径公式量化模型的路径或轨迹。路径公式可分为可达性、安全性和活动性。图 6-36 展示了 UPPAAL 支持的不同路径公式，每种类型的描述如下。

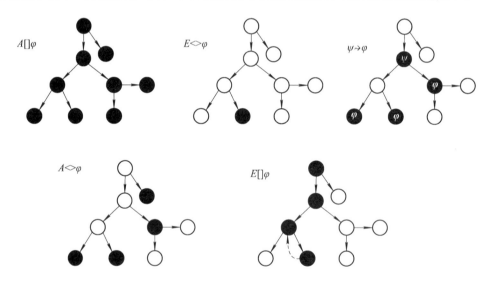

图 6-36　UPPAAL 支持的路径公式（黑色状态指对于公式 φ 成立的状态）

（1）**状态公式**。状态公式是一种表达式（如 $i==7$），可以在不查看模型行为的情况下对状态进行评估。在 UPPAAL 中，死锁是用一个特殊的状态公式来表示的（尽管这不是严格意义上的状态公式）。该公式仅由关键字 deadlock 组成，并且满足所有死锁状态。若没有从状态本身或其任何延迟后继者传出的动作转换，则状态为死锁状态。由于 UPPAAL 当前的限制，死锁状态公式只能与可达性和不变路径公式（见下文）一起使用。

（2）**可达性属性**。可达性属性是属性的最简单形式。它们查询一个给定的状态公式 φ

是否可能被任何可到达的状态所满足。在设计模型以执行完整性检查时，经常使用可达性属性。例如，在创建涉及发送方和接收方的通信协议模型时，询问发送方是否有可能发送消息或者是否有可能接收消息是有意义的。这些属性本身并不能保证协议的正确性(也就是说，任何消息最终都会被传递)，但是它们验证了模型的基本行为。可达性的另一种说法是：是否存在从初始状态开始的路径，使得沿该路径运行最终可以满足 φ? 可以用路径公式 $E\diamondsuit\varphi$ 表示"满足 φ 的状态是可达的"，在 UPPAAL 中写作 $E<>\varphi$。

(3) **安全属性**。安全属性形式是："坏事永远不会发生。"例如，在一个核电站的模型中，一个安全属性可能是，工作温度总是(不变地)在某个阈值以下，或者永远不会发生熔毁。这一性质的另一种变体是"某件事可能永远不会发生"。例如，在玩游戏时，安全状态是玩家仍然可以赢得游戏的状态，因此玩家可能不会输。在 UPPAAL 中，这些性质被肯定地表述，例如，好事物总是为真。设 φ 为状态公式，用路径公式 $A\Box\varphi$ 表示在所有可达状态下 φ 应为真，而 $E\Box\varphi$ 表示应该存在一个最大路径，使得 φ 始终为真。在 UPPAAL 中，分别写为 $A[]\varphi$ 和 $E[]\varphi$。

(4) **活性属性**。活性的形式是：某件事最终会发生。例如，当按下电视遥控器的 ON 按钮时，电视最终应该会打开，或者在通信协议模型中，任何已发送的消息最终都应该被接收。在其简单形式中，活性用路径公式 $A\diamondsuit\varphi$ 表示，即 φ 最终将被满足。更有用的形式是引出(lead to)或响应(response)属性，写作 $\varphi\leadsto\Psi$，读作只要 φ 满足，那么最终 Ψ 就会满足。例如，无论何时发送一条消息，那么最终它将被接收。在 UPPAAL 中，这些性质分别写成 $A<>\varphi$ 和 $\varphi\longrightarrow\Psi$。

5. UPPAAL 的特征

UPPAAL 的特征如下：

(1) 图形化系统编辑器，允许对系统进行图形化描述。

(2) 图形仿真器提供了系统描述的可能动态行为的图形可视化和记录，即系统的符号状态序列。它也可以用来可视化模型检测器生成的轨迹。从 3.4 版本开始，模拟器可以将轨迹可视化为消息序列图(MSC)。

(3) 一个需求规格编辑器，也构成了 UPPAAL 2k 验证器的图形用户界面。

(4) 通过对符号化状态空间的可达性分析，自动验证安全性和结合活性(bonded-liveness)属性的模型检测器。从 3.2 版开始它也可以检查活性属性。

(5) 在特定实时系统失效的情况下，诊断轨迹的生成。诊断痕迹可以通过模拟器自动加载和图形化显示。从 3.4 版本开始，可以指定生成的跟踪应该是最短的或最快的。

6.6　实例分析与实验
——用 UPPAAL 验证 Prêt à Voter 电子投票协议

随着计算机技术的不断发展，电子投票系统在各个领域得到了广泛的应用。然而，电子投票系统的安全性一直是人们关注的焦点。为了确保电子投票系统的安全性和可靠性，形式化方法成为一种重要的分析工具。以前面几节学习的知识为基础，本节通过实例分析与实验来验证 Prêt à Voter 电子投票协议的安全性。

Prêt à Voter 是一种常见的电子投票协议，它通过使用一个可重入的计数器来实现多线程环境下的原子性操作。然而，Prêt à Voter 协议存在一些安全问题，如双重投票和操纵选举结果等。因此，对 Prêt à Voter 协议进行形式化安全分析是必要的。

通过本节内容的学习，读者将对基于自动机模型的形式化安全方法有一个全面地了解，并能够熟练运用 UPPAAL 来进行形式化安全分析和验证。同时，读者还将掌握如何通过基于自动机模型的形式化语言来评估和改进一个协议的安全性。这将为进一步研究和开发安全的软件系统提供有力的支持。

1. Prêt à Voter 投票协议概述

大多数选民可验证的投票系统的工作原理：在投票时，对投票进行加密或编码，并将其发布到安全的公共公告板。选民稍后可以检查其加密选票是否正确显示。然后以某种可验证的方式处理张贴的选票，以显示计票结果或结果。这实际上是一种安全的分布式计算，在密码学中得到了完善的建立和理解。真正具有挑战性的是加密选票的创建，因为它涉及用户和系统之间的交互。在交互之间还必须确保选民的投票是正确的，同时避免引入任何胁迫或贿赂威胁。

Prêt à Voter 选举方法的关键创新是使用随机的候选人列表对投票进行编码。这与早期的可验证方案形成对比，后者涉及选民将其选择输入到设备中，然后对选择进行加密。这里加密的是可以提前生成并提交的候选人顺序，选民只需以传统方式在纸质选票上标记自己的选择。

假设选民叫安妮，在投票站，安妮经过认证和登记，随机选择了一张密封在信封中的选票表格，选票表格形式如图 6-37(a)所示。在投票站里，她从信封里抽出选票表，在她选择的候选人的右边一栏上画×。一旦做出选择，她就把表格左列和右列分开，然后丢弃左手的那一条。她保留了右手边的那条，右列现在成为安妮的隐私保护收据，如图 6-37(b)所示。

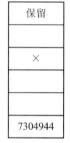

丢弃	保留
候选人 A	
候选人 B	
候选人 C	
候选人 D	
	7304944

(a) Prêt à Voter 选票

保留
×
7304944

(b) 对"候选人 B"投票的收据

图 6-37　选票格式

安妮现在拿着收据回到登记台，收据被放在光学阅读器或类似的设备上，该设备记录了纸条底部的字符串，并记录了标记的单元格。她的原始纸质收据被数字签名和盖章，并返回给她保存，稍后检查她的投票是否正确记录在公告板上。每张选票上候选人名单的随机化确保了收据不会泄露她投票的方式，从而确保了她投票的保密性。另外，它还消除了在固定顺序下可能出现的对列表顶部候选人的任何偏见。

2. 建模 Prêt à Voter 协议

下面对协议的组件和参与者进行建模。由于篇幅限制，此处给出投票人（voter）模型的模板、元素、交互的描述，完整过程请参阅本书参考文献[53]。

模板代表了投票人（voters）、胁迫者（coercers）、混合柜员（mix tellers）、解密柜员（decryption tellers）、审计员（auditors）等代理人的行为和投票基础设施（voting infrastructure）。

为了便于模型代码的阅读和管理，常定义一些数据结构和类型名，具体如下：

- Ciphertext：一对 (y_1, y_2)。为了简化建模，假设使用 ElGamal 加密。
- Ballot：一对 (θ, cl)。其中，$\theta = E_{PK}(s, *)$，候选人名单 $cl = \pi(s)$，s 是与选票相关的种子，$\pi: \mathbb{R} \to \mathrm{Perm}_C$ 是将 seed 与候选人的排列相关联的函数。
- Receipt：一对 (θ, r)，r 是索引。它可以用来验证一个术语是否被记录、是否被正确地完成。
- c_t：一个范围为 $[0, c\_total)$ 的整数，表示一个候选人。
- v_t：一个范围为 $[0, v\_total)$ 的整数，表示一个投票人。
- z_t：一个范围为 $[0, z\_total)$ 的整数，是 $\mathbb{Z}_p^*$ 的一个元素。

投票人（voter）模块的结构如图 6-38 所示。思路是，当选民等待选举开始时，她可能会受到胁迫。当选票准备好时，选民选择候选人，并将收据发送到系统。然后她决定是否要检查她的投票是如何记录的，以及是否要向胁迫者出示收据。如果受到胁迫，她也会等待胁迫者决定惩罚她或不惩罚她。

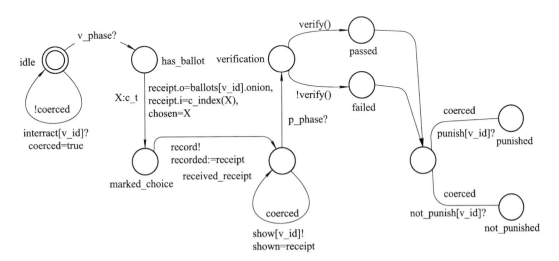

图 6-38　投票人模块

该模块包括以下私有变量：

- receipt：Receipt 的一个实例，投票后得到。

- coerced[=false]：一个布尔值，表示胁迫者是否建立了联系。
- chosen：选中候选人的整数值。

此外，还包括以下过程：

- c_index(target)：返回一个索引，在该索引上可以找到投票候选列表中的目标。
- verify()：若选民的收据可在网络公告板上找到，则返回 true，否则返回 false。

本地状态：

- idle：等待选举，可能被胁迫者联系。
- has_ballot：投票者已经获得了选票表格的形式。
- marked_choice：投票人已经标注了被选中候选人的索引（并销毁候选列表的左列）。
- received_receipt：接收到投票者的选票，可能显示给胁迫者。
- verification：投票人已决定核实收据。
- passed：投票人确认收据出现正确。
- failed：投票人获得证据证明该收据没有出现在公告板上或出现错误。
- end：投票仪式结束。
- punished：选民受到了胁迫者的惩罚。
- not_punished：胁迫者不惩罚选民。

转换：

- idle→idle：若没有被威胁，则启用转换；若被胁迫，则设置 coercion 为 true。
- idle→has_ballot：始终启用；如果采取转换，选民获得选票。
- has_ballot→marked_choice：标记选定的候选人所在的单元格。
- marked_choice→received_receipt：使用共享变量 recorded 通过通道 record 向 Sys 进程发送票据（receipt）。
- received_receipt→received_receipt：若被威胁，则启用转换；若采用转换，则使用共享变量 shown 将票据传递给胁迫方。
- received_receipt→verification：始终启用；如果采用转换，投票者决定验证收据是否出现在公告板上。
- (received_receipt ‖ passed ‖ failed)→end：投票仪式结束。
- end→punished：如果被胁迫，那么启用转换；如果采用转换，那么选民就受到了胁迫者的惩罚。
- end→not_punished：如果被胁迫，那么启用转换；如果采用转换，那么胁迫者就不再惩罚选民。

胁迫者(coercer)可以被认为是一个试图通过强迫选民服从某些指示来影响投票结果的政党。为了加强这一点，胁迫者可以惩罚选民。

系统模块表示选举机构的行为，该机构准备选票表格，监视当前阶段，向其他组件发出投票过程的信号，最后发布选举结果。此外，该模块还扮演服务器的角色，在整个选举过程中接收票据并将其传输到数据库。假设所有选票都是正确生成的，因此省略了可以确保这一点的程序（如选票审计）。

3. 属性建模

UPPAAL 只采用 CTL 的子集，不包含"next"和"until"模块，它支持的性质可以分为以下几类：可达性 $E\diamond p$，活性 $A\diamond p$，安全性 $E\square p$、$A\square p$。唯一可行的嵌套公式的形式是 $p \leadsto q$，它是 $A\square(p\rightarrow A\diamond q)$ 的简写，表示 p 引出性质 q。

在投票协议中设法建模以下属性：

$E\diamond \text{failed\_audit}_0$：第一个混合柜员最终可能无法通过审计；

$A\square \neg \text{punished}_i$：选民 i 永远不会被胁迫者惩罚；

$\text{has\_ballot}_i \leadsto \text{marked\_choice}_i$：无论如何，只要选民 i 拿到一张选票表，最终都会作出自己的选择。

4. 验证

在参数化模型上验证了每个公式，使用了几种配置，选民人数从 1 到 5 不等。对于第一个属性，UPPAAL 验证器为具有 1、2、3 和 4 个投票人的配置返回"属性被满足"。如果有 5 个投票人，由于状态空间爆炸，会得到"内存不足"。这是分布式系统验证中一个众所周知的问题。典型地，爆炸涉及模型检验中要探索的系统状态和定理证明中要探索的证明状态。属性 2 产生"属性不满足"的答案，并将所有五种配置的反例粘贴到模拟器中。最后，属性 3 以"内存不足"结束，与选民人数无关。

本 章 小 结

本章介绍了基于自动机模型的形式化安全方法，包括 FSM 模型、Petri 网模型、标签转移系统模型、标准形式化语言、自动化验证工具和实例分析与实验——用 UPPAAL 验证 Prêt à Voter 电子投票协议。

首先，讨论了 FSM 模型，包括图灵机和系统状态机、有限自动机的定义和分类，以及自动机模型的扩展和应用。这些内容帮助读者理解自动机模型在形式化安全方法中的重要性和用途。

其次，探讨了 Petri 网模型的原理、扩展和应用。Petri 网是一种用于描述并发系统的数学模型，用结点、弧和令牌等概念来表示系统的状态和操作。了解 Petri 网模型的原理和扩展可以帮助读者更好地应用它们进行形式化安全分析和验证。

再次，介绍了标签转移系统的基本概念、扩展和应用。标签转移系统是一种用于描述并发程序的模型，用标签来表示系统的状态和操作。掌握标签转移系统的知识和技能对于形式化安全方法的应用至关重要。

此外，还学习了标准形式化语言中的 SDL 语言和 ESTELLE 语言。SDL 语言是一种用于描述软件结构和行为的高级语言，而 ESTELLE 语言则是一种用于描述实时系统行为的高级语言。了解这两种标准形式化语言可以帮助读者在形式化安全方法中更准确地表达和验证系统行为。

最后，介绍了自动化验证工具中的 SPIN 和 UPPAAL。SPIN 是一个用于形式化验证的软件工具，它提供了一种交互式的图形界面来进行验证。UPPAAL 则是一个自动化的形式化验证工具，它能够对系统进行全面的验证并生成详细的报告。实例分析与实验部分，展示了如何使用 UPPAAL 验证 Prêt à Voter 电子投票协议的安全性。

　　综上所述，本章涵盖了基于自动机模型的形式化安全方法的关键概念和技术。通过学习和实践这些内容，读者将能够理解和应用这些方法来确保软件的安全性和可靠性。

本 章 习 题

1. 简述库所/变迁 Petri 网的变迁中使能条件及变迁引发规则。

2. 设 $\Sigma=\{0,1\}$，试构造一个 DFA，接收包含 011 的串集合。

3. 给出接收语言 $\{0^n1^m2^k\,|\,n,m,k\geqslant 1\}$ 的 NFA。

4. 构造与题 2 的 DFA 等价的 NFA。

5. 为什么 Petri 网能描述系统的并发特性？

6. Petri 网主要有哪些分析方法？它们的原理各是什么？

7. 选择一些自己熟悉的实际应用系统，构造出相应的 Petri 网模型。

8. 简述 SDL 语言和 ESTELLE 语言的结构，并说明它们与 FSM 之间的关系。

9. SDL 语言和 ESTELLE 语言有什么异同？

10. 安装 UPPAAL 工具，实现 6.6 节的实验。

第 7 章　基于进程演算的形式化方法

在计算机科学领域，进程演算是一种非常重要的形式化方法。它提供了一种精确地表示和分析计算过程的方式，使得我们可以对并发性和并行性系统进行有效的建模和分析。本章将介绍基于进程演算的形式化方法，并重点讨论进程演算、CSP（Communicating Sequential Processes，通信顺序进程）和 CCS（Calculus of Communicating Systems，通信系统演算）标准语言、扩展模型、自动化工具、实例分析与实验等内容。

首先，将介绍进程代数体系和进程演算方法。进程演算是描述计算过程的一种形式化方法，它用一组基本运算符来表示并发性和并行性。通过定义这些基本运算符和它们之间的操作规则，读者可以准确地描述和分析复杂的计算过程。

其次，将深入探讨 CSP 和 CCS 这两种进程演算模型。CSP 模型是一种基于消息传递的进程演算模型，它通过发送和接收消息来模拟通信过程。CCS 模型则是一种扩展 CSP 模型的进程演算模型，它引入了共享内存的概念，使得进程之间可以共享数据。通过比较这两种模型的特点和应用范围，读者可以更好地理解它们的优缺点以及适用场景。

再次，将介绍与进程演算相关的标准语言和扩展模型。标准语言是用于描述和验证进程演算系统的语言，它具有严格的语法和语义规则。扩展模型则是基于标准语言进行扩展和改进的模型，它们可以提供更多的功能和表达能力。通过学习和使用这些语言和模型，读者可以更加灵活地构建和管理进程演算系统。

最后，将介绍自动化工具，用于支持进程演算的形式化方法和相关研究。这些工具可以帮助读者自动地进行推理、分析和验证，大大提高进程演算的研究和应用的效率和准确性。

除了理论知识的介绍，本章还将通过实例分析和实验来加深对基于进程演算的形式化方法的理解和应用。通过对实际问题的分析和解决，读者可以更好地掌握进程演算的原理和方法，并将其应用于实际的计算机系统中。

7.1　进　程　演　算

在计算机科学中，进程演算（或进程代数）是用于正规建模并发系统的多种相关方法。进程演算提供了具体描述多个独立代理人程序或者是多个进程之间交互、通信、同步的方法。其中包含了对进程操作和分析的描述，以及证明形式化推导进程之间存在等价关系（如双向模拟的运用）的代数法则。关于进程演算的典例主要包括 CSP、CCS 和 LOTOS，后面将一一进行介绍。

虽然目前为止的进程演算种类繁多(包括含有随机行为、定时信息、专门研究基础交互的特例),但是所有的进程演算都有以下几个共同特征:

(1) 在独立进程之间进行通信(消息传递)时比修改共享变量更能体现交互性;

(2) 使用基本元和能合并这些基本元的操作符的集合来描述进程和系统;

(3) 定义了能通过等式推理方法推导出进程表达式的操作符的代数法则。

本节将对进程演算进行介绍,主要包括进程代数体系和进程演算方法。

7.1.1 进程代数体系

随着计算机网络通信技术的高速发展,以及分布式计算的普及,并发系统的建模与分析已成为计算机技术的主流方向之一。并发模型与其他传统模型的计算顺序不同,具有其固有的复杂性,进程代数是通过代数模型来描述并发计算的一种数学模型,它能够刻画并发现象,即多个计算进程同时活动,通过交换信息(通信)来协作完成预期的特定计算任务。由于其具有良好的代数性质以及规范简洁的语法和语义,进程代数成为众多并发模型中最具有代表性的模型。

进程代数是关于通信并发系统的代数理论的统称。20 世纪 70 年代后期,英国学者 Robin Milner 和 C. A. R. Hoare,分别提出了通信系统演算(CCS)和通信顺序进程(CSP),开创了用代数方法研究通信并发系统的先河。

进程代数的英文为 process algebra,其中 process 代表 system behavior(系统行为)。一个系统就是一个能表现出各种行为的事物,在计算机世界,process 主要指一个软件系统的行为。这句话很抽象,简单来说就是,一个软件系统可以表现为一个动作(action),如转换一个文件的格式,也可以表现为一个事件(event),如格式转换完毕,另外一个软件系统也可以在一定的序列下完成一系列动作。可以从各个角度(aspect)去观察一个系统的行为,研究者往往会关注一个角度的系统行为,这时他们会把系统进行抽象,称这种抽象为对系统行为的一种观察(observation)。

有一些研究人员,以这样的一个角度观察系统的行为:

· 系统由一大堆动作组成;

· 动作之间都是离散的(discrete)、独立的;

· 离散的意思是动作发生在某一时间,各个动作发生的时间是独立的、不相关的。

离散数学中,群(group)是一个代数结构,它的运算符特性满足该群的约束要求,比如群(G,$*$)是一个代数系统,其中运算符 $*$ 要满足结合律的要求,从群论的角度来看,进程代数是一个以进程为基本元素,并且进程上的运算符满足特定的约束的代数结构。

进程代数理论中提出了多种模型,其中最早的(大约是 20 世纪中期)、最简单的模型是:将行为看作是一个带有输入/输出的函数,在进程开始时,给予一个输入值,在进程的执行过程中的某个时刻会给予外界它的某个输出值。这个模型是基于有限自动机理论的,即每个 process 被看作一个自动机(automaton)[①](如图 7-1 所示),一个自动机有很多状态

---

① 今天仍然有人将一个 process 看作自动机,进行研究。

(state)和迁移(transition)，状态通过迁移进行状态之间的转换，这样，当用自动机代表一个进程时，状态之间的迁移就代表进程执行了一个动作，所以迁移描述了进程的最基本行为，另外，一个自动机还可以有一个初始状态和多个终止状态。一次行为(behavior)就是一个自动机迁移的实例，即从初始态到达某一个终止态的具体路径过程。

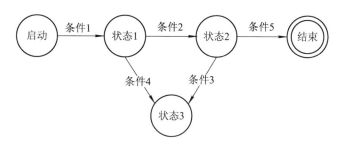

图 7-1 自动机示意图

但是后来，人们发现这种自动机模型并不能完全表达一个系统的行为，它无法描述两个系统之前的交互行为，也就是说自动机无法用来描述并行系统或分布式系统，或者说反应系统(reactive system)的行为。因此，人们开始了并发理论(concurrency theory)研究，所以说并发理论是针对反应式、并行式或分布式系统的，这些系统与云计算也有重要的相关之处。

进程代数可以说是并行理论中的一个研究方向，后续内容会介绍，一种进程代数通常都会有一个基本的运算符——并行组合(parallel composition)，这里组合(composition)是指多个离散的动作的组合。除了并行的组合，还有带有选择分支的组合(alternative composition-choice)和按顺序组合(sequential composition-sequencing)，这样就可以对系统使用进程代数建模，然后通过代数运算、方程推导进行分析和验证，以判断系统是否满足所希望的特性。

通常使用加号"＋"作为选择组合，分号"；"作为顺序组合，而双竖线"∥"表示并行组合。那么定义以下法则：

> (1) $x+y=y+x$(选择组合的交换律)。
>
> (2) $x+(y+z)=(x+y)+z$(选择组合的结合律)。
>
> (3) $x+x=x$(选择组合的幂等律)。
>
> (4) $(x+y);z=x;z+y;z$(顺序组合的右分配律)。
>
> (5) $(x;y);z=x;(y;z)$(顺序组合的结合律)。
>
> (6) $x\parallel y=y\parallel x$(并行组合的交换律)。
>
> (7) $(x\parallel y)\parallel z=x\parallel(y\parallel z)$(并行组合的结合律)。

如果任何带有三个运算符的代数结构满足以上七条法则，那么就称这个代数为进程代数，这就是一个简单的进程代数的概念定义。

7.1.2 进程演算方法

进程演算是一种代数模型，用于刻画并发计算。这一领域的研究主要围绕两种主流模型，即 CCS 和 CSP，以及后来发展的 Pi 演算和 Ambient 演算。

1. CCS 和 CSP 的基本概念与应用

1) CCS

CCS 由 Robin Milner 于 1980 年代初提出，CCS 通过进程间的通信来表达并发计算，认为进程之间的并发是通信动作的交错加上不确定性。CCS 的语法包括前缀、并置、选择、限制、换标号和递归等操作，尽管简单，但描述能力强。CCS 主要用于模拟并发系统的非确定性、通信、递归和同步等行为。CCS 在刻画非确定性方面只有一种选择算子"＋"。非确定性并不是该算子的一个属性，而是两个候选进程的共同属性。当环境不参与选择时，表现出完全的非确定性；而当环境参与选择时，表现出确定性的一面。

2) CSP

CSP 由 C. A. R. Hoare 提出，时间上略早于 CCS。CSP 允许将系统描述为多个独立操作的进程组合，这些进程通过命名通道进行通信。CSP 适用于描述并发系统的非确定性选择、通信和死锁行为。CSP 在刻画非确定性方面有两种选择算子，即外部选择算子"§"和内部选择算子"u"，区分环境参与的确定性和完全的非确定性。

总的来说，CSP 更接近于实际的程序设计语言，而 CCS 则是一种演算。

基于互模拟概念的行为等价理论的建立和完善，是 CCS 能成功地用于并发系统建模和并发程序验证的主要原因。互模拟等价是进程演算中最为重要的等价关系。进程演算中大部分的研究就是围绕着互模拟等价这个概念展开的。根据是否忽略表示系统内部通信的 τ-动作，互模拟等价又可以分为强互模拟等价和弱互模拟等价。强互模拟等价关系要求两个系统互相模拟所有的动作，包括内部通信；而弱互模拟等价关系则忽略 τ-动作。基于弱互模拟的观察同余关系是实际应用中最重要的关系，因为它所刻画的等价关系最接近人的直观。

在进程演算的研究中，通信一直是并发计算模型的中心。纯 CCS 中的通信是指进程之间的同步，而不描述进程间传递的数据，数据的传递通过同步来描述；在传值 CCS 中，进程间可以传递数据，但是这就显示处理 CCS 的局限性，因为 CCS 中传递的数据不是 CCS 中固有的元素，即 CCS 变成了不封闭。CCS 的另一个局限是它只能描述静态结构的并发系统，对于具有动态通信拓扑结构的系统无法进行描述。

2. Pi 演算和 Ambient 演算的发展

1) Pi 演算

在 1990 年代初，Robin Milner 等提出了 Pi 演算，以解决 CCS 在动态通信拓扑结构描述上的限制。Pi 演算支持通道名的传递，允许通信拓扑结构动态变化，即所谓的移动进程。Pi 演算也引入了多种新的互模拟关系，如强互模拟、弱互模拟、早互模拟和迟互模拟等，从而扩展了模型的表达能力。

随着对 Pi 演算研究的深入，人们又提出了 Pi 演算的多种变体。其中包括多维 Pi 演算（polyadic Pi calculus）、带不等名测试的 Pi 演算、Pi I 演算、异步 Pi 演算、L Pi 演算、

Fusion 演算、Chi 演算等。这些演算在语法和操作语义上与 Pi 演算存在着差异：多维 Pi 演算允许多个名的同时输入和输出；带不等名测试的 Pi 演算是在 Pi 演算中加入了不等名测试操作子，以方便建立等式公理系统；在 Pi I 演算中则是只允许受限名的输出；在异步 Pi 演算中输出动作是异步的，即不用等待输出动作的完成，进程即可继续进行，这与实际中的通信是一致的；Fusion 演算和 Chi 演算在通信机制上与 Pi 演算不同，Pi 演算通过输入输出动作传递信息来完成通信，而这两个演算中统一了输入和输出操作，通过变量值的扩散来实现通信，另外，它们也统一了 Pi 演算中的两类受限名。Pi 演算中的各种互模拟在它的变体中依然是研究的对象，并且，这些新的演算中产生了许多新的互模拟关系。例如，在异步 Pi 演算中的异步互模拟关系及其三种等价定义方式、HT-互模拟等；而在 Chi 演算中，傅育熙提出了 L-互模拟关系，即只要求进程在某些种类的动作上是互模拟的，并在此之上构造出了互模拟格；在 Fusion 演算中则是提出了超互模拟的概念。

上述代数理论统称为进程演算，其共同特征如下：

（1）均使用通信，而不是共享存储，作为进程之间相互作用的基本手段，表现出面向分布式系统的特点。

（2）在语法上，用一组算子作为进程构件。算子的语义用结构化操作语义方法定义。进程可看作标号迁移系统。

（3）把并发性归结为非确定性，将并发执行的进程行为看作是各单个进程行为的所有可能的交错合成，即所谓交错式语义。

2）Ambient 演算

Ambient 演算由 Cardelli 和 Gordon 于 1990 年代末提出，它引入了明确的位置和区域概念，基于进程的移动来实现计算。Ambient 演算的研究主要集中在类型系统和安全性的相互作用，以及适用于网络系统安全的研究。

由于进程演算对于协议的描述几乎接近协议的本身含义，可以很精确地刻画协议的运行过程。使用进程演算对安全协议进行分析和验证时，协议的每一个主体都被建模为一个单独的进程（在一些研究方法中，攻击者也被建模成为一个单独的进程），这些子进程并发运行，并使用进程之间的共享通道进行同步通信，这样得到的并发系统将作为安全协议的基本模型。

3. 进程演算在安全协议分析中的应用

进程演算不仅作为代数模型被用于理论研究，还被应用于实际的安全协议分析和验证。这包括利用进程演算对安全协议进行模型检测、互模拟验证和程序分析。通过建模协议的各个参与者为并发运行的进程，使用共享通道进行同步通信，进程演算能精确刻画协议的执行过程，并验证其安全性。

总结而言，进程演算提供了一套丰富的工具和理论，用于描述并发计算和分析复杂系统的安全性。其发展不断推动着并发计算模型理论的深入和应用的扩展，特别是在网络和系统安全领域的研究中展现了显著的价值。

7.2　CSP 与 CCS

随着并发分布式计算的社会需求日益增长，实际的分布式问题也日益复杂化。人们在开发各种实际分布式并发计算系统的同时，也提出了一大批有待研究解决的问题，这促使并发性的研究已成为目前计算机科学最活跃的领域之一。研究发现，许多问题实质是共同的，与顺序程序设计方法相比，它先天地要复杂、困难得多。说到底，人们还远未真正了解并发性的实质。因此，需要对并发的基本模型进行广泛深入的研究。一种好的并发进程模型，其概念应尽可能简单而清晰，以便于理解和应用；它应当有足够的表达能力，以反映并行性的诸方面；它应当有好的构造性质及动态性质，以支持各种复杂的并发系统的构成及形式演绎；它应有尽可能有效的实现机制，以支持实际系统的开发。从这几个方面的要求来衡量，CCS 模型与 CSP 模型是非常成功的两个模型，本节将分别对它们进行介绍。

7.2.1　CSP

CSP 模型是由 C. A. R. Hoare 创立的，比 CCS 较早，但这两个模型主要方面的工作是平行发展的。CSP 模型的目的是描述一种在计算机应用广泛的领域中适用的最简单的数学理论。从售货机到进程控制，从离散事件模拟到共享资源操作系统，它能在各种计算机结构上有效地执行，还能在说明、设计、执行及验证等方面给程序员以支援。CSP 模型以进程中事件的顺序执行及进程间通信为出发点，研究计算的一般模式。CSP 的主要贡献是它把计算机所涉的各种计算形式及其性质建立在一套严密的形式系统之上，这套形式系统的数学语义是迹及失效语义。Dijkstra 在 Hoare 的著作的前言中评价这一成就"墨迹未干就已成为经典"。

1. 进程与迹

一个对象从事**事件** x，然后，其行为由 P 来描述，写为 $x \rightarrow P$，P 称为**进程**，P 的字母表为 αP，x 是 P 的**前缀**。一个从前缀开始的进程描述符称为**有哨的**。若 $F(x)$ 为有哨表达式，则方程 $X = F(X)$ 递归定义其解表达式 $\mu X : A \cdot F(X)$，其中 A 为字母表。

一个进程行为的**迹**是记录从某时刻开始所从事事件的有限符号序列。如 $\langle x, y \rangle$，$\langle \rangle$ 分别表示二个顺次事件及空事件的迹。迹上的运算主要有连接 $u^\frown t$、限制 $u \upharpoonright A$、迹头 $(\langle x \rangle ^\frown s)_0 = x$、迹尾 $(\langle x \rangle ^\frown s)' = s$、迹的序关系 $s \leqslant t = (\exists u, s^\frown u = t)$ 及迹的长度 $\# u$。P/s 的行为是 P 从事迹 s 之后的行为。

特殊进程 $\text{RUN}_A = x : A \rightarrow \text{RUN}_A$，可以从事 A 上的任意事件，$\text{traces}(\text{RUN}_A) = \{ u \mid u \in A^* \}$，进程 STOP_A 什么也不做，$\text{traces}(\text{STOP}_A) = \{ \langle \rangle \}$。其中 A^* 是 A 上的所有有限迹集。

当一个进程由于不同的起始事件而导致不同的后继时，用"$|$"标记，如 $R = (x \rightarrow P) | (y \rightarrow Q)$，这里并不把"$|$"看成一种运算，这类选择一般可表示为 $x : B \rightarrow P(x)$ 的形式。

2. 进程的运算

下面仅讨论几个主要的基本运算。重点区分相似运算之间的差异。

1）并行合成

CSP 中有 $P \parallel Q$ 及 $P \parallel\parallel Q$ 两种形式。一种是同步式并行合成 $P \parallel Q$，对于 P、Q 共有的事件集 $(\alpha P \cap \alpha Q)$，要求 P 与 Q 的行为严格同步锁定地发生，仅出现在 P 或 Q 中的事件则可以独立地发生。因此，除了一些基本运算定律外，还有一些严格地依赖于符号表的运算性质。

另一种是不确定并行合成 $P \parallel\parallel Q$，$\alpha P \equiv \alpha Q$，P 与 Q 各自完全独立地作用，而不管其字母表是否相同。系统的每一个作用是 P、Q 之一的一个作用。若 P、Q 的作用恰巧同时发生，则从这两个作用中不确定地选择一个作为系统的作用。

2）选择

CSP 中有两种选择算子，当环境不能控制进程 P、Q 之间的选择时，记为 $(P \parallel Q)$，它是"非确定 OR"。产生这类选择的原因可能是环境不能影响，也不能观察到这种选择作用，或者由于忽略了一些决定选择的因素。对于观察者，这种选择是由系统内部不确定作出的（如售货机找回零钱的面值组合等）。若环境可以控制这种选择，则记为 $(P \square Q)$，这是指只要能控制第一个事件的选择，就可以决定选择的是 P 还是 Q。若初始时不可能选择 P 的第一个作用，则选择 Q；若 P、Q 的第一个作用都不可能选择，则它们之间的选择是不确定的。这两种选择算子的区别可以从下述看出：

$$c \to P \square d \to Q = c \to P \mid d \to Q,\ \text{if}\ c \neq d\ \text{而}\ c \to P \square c \to Q = c \to P \parallel c \to Q$$

3）删除

一般地，一个进程的字母表恰包含它所涉及的事件。但在描述一个系统的内部行为时通常要考虑表示其内部作用的事件。在构造这一系统后，期望的是不再看到其组分结构及内部作用，因为这些内部作用在需要时会自动出现，而不必为外部所察觉。$(P \backslash C)$ 是一进程，除了 C 中每一个事件被删除之外，其行为 P，$\alpha(P \backslash C) = (\alpha P) - C$。如 $(a \to c \to P \parallel c \to b \to Q) \backslash \{c\}$ 可化为 $a \to \mu X, (a \to b \to X \mid b \to a \to X)$。

3. 通信

通信是在通道上传送消息的一类事件。它是一种可观察的行为，是系统部件进行物理连接的一种手段。把输出消息看成一种前缀算符，把输入看成一种特殊的选择，则 $R = C_! V \to P \parallel c?\ x \to Q(x) = = c_! V \to (P \parallel Q(v))$。为把通信作为内部事件隐藏起来，可以使用删除，$R \backslash C = (P \parallel Q(v)) \backslash C$，其中 $C = \{c, v \mid v \in \alpha C\}$。若 $\alpha P \subseteq \alpha Q$，则 $(P \parallel Q)$ 中 P 服务于 Q，P 是从进程，Q 是主进程。二者的通信被删除，可写为 $(P // Q)$，且 $(P // Q) = (P \parallel Q) \backslash \alpha P$，于是 $\alpha(P // Q) = \alpha Q - \alpha P$。一个从进程可以有多个通道，可以通过不同的通道被多个进程共享使用，形成共享资源的各种模式。使用主从进程的递归构造，可以形成各类动态数据结构及程序结构。

4. 顺序进程

引入一个特殊事件"$\surd$"（正常终止），它是顺序进程的最后一个事件，表示进程正常结束。一个特殊进程 SKIP，除了正常终止外，什么也不做（它不同于 STOP，导致 STOP 的原因可能是死锁或其他设计错误）。顺序进程 P、Q 的顺序合成 $(P; Q)$ 的迹是 P 的迹。若 P

的迹由"√"结束，则"√"被 Q 的迹置换。由顺序结构可以派生出顺序程序设计中的各种控制概念，包括循环、条件分支、赋值、中断、断点、重新启动等。

5. CSP 的数学语义

失效模型上 CSP 的语义，是非确定性进程的数学基础。下面先定义几个概念。

定义 7-1　可以做任何事情的进程称为 CHAOS。

定义 7-2　进程 P 的发散(divergence)是该进程的任何迹，在该迹之后，进程行为混乱，即

$$\text{divergence}(P) = \{s \mid s \in \text{traces}(P) \wedge P/s = \text{CHAOS}_{aP}\}$$

定义 7-3　进程 P 的拒绝(refusal)是一集合，该集合不包含 P 初始所从事的事件。

$$\text{refusals}(P) = X; XnP0 = \{\}$$

定义 7-4　进程的失效(failure)是关系(S,X)，有 $\text{failures}(P) = \{(S,X) \mid s \in \text{traces}(P) \wedge X \in \text{refusals}(P/s)\}$，即若$(S,X) \in \text{failures}(P)$，指 P 可以从事由 S 记录的事件序列，然后拒绝做 X 中的任何事件。显然，迹与拒绝可以由失效来定义：

$$\text{traces}(P) = \{S \mid \exists X, (S,X) \in \text{failures}(P)\}$$

$$\text{refusals}(P) = \{X \mid (\langle \rangle, X) \in \text{failures}(P)\}$$

一个进程可以由一个三元组⟨字母表，失效，发散⟩唯一地确定；反之，一个满足适当条件的三元组唯一地确定一个进程。

定义 7-5　失效模型是三元组(A,F,D)，其中 A 为字母表，F 为 A^* 与 IP(A)之间的关系集，D 为 A^* 子集，且满足下述条件：

(1) $(\langle \rangle, \{\}) \in F$；

(2) $(s^\frown t, X) \in F => (s, \{\}) \in F$；

(3) $(s,Y) \in F \wedge X \subseteq Y \Rightarrow (s,X) \in F$；

(4) $(s,X) \in F \wedge x \in A \Rightarrow (s, X \cup \{x\}) \in F \vee (s^\frown \langle x \rangle, \{\}) \in F$；

(5) $D \subseteq \text{Domain}(F)$；

(6) $s \in D \wedge t \in A^* \Rightarrow s^\frown t \in D$；

(7) $s \in D \wedge X \subseteq A \Rightarrow (s,X) \in F$。

由于可以给出进程在失效模型上的语义。如对于"‖"，有

$$A[\![P \parallel Q]\!]_e = A[\![P]\!]_e \cup A[\![Q]\!]_e$$
$$D[\![P \parallel Q]\!]_e = \{s^\frown t \mid s \in (D[\![P]\!]_e \cap \text{traces } F[\![Q]\!]_e) \cup (D[\![Q]\!]_e \cap \text{traces } F[\![P]\!]_e) \wedge t \in (A[\![P]\!]_e \cup A[\![Q]\!]_e)^*\}$$
$$F[\![P \parallel Q]\!]_e = \{(s, X \cup Y) \mid (s,X) \in F[\![P]\!]_e \wedge (s,Y) \in F[\![Q]\!]_e\} \cup \{(s,X) \mid s \in D[\![P \parallel Q]\!]_e\}$$

可以写出两个特殊进程的语义：

$$A[\![\text{CHAOS}_X]\!] = X,$$
$$D[\![\text{CHAOS}_X]\!] = X * \times \text{IPX},$$
$$F[\![\text{CHAOS}_X]\!] = X *$$

它是 X 上的最大进程，它在任何时候可以做任何事件，可以拒绝任何事件。

$$A[\![\text{STOP}_X]\!] = X,$$
$$D[\![\text{STOP}_X]\!] = \{\langle\rangle\} \times \text{IP}X,$$
$$F[\![\text{STOP}_X]\!] = \{\},$$

它什么也不做，拒绝做任何事件，但不发散。

根据不动点理论研究失效模型的递归情形，先定义偏序：$(A, F_1, D_1) \sqsubseteq (A, F_2, D_2) = (F_2 \subseteq F_1 \land D_2 \subseteq D_1)$，$P \sqsubseteq Q$ 指在较少失效及较少发散的意义下 Q 等于或好于 P，Q 较可预测，较可控制。在这一偏序上构成 CPO，其中由于 $\text{CHAOS} \sqsubseteq P$，CHAOS 是 CPO 的底元。

$$\bigcup_{n \geqslant 0}(A, F_n, D_n) = (A, \bigcap_{n \geqslant 0} F_n, \bigcap_{n \geqslant 0} D_n)$$

只要 $(\forall n \geqslant 0, F_{n+1} \subseteq F_n \land D_{n+1} \subseteq D_n)$，且可证明，除"/"之外，对于所有算子都是连续的。使用不动点性质，可写：

$$\mu X: A, \; F(X) = \bigcup_{i \geqslant 0} F^i(\text{CHAOS}_A)$$

6. 确定性与非确定性

现在来看一看，在 CSP 模型下非确定性是如何产生的，它意味着什么？

若一个进程决不拒绝它所从事的事件，则该进程是确定的，可写 P 是确定的 $\equiv s$：$\text{traces}(P)$。

$(X \in \text{refusals}(P/s) = X \bigcap (P/s)^0 = \{\})$ 非确定进程不具有这一性质，它有时可以从事一事件，而另一时又拒绝该事件。导致进程不确定的原因如下：

（1）不确定选择算子"$\sqcap$"。这种不确定性往往不是来自问题本身，而是来自运算的结果。

（2）非确定并行算子"$\interleave$"。由于 $(P \interleave Q)$ 中 P 与 Q 迹的任意交互，无法预测及控制 s 之后 $(P \interleave Q)/s$ 的迹将以什么次序发生。

（3）删除算子"\\"。这是由确定导致不确定的根本来源。当被删除的事件不可见地发生时，不能确定其中哪一个出现。删除一个进程的前缀导致进程变为无哨的，它把进程的第一事件变成不确定的选择。无哨的递归进程将不存在唯一解。当删除进程中的一个无限序列时，将导致不可见的无限循环。如 $(\mu X: A \cdot (c \to X)) \backslash \{c\} = \text{CHAOS}_{A - \{c\}}$，这种现象就是发散。发散的另一来源是递归方程的不良定义，如 $\mu X \cdot X$，其初始条件不可见（无哨）。发散可归纳为：

$$\text{divergences}(P \backslash C) = \{S \mid (\alpha P - C) \hat{\ } t \mid t \in (\alpha P - C)^* \land (s \in \text{divergences}(P) \lor \forall n,$$
$$\exists u \in C^*, \#u > n \land s^A u \in \text{traces}(P))\}$$

7. 失效模型

关于失效模型，有两点值得提及：一是，模型中使用拒绝集，而不使用其对偶——接受集来定义失效。这是因为拒绝集有较好的数学性质，它对于（除"/"之外）所有算子都是连续的，这给建立 CPO 提供好的基础。但使用接受集或接受/拒绝集方面也有一些好的工作。二是，在发散的定义中，使用 CHAOS 来表示发散，这不是一个理想的定义，因为

CHAOS 对任何外部输入一定作出（接受或拒绝的）响应，但发散是一种不可见的无限循环，它在任何有限时间内都不响应外部输入。因此，CHAOS 不符合直观。

CHAOS 还引起信息的丢失，因为实际的发散行为并不像 CHAOS 那样混乱。另一种处理是把发散与死锁不做区别，使用 STOP 来表示发散，可惜 STOP 没有好的代数性质。相对照，对于删除，CHAOS 是连续算子。发散的处理问题之所以重要，是因为当建立失效语义与操作语义的关系以及将失效模型公理化时，发散是一个绕不过的问题。

7.2.2　CCS

CCS 模型是由 Robin Milner 提出来的。据他所讲，当他企图把顺序模型的基本概念（存贮状态上的函数）推广到并发系统而失败时，认识到并发系统的语义理论应建立在通信之上。CCS 模型是在一种较弱条件下建立起来的普适并发进程模型，它企图获得并发性及通信的一般数学性质。CCS 最主要的贡献是关于并发系统构成的等价性研究，其中有代表性的是建立在互模拟基础上的观察等价概念。两个动态系统之间成立着一种不变性，通过建立这种不变性可证明两个系统是等价的，正如为证明一个顺序进程的正确性而找出程序的不变性质一样。站在外部观察者的立场来看，关注的是两个系统的（外部）行为是否相同，而不关注其内部行为的差异，观察等价的概念以严格的数学形式刻画了系统外在行为的等价性。CCS 从简单的事实出发，以严谨、优美的数学形式，建立了并发系统行为的形式理论。Robin Milner 建议把它改称为进程演算（process calculus），而不是称为代数或逻辑，这是因为代数或逻辑都不足以表示这一理论，要使用另外的数学形式。也不能把 CCS 看成一种程序设计语言，看成一种语言本身就意味着这一理论是一种不可扩展的形式系统，而作为一种理论是没有这种约束的。归根结底，广义来说，CCS 所要研究的是断言与作用的关系，或是系统的说明与其性能的关系。

1. CCS 的基本计算

设有名字集 $\Delta = \{\alpha, \beta, \gamma, \cdots\}$，其补集 $\overline{\Delta} = \{\overline{\alpha} \mid \alpha \in \Delta\}$，标号集 $L = \Delta \cup \overline{\Delta}$，引入一个沉默的作用 τ，并定义 $\mathrm{Act} = L \cup \{\tau\}$。$K = \{A \mid A \text{ 是事件}\}$ 表示事件常量集，$X = \{x \mid x \text{ 是事件变量}\}$ 表示事件变量集，$\varepsilon = \{E_i\}$ 表示表达式集。

一个类（sort）是子集 $L \subseteq \mathrm{Act}$，使事件 P 有类 L，$P :: L$ 指 P 的所有活动都在 L 中。

表达式的构造规则如下：

（1）**前缀规则** $\alpha \cdot E$，$\alpha \in \mathrm{Act}$；$\alpha \cdot E$ 的行为是作用 α 之后 E 的行为。

（2）**求和规则** $\sum_{i \in I} E_i$，I 为索引集：$\sum_{i \in I} E_i$ 的行为是任意 E_i 之一的行为，若 $I = 0$，则它为 0；若 $I = 2$，则它是 $E_1 + E_2$。

（3）**合成规则** $E_1 \mid E_2$：表示 E_1、E_2 的并发行为，它们通过互补的作用进行彼此通信。

（4）**限制规则** $E \backslash L$，$L \subseteq L$：$E \backslash L$ 的行为是 E 的行为，只要每一个作用（或其补）不在 L 中。

（5）**重标号规则** $E [f]$，f 为重标号函数：$[f]$ 的行为是 E 的行为，但其作用由 f 重新标号。

（6）**递归规则** $fix_j(\{x_i=E_i:i\in I\})$，$j\in I$：它指由 $x_i=E_i$，$i\in I$ 所定义的事件族的第 j 个分量。一般地，记 $\{fix_j(\widetilde{x}=\widetilde{E}):j\in I\}$ 表示分量族 $\widetilde{fix}(\widetilde{x}=\widetilde{E})$。

下面在标号迁移系统上给出上述规则的迁移语义：

$$\text{Act}\ \frac{}{\alpha\cdot E\xrightarrow{\alpha}E}\ ,\ \text{Sum}_j\ \frac{E_j\xrightarrow{\alpha}E_j'}{\sum_{i\in I}E_i\xrightarrow{\alpha}E_j'}(j\in I),$$

$$\text{Com}_1\ \frac{E\xrightarrow{\alpha}E'}{E\mid F\xrightarrow{\alpha}E'\mid F}\ ,\ \text{Com}_2\ \frac{F\xrightarrow{\alpha}F'}{E\mid F\xrightarrow{\alpha}E\mid F'}\ ,\ \text{Com}_3\ \frac{E\xrightarrow{l}E',\ F\xrightarrow{\bar{l}}F'}{E\mid F\xrightarrow{\tau}E'\mid F'},$$

$$\text{Res}\ \frac{E\xrightarrow{\alpha}E'}{E\backslash L\xrightarrow{\alpha}E'\backslash L}\ ,\ (\alpha,\bar{\alpha}\notin L),$$

$$\text{Re1}\ \frac{E\xrightarrow{\alpha}E'}{E\ [\ f\ ]\xrightarrow{f(\alpha)}E'\ [\ f\ ]}\ ,\ \text{Con}\ \frac{P\xrightarrow{\alpha}P'}{A\xrightarrow{\alpha}P'}(A\xlongequal{\text{def}}P),$$

$$\text{Rec}_j\ \frac{E_j\{\widetilde{fix}(\widetilde{x}=\widetilde{E})/x\}\xrightarrow{\alpha}E'}{fix_j(\widetilde{x}=\widetilde{E})\xrightarrow{\alpha}E'},$$

可以证明这一规则集是完备的。

2. 三组基本定律

由 CCS 的定义，可以证明组合子的一些基本运算性质，此处自然地把它们分成三组定律，即静态律组、动态律组和扩展律组。

1）静态律组

静态律组与合成、限制、重新标号组合子有关。其作用定律可以看成流图上的代数。

- 合成律：$P\mid Q=Q\mid P$；$P(Q\mid R)=(P\mid Q)\mid R$；$P\mid 0=P$。

- 限制律：$P\backslash L=P$, if $\mathbb{L}(P)\bigcap(L\bigcup\bar{L})=\varnothing$；$P\backslash L\backslash K=P\backslash(L\bigcup K)$；$P\ [\ f\ ]\backslash L=P\backslash f^{-1}(L)\ [\ f\ ]$；$(P\mid Q)\backslash L=P\backslash L\mid Q\backslash L$, if $\mathbb{L}(P)\bigcap\overline{\mathbb{L}(Q)}\bigcap(L\bigcup\bar{L})=\varnothing$。

- 重新标号律：$P\ [\ \text{id}\ ]=P$, $P\ [\ f\ ]=P\ [\ f'\ ]$, if $f\mid\mathbb{L}(P)=f'\mid\mathbb{L}(P)$；$P(f)\ [\ f'\ ]=P\ [\ f'\circ f\ ]$；$(P\mid Q)\ [\ f\ ]=P\ [\ f\ ]\mid Q\ [\ f\ ]$, if $f\mid(L\bigcup\bar{L})$ 为一对一，这里 $L=\mathbb{L}(P\mid Q)$。

2）动态律组

动态律组与前缀、求和及常事件有关，这些组合子的出现仅在作用发生之前，因此称之为动态的。它们可以看成是迁移图上的代数。将常事件视为一元组合子，递归组合子是有选择地使用常事件，也是一种动态组合子。

- 单子律：$P+Q=Q+P$；$P+(Q+R)=(P+Q)+R$；$P+P=P$；$P+0=P$。

- τ 律：$\alpha\cdot\tau\cdot P=\alpha\cdot P$；$P+\tau\cdot P=\tau\cdot P$；$\alpha\cdot(P+\tau\cdot Q)+\alpha\cdot Q=\alpha\cdot(P+\tau\cdot Q)$。

3）扩展律组

扩展律组把两种组合子联系起来。令

$$P = (P_1 \mid \cdots \mid P_n) \backslash L, \; n \geqslant 1$$

则

$$P = \sum \{\alpha \cdot (P_1 \mid \cdots \mid P'_i \mid \cdots \mid P_n) \backslash L : P_i \overset{\alpha}{\rightarrow} P'_i,$$

$$\alpha \notin L \cup \overline{L}\} + \sum \{\tau \cdot (P_1 \mid \cdots \mid P'_i \mid \cdots \mid P'_j \mid \cdots \mid P_n) \backslash L : P_i \overset{l}{\rightarrow} P'_i, \; P_i \overset{\overline{l}}{\rightarrow} P'_i, \; i < j\}$$

对于扩展律的特殊情况，得到

$$(\alpha \cdot Q) \backslash L = \begin{cases} 0, & \text{if } \alpha \in L \cup \overline{L} \\ \alpha \cdot Q \backslash L, & \text{其他} \end{cases}$$

此外

$$(\alpha \cdot Q) \llbracket f \rrbracket = f(\alpha) \cdot Q \llbracket f \rrbracket$$

$$(Q + R) \backslash L = Q \backslash L + R / L_1$$

$$(Q + R) \llbracket f \rrbracket = Q \llbracket f \rrbracket + R \llbracket f \rrbracket$$

3. 等价性

在 CCS 理论中，对于模型等价问题的研究占有中心地位，也是 CCS 最富成果的研究。等价的概念是建立在互模拟的基础之上的。下面是相关的几组定义及主要性质。

1）强互模拟及强等价

定义 7-6 任二元关系 $s \in p \times p$ 是强互模拟，若 $(P, Q) \in S$ 隐含着对于所有 $\alpha \in \text{Act}$：当 $P \overset{\alpha}{\rightarrow} P'$ 时，则对某 Q'，$Q \overset{\alpha}{\rightarrow} Q'$，$(P', Q') \in S$；当 $Q \overset{\alpha}{\rightarrow} Q'$ 时，则对某 P'，$P \overset{\alpha}{\rightarrow} P'$，$(P', Q') \in S$。

把这一定义中的"隐含着"改为"当且仅当"，就是强等价的定义。强等价关系记为"$\sim$"。

强等价的基本性质如下：

(1) $\sim$ 是最大强互模拟，即 $\sim = \bigcup \{s : s$ 是强互模拟$\}$。

(2) $\sim$ 是等价关系。

(3) 除了 τ 律之外，所有的组合子运算都保留强等价性。

2）（弱）互模拟及观察等价

定义 7-7 二元关系 $s \in p \times p$ 是（弱）互模拟，若 $(P, Q) \in S$ 隐含着对于所有 $\alpha \in \text{Act}$：当 $P \overset{\alpha}{\rightarrow} P'$ 时，则对某 Q'，$Q \overset{\hat{\alpha}}{\Rightarrow} Q'$，$(P', Q') \in S$；当 $Q \overset{\alpha}{\rightarrow} Q'$ 时，则对某 P'，$P \overset{\hat{\alpha}}{\Rightarrow} P'$，$(P', Q') \in S$。

把这一定义中"隐含着"改为"当且仅当"，就是观察等价的定义。观察等价记为"$\approx$"。

观察等价的基本性质如下：

(1) $\approx$ 是最大（弱）互模拟，即 $\approx = U\{s : s$ 是（弱）互模拟$\}$。

(2) $\approx$ 是等价关系。

(3) $\text{Id}, s_1 s_2, s_i^{-1}, \bigcup s_i$ 保留互模拟，其中 Id 代表恒守关系。

(4) $P \approx \tau \cdot P$，这是互模拟力量的来源。但 $\approx$ 对于 + 不保留，如 $b \cdot 0 \approx \tau \cdot b \cdot 0$，但 $a \cdot 0 + b \cdot 0 \approx a \cdot 0 + \tau \cdot b \cdot 0$。

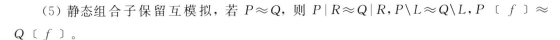

（5）静态组合子保留互模拟，若 $P \approx Q$，则 $P \mid R \approx Q \mid R, P \backslash L \approx Q \backslash L, P〔f〕\approx Q〔f〕$。

3）观察等同

由于 $\approx$ 不是充分可代换的，可以考虑一种充分可代换关系"$=$"，它应是 $\approx$ 中的最大等同关系。

定义 7-8　P、Q 是观察等同的，记为 $P=Q$，若对于所有 $\alpha \in \mathrm{Act}$：当 $P \xrightarrow{\alpha} P'$ 时，则对某 Q'，$Q \xRightarrow{\alpha} Q'$，$P' \approx Q'$；当 $Q \xrightarrow{\alpha} Q'$ 时，则对某 P'，$P \xRightarrow{\alpha} P'$，$P' \approx Q'$。

这里仅指 P 及 Q 的第一次作用，此后仅要求 $P' \approx Q'$，而不是 $P'=Q'$。观察等同的基本性质如下：

（1）它对所有组合子都保留：若 $P=Q$，则 $\alpha \cdot P = \alpha \cdot Q$，$P+R=Q+R$，$P \mid R=Q \mid R$，$P \backslash L=Q \backslash L$，$P〔f〕=Q〔f〕$。

（2）它是等价关系。

（3）$P \sim Q$ 隐含 $P=Q$，$P=Q$ 隐含 $P \approx Q$。

（4）若 P、Q 为无 τ 派生的，$P \approx Q$，则 $P=Q$。

（5）$P \approx Q$ 当且仅当 $P=Q \vee P=\tau \cdot Q \vee \tau \cdot P=Q$。

7.3　标准语言——LOTOS

标准语言是一种用于描述和验证计算机程序的形式化语言。它通过定义一组精确的语法规则和语义结构，使程序员可以用一种准确、规范的方式来编写程序。标准语言的使用可以帮助程序员更好地理解和控制程序的行为，从而提高程序的可靠性和可维护性。

本节将介绍一种常用的标准语言——LOTOS（Language Of Temporal Ordering Specification）。LOTOS 是一种基于进程演算的形式化语言，它在计算机科学领域中有着广泛的应用。使用 LOTOS 可以对并发程序进行精确的描述和分析，从而更好地理解和控制并发行为。

通过学习本节的内容，读者将能够深入了解 LOTOS 这一标准语言的特点和应用。同时，也将掌握使用 LOTOS 进行程序设计和验证的基本方法和技巧。这对于提高程序的质量和可靠性，以及推动计算机科学的发展具有重要意义。

LOTOS 是一种基于进程代数模型的形式化方法，专为设计和分析分布式交互系统而开发。通过在时间和空间内描述系统与其环境之间交互事件的关系，LOTOS 可以清晰刻画系统的特性或功能。

1. 基本理念和组成部分

LOTOS 的基本理念是将任何系统视为一个黑箱，系统特性通过与环境的交互作用表现出来。这种交互作用视为事件的集合，且这些事件之间存在确定的时间关系。LOTOS 主要由以下两部分构成：

(1) **Basic LOTOS**：衍生自过程代数，主要基于 Milner 的 CCS 理论和参考 CSP，提供系统行为的建模表述。

(2) **抽象数据类型**：以 ACT ONE 语言为基础，支持特定数据类型的等价描述，强化了模型的表达力。

2．功能和应用

LOTOS 特别适用于分布式开放系统的规范化，尤其是开放系统连结(OSI)的计算机网络架构。它通过结构化标签转移系统(由推论法则定义)描述系统中的可观察行为和状态变化，使系统的动态特性得以准确展现。

3．通信和进程概念与系统描述的逻辑结构

在 LOTOS 中，进程是与环境(其他进程)通信的抽象实体。进程间通信发生在共享的交互作用点上，这些点被视为进程共享的抽象资源。每个事件是原子的和同步的，意味着它是不可分的且其发生会同时激活多个进程。

使用 LOTOS 描述系统时，从一个单一进程开始，逐步分解为多个互动的子进程，每个子进程进一步细分，形成从高层到低层的递进描述。这种方法使得 LOTOS 描述的系统具有清晰的逻辑结构和层次性。

4．抽象数据类型与结构化事件

为了描述系统的静态特征，即事件的具体内容，LOTOS 引入了抽象数据类型的概念，通过结构化事件的方式，进一步丰富了系统描述的细节和精确度。

总之，LOTOS 作为一种强大的形式化描述技术，其进程概念与操作系统中的进程有本质区别。LOTOS 进程更侧重于逻辑划分和系统描述的清晰性，适合用于描述和分析具有动态通信拓扑结构的复杂并发系统。

5．LOTOS 语法

LOTOS 采用类似程序语言的、建立在 BNF(Backus-Naur Form)基础上的元语言(见表 7 - 1)定义进程的语法，其格式如下：

```
"process" process-identifier"["gate-identifier-list"]"
                            "("identifier-declarations")"
                            ":""noexit"|"exit"["("sort-list")"]
            ":="
        behaviour-expression
"endproc"
```

其中，process-identifier 为进程标识；gate-identifier-list 为交互作用点标识；identifier-declarations 为输入形式参数；sort-list 为输出形式参数；behaviour-expression 定义进程行为或动作，它是一个有序的事件或进程序列，事件本身可看成一个不可再分解的原子进程。进程有两种结束方式：一种是结束不退出方式，即"noexit"；另一种是结束退出方式(可能带出一些输出参数)，即"exit"["("sort-list")"]。

表 7 - 1　元　语　言

元符号	名　称	举　例
"xyz"	终结符号 xyz	"process"":=""endproc"
abc	非终结符号 abc	exit-list
=	定义符号	exit-list="exit"["("sort-list")"]
|	二选一符号	exit-list |"noexit"
[⋯]	选择符号	[sort-list]
{⋯}	多重符号	{"," sort-identifier}

　　LOTOS 定义了进程之间的各种类型的操作,这些操作足以描述进程间在逻辑上和时序上的各种关系。有了这些操作,便可把一个进程进一步分解为多个子进程,通过进程的逐层分解和细化,直到最小的原子进程即事件,便得到了该进程所表示系统的形式描述。

　　LOTOS 首先定义了两个基本操作,即动作前缀(action prefix)和选择(choice)。用这两个操作足以描述进程间的时序关系,所以称为基本操作。为了描述方便和清晰,LOTOS 进一步定义了另外几种操作,即递归(recursion)、并行(parallel)(其中包括完全独立进程的并行、完全依赖进程的并行和一般进程的并行)、使能(enable)、终止(disable)、广义选择(generalized choice)、广义并行(generalized parallel)和局部定义(local definition)。

7.4　扩　展　模　型

　　本节将介绍三种常见的扩展模型,即 Security Pi Calculus、Applied Pi Calculus 和 Ambient Calculus。这些模型提供了一套形式化的语法和语义规则,可以准确地描述并发程序的行为,并对其进行安全性分析。本节将详细介绍每个模型的特点、基本语法语义和应用场景,并通过实例演示如何使用这些模型来分析和验证并发程序的安全性。

　　首先,将介绍 Security Pi Calculus,这是一种基于安全属性的扩展模型。它用加密演算和解密演算扩展了 Pi 演算,带有密码学原语,是为描述和分析安全协议而设计的。Security Pi Calculus 可以对并发程序的安全属性进行精确的描述和分析。

　　其次,将介绍 Applied Pi Calculus,这是一种基于应用的扩展模型。它建立在纯 Pi 演算及其实质理论的基础上,但它将重点从编码转移开。与 ad hoc 方法相比,它允许对语法、操作语义、等价和证明技术进行一般的、系统的开发。Applied Pi Calculus 可以更好地理解和分析与应用相关的并发问题。

　　最后,将介绍 Ambient Calculus,这是一种基于环境的语言模型。它可以将并发程序的行为建模为一种环境变化的过程,其中包含了多个并发实体之间的交互和影响。Ambient Calculus 可以更全面地分析和理解并发程序的行为和安全性。

　　在本节的学习中,读者将深入了解这三种扩展模型的原理和应用。通过对本节内容的学习,希望读者可以掌握如何使用这些模型来分析和验证并发程序的安全性,从而提高系统的可靠性和安全性，解决实际问题。

7.4.1　Security Pi Calculus

Security Pi Calculus(以下简称 SPI 演算)是由 Abadi 和 Gordon 提出的。它用加密演算和解密演算扩展了 Pi 演算，带有密码学原语。它是为描述和分析安全协议而设计的，如身份验证协议和电子商务协议。这些协议依赖于密码学和具有真实性和隐私等属性的通信通道。因此，密码学操作和信道通信是 SPI 演算的主要组成部分。在 SPI 演算中，每个实体表示一个进程，其复制算子可以表达多个协议实例并发运行的情况。

1. SPI 演算的语法

SPI 演算的术语(term)是如下定义的集合：

$L,M,N::=$	
n	名(name)
x	变量(variable)
(M,N)	对(pair)
0	零(zero)
$\mathrm{suc}(M)$	后继算子(successor)
$\{M\}_K$	由密钥 K 加密 M 的密文(encryption)

在 Pi 演算中，名是唯一的术语。在 SPI 演算中增加描述对 (M,N)、数字的结构和密文项 $\{M\}_K$，是为了便于在安全协议中描述它们。这些结构并不能增加 Pi 演算的描述能力，引入它们的目的仅仅在于简化安全协议的描述。

进程(process)则是由术语通过如下规则定义的集合：

$P,Q,R::=$	
$\overline{M}\langle N\rangle.P$	输出(output)
$M(x).P$	输入(input)
$P\mid Q$	复合(composition)
$!\,P$	复制(replication)
$(vn)P$	限制(restriction)
$[M\text{ is }N]P$	匹配(match)
0	空进程(nil)
$\mathrm{let}(x,y)=M\text{ in }P$	拆对(pair splitting)
$\mathrm{case}\ M\ \mathrm{of}\ 0:P\ \mathrm{suc}(x):Q$	整数分支(integer case)
$\mathrm{case}\ L\ \mathrm{of}\ \{x\}_K\ \mathrm{in}\ P$	解密(shared-key decryption)

其中，拆对进程 $\mathrm{let}(x,y)=M\text{ in }P$，若 M 为对 (N,L)，则结果为 $P[N/x][L/y]$，否则为 0。整数分支进程 $\mathrm{case}\ M\ \mathrm{of}\ 0:P\ \mathrm{suc}(x):Q$，若 M 为 0，则结果为 P；否则，若存在某个 N，M 是 $\mathrm{suc}(N)$，则结果为 $Q[N/x]$，其他情况为 0。解密进程 $\mathrm{case}\ L\ \mathrm{of}\ \{x\}_K\ \mathrm{in}\ P$，若 L 为由

K 加密的密文 N_K，则结果为 $P[N/x]$，否则结果为 0。

在 $(vn)P$ 中，P 中的名 n 是受限的(bounded)；在 $M(x).P$ 中，P 中的变量 x 是受限的；在 case M of $0:P$ suc$(x):Q$ 中，变量 x 在第二个分支 Q 中是受限的。若术语中的名 n 不是受限的，则称 n 是自由的(free)。记进程 P 中所有的自由名的集合为 $f_n(P)$，所有自由变量的集合为 $f_v(P)$。若一个进程中 $f_v(P)=\varnothing$，则称该进程为闭进程。

2. SPI 演算的语义

下面定义闭进程下的各种关系。

定义 7-9(归约关系)　闭进程上的归约关系(reduction relation)是由如下规则定义的关系：

$$! \ P > P \mid ! \ P$$
$$[M \text{ is } M]P > P$$
$$\text{let } (x,y)=(M,N) \text{ in } P > P[M/x][N/y]$$
$$\text{case } 0 \text{ of } 0:P \text{ suc}(x):Q > P$$
$$\text{case suc}(M) \text{ of } 0:P \text{ suc}(x):Q > Q[M/x]$$
$$\text{case } \{M\}_K \text{ of } \{x\}_K \text{ in } P > P[M/x]$$

定义 7-10(结构等价)　结构等价(structural equivalence)是满足下列等式和规则的闭进程上的最小关系：

$$P \mid 0 \equiv P$$
$$P \mid Q \equiv Q \mid P$$
$$P \mid (Q \mid R) \equiv (P \mid Q) \mid R$$
$$(vm)(vn)P \equiv (vn)(vm)P$$
$$(vn)0 \equiv 0$$
$$(vn)(P \mid Q) \equiv P \mid (vn)Q \ \text{ if } n \notin f_n(P)$$

$$\frac{P > Q}{P \equiv Q}, \quad \frac{}{P \equiv P}, \quad \frac{P \equiv Q}{Q \equiv P}$$

$$\frac{P \equiv Q \quad Q \equiv R}{P \equiv R}, \quad \frac{P \equiv Q}{P \mid R \equiv Q \mid R}, \quad \frac{P \equiv Q}{(vn)P \equiv (vn)Q}$$

定义 7-11(交互关系)　交互关系(reaction relation)是 Milner 在 Pi 演算中引入的一种简单的关系，交互关系由组合在一起的两个进程 $\overline{M}\langle N\rangle.P$ 和 $M(x).Q$ 发生的一次交互引起，它的推导和规则如下：

$$\overline{M}\langle N\rangle.P \mid M(x).Q \rightarrow P \mid Q[N/x]$$

$$\frac{P \equiv P' \quad P' \rightarrow Q' \quad Q' \equiv Q}{P \rightarrow Q}, \quad \frac{P \rightarrow Q}{P \mid R \rightarrow Q \mid R}, \quad \frac{P \rightarrow Q}{(vn)P \rightarrow (vn)Q}$$

SPI 演算还有另外一种操作语义，叫作委托关系(commitment relation)。为了定义这种关系，首先要定义几个句法项。

定义 7-12(抽象(abstraction))　抽象记作 $(x)P$，其中，x 为受限变量，P 为进程。如

果 F 是一个抽象 $(x)P$，M 是一个项，常用 $F(M)$ 表示 $P[M/x]$。

定义 7 – 13(具化(concretion)) 具化记作 $(vm_1, m_2, \cdots, m_k)\langle M \rangle P$，其中，$P$ 为进程，$m_1, m_2, \cdots, m_k$ 为 M 和 P 中的受限名。常用 $(v\vec{m})$ 来表示 $(vm_1, m_2, \cdots, m_k)$，所以具化也记作 $(v\vec{m})\langle M \rangle P$。

由上述的抽象和具化的概念，定义交互(interaction)关系 $F@C$ 和 $C@F$ 为：

$$F@C \triangleq (v\vec{n})(P[M/x] \mid Q)$$
$$C@F \triangleq (v\vec{n})(Q \mid P[M/x])$$

所以，委托关系定义如下：

定义 7 – 14(委托关系) 委托关系(commitment relation)写作 $P \xrightarrow{a} A$，其中 P 为闭进程，A 为闭项，它由两条规约关系和一系列规则构成：

$$m(x).P \xrightarrow{m} (x)P$$

$$\overline{m}\langle M \rangle.P \xrightarrow{\overline{m}} (v)\langle M \rangle P$$

$$\frac{P \xrightarrow{m} F \quad Q \xrightarrow{\overline{m}} C}{P \mid Q \xrightarrow{\tau} F@C} , \frac{P \xrightarrow{\overline{m}} C \quad Q \xrightarrow{m} F}{P \mid Q \xrightarrow{\tau} C@F}$$

$$\frac{P \xrightarrow{a} A}{P \mid Q \xrightarrow{a} A \mid Q} , \frac{Q \xrightarrow{a} A}{P \mid Q \xrightarrow{a} P \mid A}$$

$$\frac{P > Q \quad Q \xrightarrow{a} A}{P \xrightarrow{a} A} , \frac{P \xrightarrow{a} A \quad A \notin \{m, \overline{m}\}}{(vm)P \xrightarrow{a} (vm)A}$$

仅仅有如上的定义，还不足以清楚地表达一个较为复杂的安全协议。于是此处对上述部分进程语义进行了扩展，定义了多元组和时间戳的概念。

在 SPI 演算的术语中，只定义了对(pair)，而对于一个复杂安全协议的消息往往是超过二元的，因此使用多元组(tuple) $P = (x_1, x_2, x_3, \cdots, x_n)$，多元组可以由多个二元组嵌套而成，$P = (\cdots((x_1, x_2), x_3), \cdots, x_n)$，因此并没有改变 SPI 演算的表达能力，只是为了表达方便。

同时，也可以扩展拆对进程(pair splitting)的语义，$\text{let}(x_1, x_2, x_3, \cdots, x_n) = M \text{ in } P$，其含义为若 M 为多元组 $(x_1, x_2, x_3, \cdots, x_n)$，则整个进程的结果为 $P[N_1/x_1][N_2/x_2]\cdots[N_n/x_n]$，否则进程停止，等价于空进程(nil)。

为了对多元组的表述更为简洁，可使用下面几个简写来描述拆对进程的输入和解密：

$$c(x_1, x_2, \cdots, x_n).P \triangleq c(y).\text{let}(x_1, x_2, \cdots, x_n) = y \text{ in } P$$

$$\text{case } L \text{ of } \{x_1, x_2, \cdots, x_n\}_K \text{ in } P \triangleq \text{case } L \text{ of } \{y\}_K \text{ in let}(x_1, x_2, \cdots, x_n) = y \text{ in } P$$

许多安全协议利用时间戳来保证协议的安全。实际应用中往往需要描述时刻 (t) 是否在某个有效起止时间 (v) 中，可以通过定义一个类匹配(match)进程的算子来完成时间戳的验证，$[t \text{ is } v].P$ 表示若 t 在 v 内，则可以进行 P 进程，否则进程阻塞。

3. 等价关系

1）测试等价

为了定义测试等价（testing equivalence），需要定义一个操作子，描述进程可以与外界发生交互的能力。首先定义闭进程 $P \downarrow \beta$，如果 m 是自由名，并且 m 是 P 可以与外界交互的通道，即：

$$m(x).Q \downarrow m, \quad \overline{m}\langle M\rangle.Q \downarrow \overline{m}$$

若 P 作了若干的动作以后变成 P'，并且 $P' \downarrow \beta$，则有 $P \Downarrow \beta$。因此，显然有：

$$\frac{P \downarrow \beta}{P \Downarrow \beta}, \quad \frac{P \rightarrow Q \quad Q \Downarrow \beta}{P \Downarrow \beta}$$

将二元组 (R, β) 定义为一个测试，这个二元组是由一个闭进程 R 和一个通道 β 组成的，则有：

定义 7－15（测试等价） 测试等价 $P \simeq Q$ 可定义为对于任意的测试 (R, β)，$(P|R) \Downarrow \beta$ 当且仅当 $(Q|R) \Downarrow \beta$。

2）framed 互模拟关系

测试等价的验证不能自动实现，为了实现互模拟的验证，Abadi 定义了一种新的互模拟关系，即 framed 互模拟。这种互模拟关系通过构造框架和理论来定义进程 P 和 Q 之间的等价关系，比测试等价要强一些。空间和理论并没有刻画两个进程之间的关系，而是表达了它们能够使环境得到知识的程度。

框架是一个有限的名（name）集合，表达了环境可以访问到 P 和 Q 的所有名的集合。通常用 fr 表达框架的集合。

理论是一个有限的项对集合，一般来说，一个理论中的项对 (M, N) 表达环境无法区分 P 中的数据 M 和 Q 中的数据 N。通常用 th 表达理论的集合。

对于断言 $(fr, th) \vdash M \leftrightarrow N$，是通过下列的规则得出的：

$$\overline{(fr, th) \vdash 0 \leftrightarrow 0} \text{ Eq Zero}, \quad \overline{(fr, th) \vdash x \leftrightarrow x} \text{ Eq Variable}$$

$$\frac{n \in fr}{(fr, th) \vdash n \leftrightarrow n} \text{Eq Frame}, \quad \frac{(M, N) \in th}{(fr, th) \vdash M \leftrightarrow N} \text{ Eq Theory}$$

$$\frac{(fr, th) \vdash M \leftrightarrow M' \quad (fr, th) \vdash N \leftrightarrow N'}{(fr, th) \vdash (M, N) \leftrightarrow (M', N')} \text{ Eq Pair}$$

$$\frac{(fr, th) \vdash M \leftrightarrow M'}{(fr, th) \vdash \text{suc}(M) \leftrightarrow \text{suc}(M')} \text{ Eq Suc}$$

$$\frac{(fr, th) \vdash M \leftrightarrow M' \quad (fr, th) \vdash N \leftrightarrow N'}{(fr, th) \vdash \{M\}_N \leftrightarrow \{M'\}_{N'}} \text{ Eq Encrypt}$$

为了定义互模拟关系，首先需要定义一个概念，若下述两个条件满足，则称 $(fr, th) \vdash ok$：

（1）一旦 $(M, N) \in th$，则：

① M 是闭的，且存在两个项 M_1 和 M_2 使得 $M = M_{1\,M_2}$，并且不存在 N_2，使得 $(fr, th) \vdash M_2 \leftrightarrow N_2$。

② N 是闭的，且存在两个项 N_1 和 N_2 使得 $N = N_{1\,N_2}$，并且不存在 M_2，使得 $(fr, th) \vdash M_2 \leftrightarrow N_2$。

（2）对于 $(M, N) \in th$，以及 $(M', N') \in th$，若 $M = M'$，则 $N = N'$。

定义四元组 (fr, th, P, Q) 为一个 framed 进程对，其中，P 和 Q 为闭进程，fr 为框架，th 为理论。并且用 $(fr, th, P, Q) \in \mathcal{R}$ 来表示 $(fr, th) \vdash P\mathcal{R}Q$，其中，$\mathcal{R}$ 表示一种 framed 进程的关系，即若有 $(fr, th) \vdash P\mathcal{R}Q$，则有 $(fr, th) \vdash ok$。其中，可以构造一种 framed 进程关系如下：

定义 7 - 16（framed 模拟关系） framed 模拟关系 $\mathcal{S}$ 定义为：对于 $(fr, th) \vdash P\mathcal{S}Q$ 有下列三个条件成立。

（1）若 $P \xrightarrow{\tau} P'$，则存在一个进程 Q'，使得 $Q \xrightarrow{\tau} Q'$，并且有 $(fr, th) \vdash P'\mathcal{S}Q'$。

（2）若 $P \xrightarrow{c} (x)P'$，并且 $c \in fr$，则存在一个抽象（abstraction）$(x)Q'$，使得 $Q \xrightarrow{c} (x)Q'$，并且对于所有与集合 $fn(P) \cup fn(Q) \cup fr \cup fn(th)$①不相交的集合 $\overrightarrow{\{n\}}$ 和所有的闭 M 和 N，若 $(fr \cup \overrightarrow{\{n\}}, th) \vdash M \leftrightarrow N$，则有 $(fr \cup \overrightarrow{\{n\}}, th) \vdash P'[M/x]\mathcal{S}Q'[N/x]$。

（3）若 $P \xrightarrow{\bar{c}} (\nu\overrightarrow{m})\langle M\rangle P'$，$c \in fr$，并且集合 $\overrightarrow{\{m\}}$ 与集合 $fn(P) \cup n(\pi_1(th)) \cup fr$ 不相交，则存在一个具化（concretion）$(\nu\overrightarrow{n})\langle N\rangle Q'$，$Q \xrightarrow{\bar{c}} (\nu\overrightarrow{n})\langle N\rangle Q'$，集合 $\overrightarrow{\{n\}}$ 与集合 $fn(Q) \cup fn(\pi_2(th)) \cup fr$ 不相交，并且存在一对 (fr', th')，$(fr, th) \leqslant (fr', th')$，$(fr', th') \vdash M \leftrightarrow N$，且 $(fr', th') \vdash P'\mathcal{S}Q'$。

定义 7 - 17（framed 互模拟等价） framed 互模拟关系是指存在一个 framed 关系 $\mathcal{S}$，使得 $\mathcal{S}$ 和 $\mathcal{S}^{-1}$ 都是 framed 模拟关系。而 framed 互模拟等价（记作 $\sim_f$）是指最大的 framed 互模拟关系。

7.4.2　Applied Pi Calculus

Pi 演算是理论计算机科学中的一种进程演算，最早由 Robin Milner 等于 1992 年基于 Uffe Engberg 和 Mogens Nielsen 的想法提出，最初是为了尝试描述运行的值和进程的一致性。它是进程代数家族中的一员，主要用来描述和分析具有并发计算性质的并发系统。Pi 演算最初的理论非常简单，不包含初级的数字、布尔值、数据结构、变量、函数等。1997 年，Martin Abadi 等在 Pi 演算的基础上增加了密码学中的知识，提出了 Pi 演算的扩展——SPI 演算，使之可以描述和推理密码协议。2001 年，Martin Abadi 等概括了加密协议的处理，并增加了一些丰富的代数项实现了对安全协议中的密码操作进行建模，称为应用 Pi 演算（Applied Pi Calculus）。随后人们在应用 Pi 演算模型的基础上做了大量的研究工作，并产生出各种不同变体和应用，包括大量实验性验证工具。

应用 Pi 演算建立在纯 Pi 演算及其实质理论的基础上，但它将重点从编码转移开。与

---

① 对于一个理论 th，令其自由变量集合 $fn(th) = \bigcup \{fn(M) \cup fn(N) \mid (M, N) \in th\}$。

ad hoc 方法相比，它允许对语法、操作语义、等价和证明技术进行一般的、系统的开发。

应用 Pi 演算可以建模和验证涉及名称创建及通道通信的并发系统行为。首先，可以很容易地处理标准数据类型（整数、对、数组等），还可以将不可伪造的功能建模为新名称，然后对这些功能的某些功能的应用进行建模。更微妙的是，这些功能可能是指向复合结构的指针，然后在指向一对的指针上添加偏移量，可能会产生指向其第二个组件的指针。其次，可以研究各种安全协议。为此，通常将新的通道、随机数和密钥表示为新名称，并将原始加密操作表示为函数，从而获得简单但有用的编程语言对安全协议的看法（很像 SPI 演算）。当前方法的一个显著特征是，不需要为每一种选择的密码操作制作一个特殊的演算并开发它的证明技术。因此，这样可以表达和分析相当复杂的协议，这些协议结合了几个加密原语（加密、哈希、签名、XOR 等）。最后，还可以描述对依赖于某些原语（相等）属性的协议的攻击。迄今为止，安全协议是其主要示例来源。

1. 应用 Pi 演算的语法和非形式化语义

一个签名 Σ 由一组有限的函数符号组成，如 f、encrypt 和 pair，每个函数符号都有一个整数。元数为 0 的函数符号是常数符号。

给定一个签名 Σ、一个无限的名称集和一个无限的变量集，术语集由以下语法定义：

$L,M,N,T,U,V::=$	术语集
$a,b,c,\cdots,k,\cdots,m,n,\cdots,s$	名称
x,y,z	变量
$f(M_1,\cdots,M_l)$	函数

其中，f 的取值范围超过 Σ 的函数，l 是 f 的密度。尽管名称、变量和常量符号有相似之处，但可以发现将它们分开会更清晰。

当一个术语没有变量（但它可以包含名称和常量符号）时，它是基础的，可使用元变量 u、v、w 来覆盖名称和变量。函数应用也使用标准的常规符号，缩写元组 $u_1,\cdots,u_l$ 和 $M_1,\cdots,M_l$ 分别为 $\tilde{u}$ 和 $\tilde{M}$。

假设一个术语的排序系统，它包括一组基本类型，如 Integer、Key 或简单的通用基本类型 Data。此外，如果 τ 是一个排序，那么 Channel$\langle \tau \rangle$ 也是一个排序（直观地说，传递排序 τ 的信息的通道也是一个排序）。变量可以有任何类型。名称可以具有任何排序，或者在排序系统的更精细的版本中，可以具有一个特殊排序类中的任何排序。通常使用 a、b 和 c 作为通道名，s 和 k 作为某种基本类型（如 Data）的名称，m 和 n 作为任何类型的名称。为简单起见，函数符号只接受参数并产生基本类型的结果。

应用 Pi 演算的进程语法类似于 Pi 演算中的语法，不同之处在于这里的消息可以包含术语（而不仅仅是名称），并且名称不必仅仅是通道名称：

$P,Q,R::=$	进程（或空进程）
0	空进程
$P \mid Q$	平行组合

! P	复制
$\nu n.\,P$	名称受限
if $M = N$ then P else Q	条件
$u(x).\,P$	输入
$\bar{u}\langle N\rangle.\,P$	输出

空进程 0 什么也不做；$P\,|\,Q$ 是 P 与 Q 的平行组合；复制 ! P 表现为并行运行的无限个 P 副本；进程 $\nu n.\,P$ 创建了一个新的私有名称 n，然后表现为 P；条件构式 if $M = N$ then P else Q 是标准的，但应该强调 $M = N$ 表示相等，而不是严格的句法同一性；当 Q 为 0 时，条件构式缩写为 if $M = N$ then P；$u(x).\,P$ 准备好从通道 u 输入，然后运行 P，将实际消息替换为形式参数 x；$\bar{u}\langle N\rangle.\,P$ 准备在通道 u 上输出 N，然后运行 P。在这两种情况下，当 P 为 0 时，可以忽略 P。

此外，可以通过主动替换扩展进程，以捕获暴露在对抗环境中的知识：

$A,B,C::=$	扩展进程
P	普通进程
$A\,|\,B$	平行组合
$\nu n.\,A$	名称受限
$\nu x.\,A$	变量受限
$\{M/x\}$	主动替换

其中，用 $\{M/x\}$ 来代替变量 x 与项 M 的替换。作为一个进程，$\{M/x\}$ 就像 let $x = M$ in ⋯，并且同样有用。然而，与"let"定义不同的是，$\{M/x\}$ 是浮动的，并且适用于与它接触的任何进程。为了控制这种接触，可以添加一个限制 $\nu x.\,(\{M/x\}\,|\,P)$，正好对应于 P 中的 let $x = M$ 替换 $\{M/x\}$，通常在术语 M 被发送到环境时出现，但环境可能没有出现在 M 中的原子名称；变量 x 只是指代 M 的一种方式。虽然替换 $\{M/x\}$ 只涉及一个变量，但可以通过并行组合构建更大的替换，并且可以编写

$$\{M_1/x_1,\cdots,M_l/x_l\} \text{ for } \{M_1/x_1\}\,|\,\cdots\,|\,\{M_l/x_l\}$$

通常用 σ、$\{M/x\}$、$\{\widetilde{M}/\widetilde{x}\}$ 表示替换，用 $x\sigma$ 表示 x 被 σ 的像，用 $T\sigma$ 表示将 σ 应用于 T 的自由变量的结果，识别空替换和 null 进程 0。通常假设替换是无循环的，还假设，在扩展过程中，每个变量最多只能有一次替换，而当变量受到限制时，只有一次替换。

扩展术语的排序系统，依赖于扩展进程的排序系统。它强制 M 和 N 在条件表达式中具有相同的排序，u 对于输入和输出表达式中的某些 τ 的 Channel$\langle\tau\rangle$ 进行了排序，并且 x 和 N 在这些表达式中具有相应的排序 τ。同样，可以省略了这个排序系统的不重要的细节，但假设扩展进程是有序的。

通常，名称和变量都有作用域，由限制和输入分隔。用 $fv(A)$、$bv(A)$、$fn(A)$、$bn(A)$ 分别表示自由变量和约束变量的集合，以及 A 的自由名称和约束名称。这些集合是归纳定义的，使用与纯 Pi 演算相同的子句，并使用：

$$fv(\{M/x\}) \stackrel{\text{def}}{=} fv(M) \bigcup \{x\}$$

$$fn(\{M/x\}) \overset{\text{def}}{=} fn(M)$$

用于主动替换。当每个变量都由主动替换绑定或定义时，扩展进程就关闭了。通常使用缩写 $\nu\tilde{u}$ 来表示(可能为空的)成对不同的绑定程序 $\nu u_1. \nu u_2\cdots\nu u_l$。

表示为 φ 或 ψ 的框架是由 0 和形式 $\{M/x\}$ 的主动替换通过平行组合和限制建立起来的扩展进程。框架 φ 的域 $\mathrm{dom}(\varphi)$ 是 φ 输出的变量的集合(其中 φ 包含不受 x 限制的替换 $\{M/x\}$ 的变量 x)。通过将嵌入在 a 中的每个普通进程替换为 **0**，每个扩展进程 a 都可以映射到框架 $\varphi(a)$。框架 $\varphi(A)$ 可以看作是 A 的近似值，它解释了 A 暴露在其环境中的静态知识，但不解释 A 的动态行为。A 的域 $\mathrm{dom}(A)$ 是 $\varphi(A)$ 的域。

2. 应用 Pi 演算的操作语义

给定一个签名 Σ，用等式理论来配备它，也就是说，在变量的术语替换下，术语上的等价关系是封闭的。进一步要求这个等式理论在一对一重命名下是封闭的，但在任意术语替换名称时不一定是封闭的。

当等式 $M=N$ 在与 Σ 相关的理论中时，写作 $\Sigma\vdash M=N$。这里保留了隐含的理论，当 Σ 与上下文无关或不重要时，甚至可以将 $\Sigma\vdash M=N$ 缩写为 $M=N$。对于 $\Sigma\vdash M=N$ 的否定，写作 $\Sigma\nvdash M=N$。

一个等式理论可以由一组有限的等式公理生成，甚至可以由重写规则生成，但这个性质不是必需的。

通常，上下文是一个带孔的表达式(进程或扩展进程)。求值上下文是指孔的位置不在复制、条件、输入或输出下的上下文。当 $C[A]$ 关闭时，上下文 $C[\_]$ 关闭 A。

结构等价(structural equivalence) $\equiv$ 是扩展进程上的最小等价关系，它通过求值上下文的应用而封闭，并且使得：

PAR-**0**	$A\equiv A\mid 0$
PAR-A	$A\mid(B\mid C)\equiv(A\mid B)\mid C$
PAR-C	$A\mid B\equiv B\mid A$
REPL	$!\ P\equiv P\mid!\ P$
NEW-**0**	$\nu n.\ \mathbf{0}\equiv\mathbf{0}$
NEW-C	$\nu u.\ \nu v.\ A\equiv\nu v.\ \nu u.\ A$
NEW-PAR	$A\mid\nu u.\ B\equiv\nu u.\ (A\mid B)$
	when $u\notin fv(A)\bigcup fn(A)$
ALIAS	$\nu x.\ \{M/x\}\equiv 0$
SUBST	$\{M/x\}\mid A\equiv\{M/x\}\mid A\{M/x\}$
REWRITE	$\{M/x\}\equiv\{N/x\}$ when $\Sigma\vdash M=N$

平行组合和受限的规则是标准的。ALIAS 允许引入任意的活动替换。SUBST 描述了主动替换应用于与其接触的进程。REWRITE 处理的是等式的重写。ALIAS 和 SUBST 组合得到 $A\{M/x\}\equiv\nu x.\ (\{M/x\}\mid A)$ for $x\notin fv(M)$：

$$
\begin{aligned}
A\{M/x\} &\equiv A\{M/x\} \,|\, \mathbf{0} && \text{by PAR-}\mathbf{0} \\
&\equiv \mathbf{0} \,|\, A\{M/x\} && \text{by PAR-C} \\
&\equiv (\nu x. \{M/x\}) \,|\, A\{M/x\} && \text{by ALIAS} \\
&\equiv \nu x. (\{M/x\} \,|\, A\{M/x\}) && \text{by NEW-PAR} \\
&\equiv \nu x. (\{M/x\} \,|\, A) && \text{by SUBST}
\end{aligned}
$$

利用结构等价,每一个封闭扩展进程 A 都可以改写为由一个替换进程和一个具有一些受限名称的封闭普通进程组成:

$$
A \equiv \nu \tilde{n}. \{\widetilde{M}/\tilde{x}\} \,|\, P
$$

式中,$fv(P) = \varnothing$,$fv(\widetilde{M}) = \varnothing$,$\{\tilde{n}\} \subseteq fn(\widetilde{M})$。特别是,每个封闭框架 $\varnothing$ 可以重写为包含一些受限名称的替换:

$$
\varphi \equiv \nu \tilde{n}. \{\widetilde{M}/\tilde{x}\}
$$

式中,$fv(\widetilde{M}) = \varnothing$,$\{\tilde{n}\} \subseteq fn(\widetilde{M})$,集合 $\{\tilde{x}\}$ 为 φ 的域。

内部规约(internal reduction) $\rightarrow$ 是由结构等价和求值上下文的应用所封闭的扩展进程上的最小关系,使得:

$$
\begin{aligned}
&\text{COMM} && \overline{N}\langle x \rangle. P \,|\, N(x). Q \rightarrow P \,|\, Q \\
&\text{THEN} && \text{if } M = M \text{ then } P \text{ else } Q \rightarrow P \\
&\text{ELSE} && \text{if } M = N \text{ then } P \text{ else } Q \rightarrow Q \\
& && \text{for any ground terms } M \text{ and } N \\
& && \text{such that } \Sigma \nvdash M = N
\end{aligned}
$$

通信(COMM)非常简单,因为有关的消息是一个变量;这种简单性不会损失通用性,因为 ALIAS 和 SUBST 可以引入一个变量来代表一个术语:

$$
\begin{aligned}
\overline{N}\langle M \rangle. P \,|\, N(x). Q &\equiv \nu x. (\{M/x\} \,|\, \overline{N}\langle x \rangle. P \,|\, N(x). Q) \\
&\rightarrow \nu x. (\{M/x\} \,|\, P \,|\, Q) \quad \text{by COMM} \\
&\equiv P \,|\, Q\{M/x\}
\end{aligned}
$$

此推导假设 $x \notin fv(M) \cup fv(P) \cup fv(N)$,可根据需要通过重命名建立。

比较(THEN 和 ELSE)直接依赖于基本的等式理论;使用 ELSE 有时需要首先应用上下文中的主动替换,以产生基本术语 M 和 N。

这种对等式理论的使用可能会让人联想到初始代数。在初始代数中,"不混淆"原则规定,两个元素只有在相应的等式理论要求时才相等。类似地,if $M = N$ then P else Q 只有在等式理论要求时才降为 P,否则降为 Q。初始代数也遵循"无垃圾"原则,即所有元素都对应于仅由签名的函数符号构建的术语集。相反,在应用 Pi 演算中,一个新的名称不需要等于任何这样的术语。

7.4.3　**Ambient Calculus**

众所周知,因特网在地理上具有全球分布的特性,为了提高效率,一方面,可以将计算任务分配给多个主机,从而导致了对移动计算的强烈需求;另一方面,因特网上各个主机归属于不同的组织和个人,而计算机病毒在因特网上的肆虐,使得人们使用了大量的防火墙,从而将因特网划分成数个不同的管辖域。系统管理员通过防火墙为计算的移动增加了更多的限制,比如允许哪些外网主机可以与本地主机进行信息交互,以及交互的权限达到何种级别等。假设某处主机上有一个计算任务,想让其在遥远的另外一个主机上运行。首先它必须得到本机管理员的授权才能离开本机,进入所处的局域网,其次必须得到局域网中对外网关的授权才能来到规模更大的区域网(或自治系统),从而进入该地区网络运营商与其他运营商所搭建的广域网,最后通过一系列的路由技术,经过一系列的广域网、区域网、局域网而到达目的主机,如图 7-2 所示。

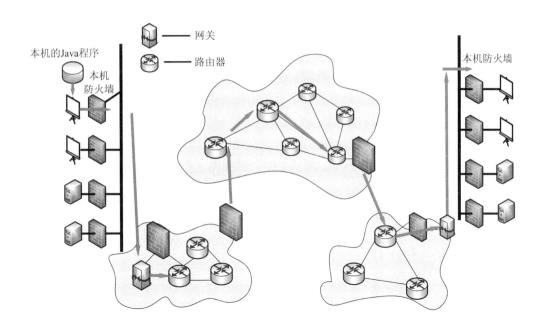

图 7-2　带防火墙的因特网数据传输示意图

因为防火墙的大量使用使得移动实体所处的"位置"变得十分重要,所以必须在理论模型中将其反映出来,Cardelli 和 Gordon 提出了一种移动环境(Mobile Ambients,MA)演算,又称"移动界程演算",用"环境"的概念来刻画有边界的计算系统,如 Web 页面、组件、移动设备等,是继 Pi 演算之后,移动进程代数研究领域的一个热点课题。MA 刻画了移动体、移动体交互的区域,乃至区域本身的移动及自治等重要概念,并且它不比普通的进程演算更复杂,而且还包含对移动性(mobility)的推理和对一定程度上的安全性的支持。其中,环境(ambients)被定义成一种有名字的、由进程和嵌套子环境构成的并发计算环境。直观地,环境可以理解为一个由嵌套的子环境构成的树,树的结点都有名字,进程在树结构的层次中存在和移动。系统的移动性通过树结构的"重组"(一个环境可以自由地移入或移出另一个环境)和某一分支的"消去"(进程可以消去某些环境)来体现。近年来,移动环境演算已经应用于各种领域,如基于组件软件开发(CBSD)和面向方面的软件开发(AOSD)的系统建模、Agent 系统的安全性分析、主动式多媒体内容控制模型和细胞膜演算等方面。为了某些特定的应用或理论处理上的方便,除了原始的 MA 以外,也有一些新的环境演算系统,它们大多是在原始 Ambients 系统上做些修改或者限制而得到的,如安全的环境(Safe Ambients,SA)演算系统、带密码的安全环境(Safe Ambients with Passwords,SAP)演算系统、盒子环境(Boxed Ambients,BA)演算系统等。环境演算非常适合对广域网和因特网上的计算模型建模。

本节描述了 Ambient 演算基本运算的非分布式实现。该实现使用标准的共享内存并发编程技术(线程、互斥锁、条件),采用 Java 提供的形式。

在使用这个词的意义上,Ambient 有以下主要特征:

(1) 一个环境是在一个有界的地方进行计算的。这个有趣的性质是围绕环境的边界存在的。如果想要轻松地移动计算,必须能够确定什么应该移动,边界决定了什么在环境内部,什么在环境外部。

(2) 一个环境可以嵌套在其他环境中,从而形成创建环境的层次结构。

(3) 一个环境可以作为一个整体移动,并可与它的所有子环境一次移动。

更准确地说,Ambient 演算研究具有以下结构的环境:

· 每个环境都有一个名称,在进入或退出环境时必须显示。

· 每个环境都有一个本地代理的集合(也就是线程、进程等)。这些是直接在环境中运行的计算,在某种意义上,控制环境。例如,每个智能体可以同时指示周围环境向不同方向移动。

· 每个环境都有一组子环境。每个子环境都有自己的名称、代理、子环境等。

1. Ambient 演算的语法

考虑以下术语定义的(子)Ambient 演算:

$n, m,$ etc.	环境名称
$P, Q :: = =$	术语
$n[P]$	具有名称 n 和内容 P 的环境
0	终止
$P \mid Q$	并行处理
enter $n. P$	进入一个环境 n,然后进行 P
exit $n. P$	退出一个环境 n,然后进入 P

语法约定:括号(P)可用于分组;enter $n. P \mid Q$ 读取为(enter $n. P) \mid Q$;exit 也是一样。

常用缩写:

$$n[] \triangleq n[0]$$
$$\text{enter } n \triangleq \text{enter } n. 0$$
$$\text{exit } n \triangleq \text{exit } n. 0$$

2. Ambient 演算的结构等价关系

语法的项被识别为以下等价：

(Struct Refl)	$P \equiv P$
(Struct Symm)	$P \equiv Q \Rightarrow Q \equiv P$
(Struct Trans)	$P \equiv Q,\ Q \equiv R \Rightarrow P \equiv R$
(Struct Par Zero)	$P \mid 0 \equiv P$
(Struct Par Comm)	$P \mid Q \equiv Q \mid P$
(Struct Par Assoc)	$(P \mid Q) \mid R \equiv P \mid (Q \mid R)$
(Struct Amb)	$P \equiv Q \Rightarrow n[P] \equiv n[Q]$
(Struct Par)	$P \equiv Q \Rightarrow P \mid R \equiv Q \mid R$
(Struct Enter)	$P \equiv Q \Rightarrow \text{enter } n.\, P \equiv \text{enter } n.\, Q$
(Struct Exit)	$P \equiv Q \Rightarrow \text{exit } n.\, P \equiv \text{exit } n.\, Q$
$N.B$：	
	$n[P] \mid n[Q] \not\equiv n[P \mid Q]$

3. Ambient 演算的约简关系

Ambient 演算的操作行为通过术语之间的非确定性约简关系来捕获。若某一术语没有约简，则说明它被阻塞了。

一步约简是术语→上最小的二元关系，由以下规则生成：

(Red Enter)	$n[\text{enter } m.\, P \mid Q] \mid m[R] \rightarrow m[n[P \mid Q] \mid R]$
(Red Exit)	$m[n[\text{exit } m.\, P \mid Q] \mid R] \rightarrow n[P \mid Q] \mid m[R]$
(Red Amb)	$P \rightarrow Q \Rightarrow n[P] \rightarrow n[Q]$
(Red Par)	$P \rightarrow Q \Rightarrow P \mid R \rightarrow Q \mid R$
(Red Struct)	$P' \equiv P,\ P \rightarrow Q,\ Q \equiv Q' \Rightarrow P' \rightarrow Q'$

有趣的约简是（Red Enter）和（Red Exit），其余的是同余和结构等价。

$N.B.$：
$0 \not\rightarrow$
$P \rightarrow Q \not\Rightarrow \text{enter } n.\, P \rightarrow \text{enter } n.\, Q$
$P \rightarrow Q \not\Rightarrow \text{exit } n.\, P \rightarrow \text{exit } n.\, Q$

约简关系→*，是→的自反和传递闭包。

7.5　自动化工具

在计算机科学和软件工程领域，形式化方法是研究问题的一种重要方法。通过使用形式化语言和自动推理技术，可以对程序的行为进行精确的描述和验证，从而提高程序的可靠性和正确性。自动化工具是实现形式化方法的重要手段之一，它们可以自动执行形式化方法中的推理过程，大大简化了开发人员的工作负担。本节将介绍两种常用的自动化工具，即 ProVerif 和 Tamarin。

ProVerif 是一种基于模型检测的形式化验证工具，它使用基于符号的模型来描述程序的行为。ProVerif 通过分析程序的控制流图（CFG）和数据流图（DFG），生成一个可执行的程序模型。然后，ProVerif 使用该模型来检查程序是否满足给定的规范。ProVerif 支持多种编程语言和规范语言，并提供了丰富的调试和错误报告功能，可以帮助开发人员在早期发现和修复潜在的问题。

Tamarin 是一种基于符号执行的形式化验证工具，它使用一种称为"符号执行"的技术来模拟程序的执行过程。Tamarin 通过构建一个抽象语法树（AST），表示程序的结构。然后，Tamarin 按照 AST 的顺序执行程序，并记录每个结点的状态和操作。通过分析这些记录，Tamarin 可以验证程序是否按照预期的方式执行，并且能够检测到潜在的错误和漏洞。

自动化工具的使用对于提高软件开发的效率和质量具有重要意义。它们可以自动执行烦琐的形式化方法任务，减轻开发人员的工作负担，并帮助开发人员更早地发现和修复问题。然而，自动化工具并非万能的，它们也有一些局限性和不足之处。例如，自动化工具可能无法处理一些复杂的问题，或者需要大量的人工干预来生成模型或执行验证过程。因此，在使用自动化工具时，仍然需要谨慎考虑其适用性和局限性。

本节将详细介绍 ProVerif 和 Tamarin 这两种自动化工具的基础原理和特点，使用方法和工作流程，以及它们在形式化方法中的应用案例。希望通过对 ProVerif 和 Tamarin 的学习，读者能够更好地理解和应用自动化工具在形式化方法中的作用。

7.5.1　ProVerif

ProVerif 工具是由法国人 Bruno Blanchet 提出并开发的，主要用于密码学协议的自动形式化验证分析。其基本原理是将安全协议模型经过抽象描述，再转换成基于 Horn 逻辑的安全协议模型，利用 Horn 逻辑实现对密码协议的安全性分析。

ProVerif 分析协议的基本过程（如图 7-3 所示）如下：

（1）协议分析：分析协议执行的流程，并将其流程根据 Pi 演算规则或 Horn 子句逻辑进行抽象描述，生成适合在验证工具中执行的输入文件的格式。

（2）安全属性分析：对协议需要满足的安全特性进行抽象描述，如消息机密性、身份的合法性、隐私性等。

（3）协议验证：运行验证工具，执行抽象的协议和安全属性，检验协议是否满足安全属性，查看并分析输出结果。

网络中，当两个实体 A 和 B 之间进行通信，实体 B 接收到的消息有可能是实体 A 发送的，同时有可能是攻击者所发送的，实体 B 如何判断消息真实的来源是一个比较困难的问题。为此，ProVerif 工具提供了自动分析消息是不是攻击者所发送的功能，通过自动分析，当协议中存在攻击者时，ProVerif 工具会给出相应的攻击路径。

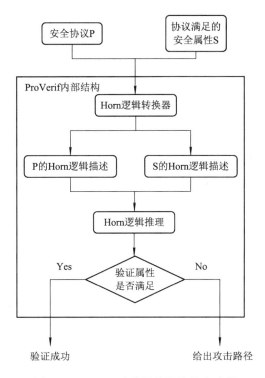

图 7-3 ProVerif 分析协议的基本过程

因此，ProVerif 的主要功能是将实体之间传输的所有消息、发送消息构成一个多重集，并实现抽象解释，然后基于逻辑编程语言 Prolog 和协议的规则，通过推理事件是否发生来实现消息的机密性的验证。ProVerif 由于消去了状态的概念，通过限制消息的数量但不限制协议执行次数，达到验证协议安全时不限制协议的会话数量，避免了模型检测中的状态空间爆炸问题。ProVerif 能够处理的密码原语较多，如共享密钥的产生原语、加解密原语、签名原语等，可以处理不限数量的协议会话及无限制的消息空间。

为了实现协议实体之间的通信，ProVerif 工具提供了通道（channel）功能，实体之间所发送的消息均是通过通道进行传输的。根据通道的特性不同，其分为两种类型，即公开 public、隐私 private。通信的实体双方主要通过通道进行发送和接收消息。

在 ProVerif 中攻击者模型主要是基于 Dolve-Yao 模型，攻击者具有在公共信道上发送、接收消息的能力，将信道上接收的信息重新组合或分解，在 ProVerif 工具的实际运用中攻击者的具体能力主要取决于代码中设置的函数性能。

ProVerif 在验证协议的安全特征时主要是通过一致性属性、观察等价的方法验证安全协议是否满足相关安全属性，本小节简单给出两种方法的定义。一致性属性通常用在很多的协议中证明参与者的身份。在协议的不同阶段设置不同的事件，通过事件发生的先后关系来验证参与者的身份。在一个运行的协议中，本节用事件集合 $\{e_1 e_2, \cdots, e_n\}$ 标注不同的阶段。

定义 7-18（一致性属性） 一致性属性用于描述如下两个事件之间的关系：

$$e_i < e_j \text{ where } i < j, \ i,j \in \{1,2,\cdots,n\}$$

这个属性意味着如果事件 e_j 已经发生了，那么事件 e_i 必然已经发生了。这种方法常常用于证明身份的真实性。

观察等价是一种基于观察现象来判断两个实体具有不可区分性的属性。观察等价的定义如下。

定义 7 - 19(观察等价) 如果有两个术语 M 和 N 在所有的上下文中 $C[\_]$ 满足 $C[M]$ 和 $C[N]$ 都是有效的术语,在系统中区分术语 $C[M]$ 和 $C[N]$ 是不可能的,这种 M 和 N 之间最大的对称关系称为观察等价。

7.5.2 Tamarin

Tamarin 推广了 Scyther 工具使用的向后搜索,以实现:通过多集重写规则实现协议规范;一阶逻辑保护片段中的属性规范,允许对消息和时间点进行量化;推理模方程理论。Tamarin 支持安全协议的自动化、无界、符号分析。它具有用于指定协议、对手模型和属性的表达性语言,并支持有效的演绎和形式推理。作为实际示例,这些泛化分别使该工具能够处理:具有非单调可变全局状态和复杂控制流(如循环)的协议;复杂的安全属性,如用于密钥交换协议的 eCK 模型;方程理论,如 Diffie-Hellman、双线性配对和用户指定的子收敛理论。

Tamarin 提供了两种构造证明的方法:一种是使用启发式方法指导证明搜索的高效、全自动模式,另一种是交互模式。

如果工具的自动证明搜索终止,它返回正确性证明(对于无限数量的线程和新值)或反例(如攻击)。由于设置的大多数属性的不可确定性质,该工具可能不会终止。交互模式使用户可以探索证明状态,查看攻击图,将人工证明指导与自动证明搜索无缝结合。

下面首先介绍 Tamarin 的理论基础。然后,描述它的实现与交互模式。

1. 理论基础

对于一个等式理论 E、一个定义协议的多集重写系统 R,以及一个定义迹性的保护公式 φ,Tamarin 可以检查 R 模 E 的迹的有效性或 φ 的可满足性。通常,有效性检查被简化为检查否定公式的可满足性。在这里,约束求解用于对具有令人满意的跟踪的执行进行详尽的符号搜索。搜索的状态是约束系统。例如,约束可以表示某个多集重写步骤发生在一次执行中,或者一个步骤发生在另一个步骤之前。

通常也可以直接使用公式作为约束来表示某些行为在执行中不会发生。约简规则的应用,如简化或区分情况,对应于令人满意的轨迹的增量构造。若不能应用进一步的规则并且没有找到令人满意的跟踪,则不存在令人满意的跟踪。对于符号推理,利用有限变量性质将关于 R 的推理模 E 简化为关于 R 的变分的推理模 AC。

2. 实现与交互模式

Tamarin 是用 Haskell 编程语言编写的。它的交互模式是作为一个 Web 服务器来实现的,通过嵌入 Javascript 来提供 HTML 页面。

在此之前,Tamarin 的网站是公开的。Tamarin 的交互模式集成了自动分析和交互证明指导,并提供了关于当前约束或反例跟踪的详细信息。用户可以对部分搜索空间进行自动分析,并对证明树进行部分展开。

7.6 实例分析与实验

在计算机科学和通信领域中,进程演算是一种重要的形式化方法,用于描述并发系统的行为和性质。进程演算可以对并发系统的交互进行精确建模,并对其进行形式化的分析和验证。自动化工具是实现进程演算的重要手段之一,它们可以自动执行形式化方法中的推理过程,大大简化了开发人员的工作负担。本节将介绍两个实例分析与实验,分别使用 Tamarin 和 ProVerif 工具验证 Diffie Hellman 协议和 5G-AKA 协议的安全性。

Diffie Hellman 协议是一种密钥交换协议,它基于离散对数问题的困难性来保证密钥的安全传输。Diffie Hellman 协议的安全性依赖于离散对数问题的困难性,即在有限域上求解离散对数问题是困难的。本实验将使用 Tamarin 工具来验证 Diffie Hellman 协议的安全性。本节将构建一个 Diffie Hellman 协议的模型,并使用 Tamarin 工具对其进行形式化验证,通过检查协议的输入和输出,可以验证协议是否满足预期的安全性要求。

5G-AKA 协议是一种用于 5G 网络的无线接入技术。随着 5G 技术的广泛应用,保障其安全性变得尤为重要。本实验将使用 ProVerif 工具来分析 5G-AKA 协议的安全性。本节将构建一个 5G-AKA 协议的模型,并使用 ProVerif 工具对其进行形式化分析,通过检查协议的状态转换和控制流,可以验证协议是否满足预期的安全性要求。

实例分析与实验是理论学习的重要补充,它可以帮助我们更好地理解和应用形式化方法和自动化工具。通过实例分析与实验可以将理论知识应用到实际问题中,加深对进程演算的理解,并掌握使用 Tamarin 和 ProVerif 工具的技巧。本节将详细介绍这两个实例分析与实验的过程和方法,并提供相关的代码示例和结果分析。希望通过对这些实例分析与实验的学习,读者能够更好地应用进程演算的形式化方法来解决实际问题。

7.6.1 使用 Tamarin 验证 Diffie Hellman 协议

Tamarin 将一个理论文件的名称作为命令行输入,该理论文件定义了建模协议消息的等式理论、建模协议的多集重写系统,以及指定协议所需属性的一组引理。为了分析 Diffie Hellman 协议变体的安全性,使用由以下部分组成的理论文件。

1. 等式理论

要指定协议消息的集合,使用:

```
builtins:diffie-hellman
functions:mac/2,g/0,shk/0 [private]
```

它支持 Diffie-Hellman(DH)求幂,并定义了三个函数符号。对 DH 求幂的支持定义了求幂的运算符^,它满足等式 $(g\hat{\ }x)\hat{\ }y=(g\hat{\ }y)\hat{\ }x$,以及其他运算符和等式。使用二进制函数符号 mac 来建模消息认证码(MAC);常数 g 来建模 DH 组的生成器;常数 shk 来建模共享密钥，该密钥被声明为私有的，因此不能被攻击者直接推导。默认情况下提供使用$\langle \_,\_ \rangle$、fst 和 snd 对配对和映射的支持。

2. 协议

协议定义由三个(标记的)多集重写规则组成。这些规则由事实序列作为左手边、标签和右手边，其中事实的形式是$F(t_1,\cdots,t_k)$表示事实符号F和项t_i。协议规则在其左侧使用固定的一元事实符号 Fr 和 In 来获取从网络接收的新名称(唯一且不可猜测的常量)和消息。为了向网络发送消息，其右侧使用固定的一元事实符号 Out。

第一条规则是建立一个新的协议线程 tid 的模型，它选择一个新的指数x，并发送g^x与这个值的 MAC 和参与者的身份相连接：

rule Step1：$[$ Fr(tid:fresh),Fr(x:fresh) $] -[$ 　 $] \rightarrow$
　　　　　　$[$ Out($\langle g\hat{\ }(x:fresh),mac(shk,\langle g\hat{\ }(x:fresh),A:pub,B:pub\rangle)\rangle$))
　　　　　　,Step1(tid:fresh,A:pub,B:pub,x:fresh) $]$

在这条规则中，使用:fresh 和:pub 排序注释来确保对应的变量只能用 fresh 和 public 名称实例化。Step1 规则的实例通过使用两个 Fr-fact 来重写状态，以获得新的名称 tid 和x，并生成带有已发送消息的 Out-fact 和表示给定线程已使用给定参数完成第一步的 Step1-fact。Step1 的参数表示线程标识符、参与者、预期的合作伙伴和选择的指数。规则总是沉默的，因为没有标签。

第二条规则模拟了协议线程的第二步：

rule Step2：　$[$ Step1(tid,A,B,x:fresh),In($\langle Y,mac(shk,\langle Y,B,A\rangle)\rangle$) $]$
　　　　　　$-[$ Accept(tid,Y$\hat{\ }$(x:fresh)) $] \rightarrow$ 　$[]$

这里除了使用 in-fact 之外，还使用了必须在较早的 Step1-step 中创建的 Step1-fact。in-fact 使用模式匹配来验证 MAC。相应的标签 Accept(tid,Y$\hat{\ }$(x:fresh))表示线程 tid 已经接受了会话密钥 Y$\hat{\ }$(x:fresh)。

第三条规则模型将共享密钥透露给攻击者：

rule RevealKey：　$[] -[$ Reveal() $] \rightarrow [$ Out(shk) $]$

在网络上输出常量 shk，并且标签 Reveal()确保跟踪反映是否以及何时发生了显示。

协议跟踪集是通过多集重写(对等式理论取模)定义的，使用这些规则和新名称创建攻击者接收消息、消息推导和攻击者发送消息的内置规则，这可以通过$K(m)$形式的事实观察到。更准确地说，与多集重写派生相对应的跟踪是应用规则的标签序列。

3. 属性

将协议所需的安全属性定义为跟踪属性。因此，协议规则的标签必须包含足够的信息来说明这些属性。在 Tamarin 中，属性被指定为引理，然后被工具排除或推翻。

lemma Accept_Secret：
　　$\forall$ i j tid key. Accept(tid,key)@i & K(key)@j $\Rightarrow$ $\exists$ l. Reveal()@l & l $<$ i

引理对时间点 i、j、a 和 l，以及消息 tid 和 key 进行量化。它使用谓词形式 $F@$ 表示在指数 i 的追踪包含事实 F 和谓词形式 $i<j$ 表示时间点 i 小于时间点 j。引理声明如果一个线程 tid 在时间点 i 已经接收了一个密钥 key，并且攻击者也知道 key，那么必须有一个 i 之前的时间点 l 共享的秘密被揭露。

4. 输出

在输入文件上运行 Tamarin 将产生以下输出：

analyzed example. spthy：Accept_Secret（all-traces）verified（9 steps）

输出表明 Tamarin 成功地验证了所有协议跟踪都满足 Accept_Secret 中的公式。

7.6.2 使用 ProVerif 分析 5G-AKA 协议

1. 5G-AKA 协议

5G-AKA 协议是由演进分组系统(EPS)-AKA 协议 TS 33.401 直接开发的。5G-AKA 具有内置的归属控制，以使家庭网络(HN)能够在 UE 被认证时得到通知，并在认证 TS 33.501 上进行最终呼叫。其网络架构由以下三个重要方面组成。

(1) UE：包含通用用户识别模块(USIM)的移动终端。USIM 具有加密功能，如算法、加密、消息验证码(MAC)，它存储订阅永久性标识(SUPI)、长期密钥 K 和序列号(SQN)。

(2) 家庭网络(HN)：包含数据库和安全功能；生成认证矢量(AV)，存储用户的订阅数据，并与 UE 共享 SUPI 和密钥 K。

(3) 服务网络(SN)：它是 UE 通过 ngRAN 连接到的接入网络。

5G 安全架构由用户设备(UE)、安全锚功能(SEAF)、认证服务器功能(AUSF)、认证凭证库与处理功能(ARPF)和统一数据管理(UDM)组成。SEAF 位于 SN 中，而 AUSF、ARPF 和 UDM 位于 HN 中，如图 7-4 所示。它还引入了 SUPI，一种 UE 标识符，SUPI 在传输过程中被加密为订阅隐藏标识符(SUCI)以保密，并且仅由 HN 解密。密钥 K 充当安全上下文的主要来源。密钥推导涉及 UE 和其他实体，包括密钥 K、密码密钥(CK)和完整性密钥(IK)，这些密钥用于推导其他密钥。

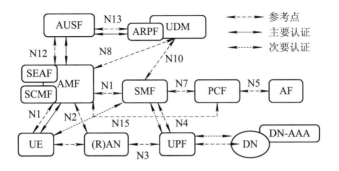

图 7-4 5G 系统和安全架构

2. 5G-AKA 协议的建模

本小节使用四个实体(UE、SEAF、AUSF、ARPF)对模型 A 进行建模,并使用三个实体(UE、SN、HN)对模型 B 进行建模。由于 AUSF 和 ARPF 之间交换了 RAND,因此四个实体建模对于计算 HXRES 和验证由 AUSF 和认证同步(AUTS)重新同步执行的 RES 非常重要。RES 值已一分为二,以实现向后兼容性。当 SEAF 接收 RES 时,它只能验证前半部分,因为 AV 只包含 XRES*。然而,HN 可以验证 RES 和 RES*。AV 包括随机数(RAND)和认证令牌(AUTN),以证明挑战的新鲜性和真实性,而 XRES* 是预期的回应。

此外,考虑两种类型的渠道;一是 UE-SEAF(不安全)和 SEAF-AUSF-ARPF(安全);二是 UE-SEAF(不安全)和 SEAF-AUSF-ARPF(不可靠)。并且在第二类中,SN 和 HN 信道之间的信道受到损害。模型对 MAC 失败和同步失败消息进行充分建模,以便重新同步。

1) 威胁模型

威胁模型假设中的 DY 攻击者能控制网络,可以读取、拦截、修改和发送消息。它还能发起被动和主动攻击,如窃听、操纵、拦截和注入消息。DY 可以监听信令消息,并设置一个伪 BS 来模拟 SN。它还可能危及安全实体,如 USIM 和其他实体。

此外,攻击者可以应用攻击者已知的哈希、加密和登录值。

2) 安全性假设

UE 和 SN 之间的无线信道容易受到被动和主动攻击。SN 和 HN 之间的有线信道只有在受到攻击时才会受到同样的攻击。假设函数 f_1、f_1^*、f_2 分别作为 MAC 提供完整性,f_3、f_4、f_5、f_5^* 分别作为 CK、IK 和 AK 密钥提供完整性和机密性。

假设运行 Diameter 协议或协议本身的实体可能会通过复杂的网络和虚拟化相关攻击而受到危害。因此,还必须考虑到攻击者可能拥有真正的 USIM,然后最终危及 UE。最初,假设密钥 K、SUPI 和 SQN 存储在未受损实体上。

5G-AKA 协议所需的安全属性是 3GPP TS 33.501 中规定的保密性、完整性、真实性和隐私性。安全属性是非形式化定义的,分别采用 G. Lowe 和 A. J. Menezes 提出的经典的分类法进行精确的形式化分析,在下文中分别称为集合 1 和集合 2。

3) 协议消息交换

为了说明 5G-AKA 协议的完整执行,此处使用模型 A,并简要省略了消息交换的一些文本,5G-AKA 由以下三个阶段组成。

阶段 1:身份验证启动和方法选择。

SN 中的 SEAF 发起与想要连接到它的 UE 的认证。然后 UE 发送消息 1,一个包括 SUCI 的认证请求。

Msg1. UE → SEAF:SUCI

Msg2. SEAF →AUSF:SUCI ‖ SNN

Msg3. AUSF→ ARPF:SUCI ‖ SNN

在消息 2 中，SEAF 添加其 SNN，当 UDM/ARPF 接收到消息 3 时，检索 SUPI。

阶段 2：协议。

> Msg4. ARPF → AUSF：(RAND,AUTN,XRES* ,KAUSF,SUPI)
>
> Msg5. AUSF→ SEAF：(RAND, AUTN, HXRES*)
>
> Msg6. SEAF → UE：(RAND ‖ (AUTN)
>
> Msg7. UE →SEAF ：RES*
>
> Msg8. SEAF → AUSF：RES*
>
> Msg9. AUSF→ SEAF：SUPI ‖ KSEAF

检索 SUPI 后，ARPF 使用 AMF 生成一个 V。ARPF 在消息 4 中向 AUSF 发送一个 V，指示要使用 5G-AKA。AUSF 接收消息 4 并计算 HXRES* 。

AUSF 存储 XRES* 、SUPI 和 KAUSF，从 KAUSF 导出 KSEAF，分别用 HRES 和 KSEAF 替换 XRES 和 KAUSS，并向 SEAF 发送带有 AV 的消息 5。当 SEAF 接收到消息 5 时，它存储 HXRES* 并将消息 6 中的 RAND 和 AUTN 发送给 UE。当 UE 接收到消息 6 时，USIM 通过检查是否可以接受 AUTN 来验证 AV 新鲜度。首先计算 AK 并检索 SQN。然后计算 XMAC，检查 xMAC=MAC，并检查 SQN 是否为 SQNUE→xSQNHN。如果它们是预期响应，USIM 计算 RES，然后计算 CK 和 IK。USIM 向 UE 发送 RES、CK 和 IK。UE 从 RES 计算 RES* ，从 CK 和 IK 计算 KAUSF，然后从 KAUSF 计算 KSEAF，并检查 AUTN 中 AMF* 的单独位是否设置为 1。UE 在消息 7 中返回 RES* ，以隐式证明其身份和 K 的所有权。SEAF 在收到消息 7 后计算 HRES* ，并检查其是否与 HXRES* 值匹配。若 HXRES= HRES，则 SEAF 认为认证成功。SEAF 向 AUSF 发送包含 RES 的消息 8。若 HRES ≠ HXRES，则中止该过程。AUSF 应将 RES* 与 XRES* 进行比较。若 RES* = XRES* ，则 AUSF 认为身份验证成功。

然后 AUSF 在消息 9 中将 KSEAF 和 SUPI 发送给 SEAF。

阶段 3：再同步。

在消息中，若对 UE 的 AUTN 验证失败，则 USIM 指示原因是 MAC 还是同步失败。

> Msg10. UE → SEAF：(mac_failure,Synch_failure,AUTS)
>
> Msg11. SEAF → AUSF：(Synch_failure,AUTS)
>
> Msg12. AUSF → ARPF：(Synch_failure, AUTS,Rand)

UE 用 MAC 向 SEAF 发送消息 10，并用 AUTS 同步失败消息。当 SEAF 接收到消息 10 时，它可以在 mac_failure 的情况下请求 UE 重新识别，或者在 Synch_failur 的情况中发起新的认证，然后 SEAF 向 AUSF 发送消息 11。AUSF 向 ARPF 发送消息 12，RAND 在消息 4 中发送，AUTS 在消息 11 中接收。

ARPF 从 AUTS 检索 SQNUE，检查 SQNUE 是否在正确范围内，以及是否接受使用 SQNHN 生成的下一个 SQN。若 SQNHN 在正确范围内，则 UDM/ARPF 将生成新的 AV，否则将验证 AUTS。若验证成功，则 ARPF 将计数器 SQNHN 的值重置为 SQNUE。

然后 ARPF 向 UE 的 AUSF 发送新的 AV。由 AUSF 处理与 UE 的新认证过程，但这超出了本章的范围。

3. 5G-AKA 协议的验证

本节使用两个模型模拟协议。

(1) 模型 A 四方协议（UE-SEAF-AUSF-ARPF）：

```
((! processUE(supi,hnid_ue,ki))
(! processSEAF(snn_sn))
(! processAUSF)
(! processARPF(supi,ki,amf)))
```

(2) 模型 B 三方协议（UE-SN-HN）：

```
((! processUE(supi,hnid_ue,ki))
(! processSN(snn_sn))
(! processHN(supi,ki,amf)))
```

为了进行深入分析，将重点放在模型 A 上，因为大多数相关工作都基于类似于模型 B 的模型。当在受损的公共信道上运行协议时，发现了一种攻击，即认证不符合相关工作的假设。攻击同时发生在模型 A 和模型 B 上。

模型 A 的 ProVerif 结果：

秘密，supi，ki，kseaf 的保密性成立，UE 到 SN 的认证成立，但 SN 到 UE 的认证不适用于非内射协议和内射协议。

认证过程如下：

```
/proverif protocols/5G_AKA_4ent_pub.pv | grep RES
RESULT not attacker(Secret[]) is true.
RESULT not attacker(supi[]) is true.
RESULT not attacker(ki[]) is true.
RESULT not attacker(kseaf[]) is true.
RESULT event(endUE(x1,x2,x3)) ==>event(begUE(x1,x2,x3)) is true.
RESULT event(endSN(x1_80)) ==>event(begSN(x1_80)) is false.
RESULT inj-event(endUE(x1_81,x2_82,x3_83))==>
        inj-event(begUE(x1_81,x2_82,x3_83)) is true.
RESULT inj-event(endSN(x1_84)) ==>(inj-event(begSN(x1_84)) &&
        (inj-event(e3(x1_84)) ==>(inj-event(e2(x1_84)) ==>
        inj-event(e1(x1_84,x2_85))))) is false.
RESULT (even event(endSN(x1_5702)) ==>(event(begSN(x1_5702)) &&
        event(e3(x1_5702))) is false.)
```

事件 endSN 表示 SN 已完成协议，UE 接收到消息 4 并发送了消息 5，e1 表示 SN 发送了消息 4。这些事件将协议的所有参数作为参数；AUTN 和 RAND、e2 除外，e2 必须检查 xsqn-xor(xored_sqn,ak)，xmac＝f1((xsqn,xrand),ki)，若 xmac＝mac，则 xsqn＝sqn_ue。若参数为真，则发送 RES，否则发送 MAC 失败或同步失败。ProVerif 中的直接对应证明失败，因为可以重放消息 4，从而为单个 e1 生成多个 e2。

注意：以 RES 为自变量的事件 e2 在发送 AUTN 和 RAND 之前，以及执行 e1 之前无法证明对应关系并得出所需的对应关系，这在 ProVerif 中失败，为 false。

本 章 小 结

本章介绍了基于进程演算的形式化方法，包括进程演算、CSP 和 CCS、标准语言、扩展模型、自动化工具以及实例分析与实验。

进程演算部分讨论了进程代数体系和进程演算方法，探讨了如何通过形式化的方法描述和分析并发性和并行性。

CSP 和 CCS 部分介绍了两种重要的进程演算模型，即 CSP 模型和 CCS 模型，它们分别基于消息传递和共享内存的概念来模拟通信过程。

标准语言部分介绍了 LOTOS 这一常用的标准语言，它提供了一种精确地表示和验证计算过程的方式。

扩展模型部分介绍了 Security Pi Calculus、Applied Pi Calculus 和 Ambient Calculus 这三种扩展模型，它们为进程演算提供了更丰富的功能和表达能力。

自动化工具部分介绍了 ProVerif 和 Tamarin 这两个工具，它们可以帮助用户自动地进行推理、分析和验证，提高了形式化方法和相关研究的效率和准确性。

实例分析与实验部分介绍了使用 Tamarin 验证 Diffie Hellman 协议、使用 ProVerif 分析 5G-AKA 协议。通过实际问题的分析和解决，加深了对基于进程演算的形式化方法的理解和应用能力。

总的来说，本章全面介绍了基于进程演算的形式化方法，包括其基本概念、重要模型、标准语言、扩展模型、自动化工具以及实例分析与实验。通过学习这些内容，读者可以更好地理解和应用进程演算的原理和方法，并将其应用于计算机科学领域的相关问题中。

本 章 习 题

1. 如何理解进程代数体系？
2. CSP 和 CCS 有什么异同？
3. CSP 和 CCS 应用在哪些领域？都是如何应用的？

4. 简述 LOTOS 语言的架构，以及它如何描述一个系统。

5. 简述 Ambient Calculus 的环境如何定义？有什么特征？

6. 安装 ProVerif 和 Tamarin 两个工具，实现 7.6.1 节的实验。

7. 安装 ProVerif 和 Tamarin 两个工具，实现 7.6.2 节的实验。

8. 利用 SPI 演算验证 Kerberos 协议的认证性。

9. 利用应用 Pi 演算验证 iKP 协议的认证性。

10. 使用 ProVerif 或 Tamarin 验证习题 8 和习题 9 的两个协议。

第三单元　形式化安全方法的综合应用

本书的第三单元将深入探讨通信软件安全性的形式化验证实例，展示形式化方法在实际安全应用中的具体实施和效果。通过具体案例连接理论与实践，读者可更好地理解形式化安全分析方法如何应用于解决实际问题。

本单元包含两大主题，分别聚焦于通信软件安全性的形式化验证方法，以及通信协议在实际应用中的安全性验证。

（1）**通信软件安全性的形式化验证方法**：首先探讨通信软件安全性的基本形式化验证方法，介绍形式化工具和技术在软件安全性分析中的应用，如何通过这些方法确保软件设计的初衷得以实现，并有效防止潜在的安全漏洞。

（2）**通信协议在实际应用中的安全性验证**：这部分深入分析具体的通信协议如5G协议和CHAP协议，展示这些协议的形式化安全性验证过程。包括如何应用形式化方法来评估和验证协议设计的安全性，以及这些方法如何帮助改进协议设计，增强其抵抗安全攻击的能力。

对5G和CHAP等通信协议的具体分析，可展示形式化方法在现实世界中的应用价值。从协议的身份验证机制到数据加密过程，形式化验证工具如何揭示潜在的漏洞，并指导设计安全性更强的协议。同时，通过具体的验证实例，如CHAP的不同实现方式，揭示形式化验证在提升通信协议安全性中的关键作用。

通过本单元内容的学习，读者将能够获得将形式化安全分析方法应用于实际通信软件和协议的能力，理解并实施这些高级技术以确保软件和协议的安全性。这不仅强化了理论知识的实际应用，也为未来面对更复杂的安全挑战提供了坚实的基础。

第 8 章   通信软件安全性的形式化验证实例

通信软件是一种遵循通信协议规范并通过代码编程实现的软件，通常用于解决实际的网络通信问题。针对通信软件的安全性验证，不仅需要对指导软件设计的通信协议的安全性进行评估，还需要对软件代码实现过程中的一致性、规范性等进行评估。本章将综合运用前面章节介绍的形式化方法，分析通信软件的设计过程的安全性（即协议安全性）以及代码实现的一致性等，系统性地介绍形式化方法的使用过程。

8.1   通信软件的形式化安全验证流程

一般通信类软件的安全性主要依靠安全协议进行保证，由于软件设计层面的安全问题主要涉及认证和加密，因此需要依据从软件设计文档中得到的软件所需实现的功能建立合适的形式化模型，对其认证性、机密性进行检验。在确认设计方案安全性的前提下，代码层面的验证目标在于分析通信软件的具体实现和设计方案之间的一致性。通信软件安全性验证整体流程如图 8-1 所示。在具体安全性检测的实现中，首先需要依据业务特征选择具体的形式化方法和工具，然后对所选择工具的建模过程进行整理和总结，归纳出通用化的建模流程，并对其常见的、需分析的安全目标进行详细描述，以方便提高利用该工具进行软件设计方案安全性分析的效率。

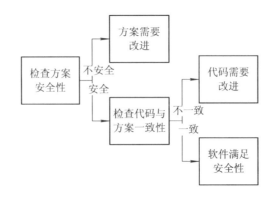

图 8-1   通信软件安全性验证整体流程

8.1.1   通信软件设计的安全性验证流程

在软件设计中进行安全性检测是确保软件能够抵御潜在攻击的关键步骤。由于通信软

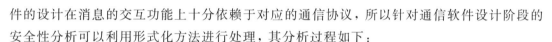

件的设计在消息的交互功能上十分依赖于对应的通信协议，所以针对通信软件设计阶段的安全性分析可以利用形式化方法进行处理，其分析过程如下：

（1）根据设计文档提取出软件功能模块间的交互过程，明确安全问题和采用的安全机制，选择合适的形式化方法及工具。

（2）对所选择的形式化工具的建模流程进行总结归纳，整理出通用化的建模流程，并根据流程将设计方案的交互流程和攻击者能力进行形式化描述，在相应的自动化工具中进行模拟。

（3）针对所选择的工具对可分析的常见安全目标进行整理，明确每个安全目标所代表的含义以及所能抵御的攻击。根据待验证的系统，分析所需要满足的安全目标，对所要检验的软件安全属性进行形式化表述，并在所选择的工具中用相应的形式化语言进行描述。

（4）使用所选择的安全验证工具对软件设计过程的安全属性进行验证，并依据具体情况分析结果。

形式化安全方法建立在对系统、环境和攻击者行为与能力的高度抽象的基础上，通常是一种定性的表示。形式化方法的语法定义中通常采用集合和一阶逻辑的表示方法，针对攻击者能力的描述往往是强调只要攻击者可以获得破解密文的必要知识，则其一定能够破解得到密文。形式化方法中通常使用多元函数来表示加密过程，而解密过程就可以理解为求反函数的过程。在分析中只需关心反函数是否存在，攻击者是否掌握这个知识即可，具体求解的难度和影响目前还无法直接评估。因此，安全性验证只关注整个系统的方案流程是否满足一定的属性，而无法体现方案中具体使用不同的加密算法是否会出现不同的结果。

8.1.2　通信软件代码的安全性验证流程

若软件的设计通过了安全性检测，且代码阶段准确地实现了软件的设计要求，则该软件应该是安全的。因此，针对通信软件代码的安全性检测，可以通过如下步骤进行：

（1）基于一致性测试的原理及模型，提出更加完备的一致性定义，并确认方案所采用的对代码和方案进行建模时模型中所包含的元素。

（2）除了类图外，函数之间的调用关系也可以很好地体现出代码的结构，并且这种结构更加适用于安全性验证方案中所采用的模型。本小节采用合适的工具，自动提取出代码函数之间的调用关系，利用调用关系图对代码进行建模。

（3）代码都必定存在入口和出口，以此和其他模块进行交互。可以根据函数的调用关系找到程序的入口和出口，并依据程序的出入口找到进行交互的各个功能函数。

（4）为了使最后进行比较的交互流程更加准确，排除不可能出现的路径，本小节实现了一个自动对与功能函数相关的选择、循环语句进行提取的模块，该模块方便分析各个功能模块之间运行的顺序。

（5）依据所有可能的软件运行顺序可以得到所有可能的交互过程，可以实现一个输入运行顺序显示交互过程的模块，将这些交互过程和设计中所有的路径进行比较，观察是否一致、是否存在多余的路径。对于存在的问题，依据代码具体分析是确实存在这种不安全的情况，还是这种运行顺序是不可能出现的，这种不安全的情况不可能发生。之后再对每个交互过程是否完成需要的功能进行分析。

由于验证的目标主要在于实现代码与设计的一致性，因此目前仅针对代码进行了函数上的扫描，通过建立函数调用图来完成形式化模型的抽象，目前并未涉及具体功能的内部代码。而针对代码的缓存区类的安全验证则需要对具体功能内的实现代码进行形式化建模。这方面的验证目前已经有了一系列比较成熟的、适用于不同语言的代码分析工具可供选择。

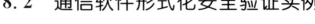

8.2   通信软件形式化安全验证实例

8.2.1   分析对象

选择从 GitHub 上获取的 C 语言编写的 CHAP 协议客户端和服务端软件作为实验分析对象。CHAP 客户端代码包含 11 个源文件和 1 个头文件，代码量为 600 多行，文件大小总共为 19.24 KB，函数调用的深度最多可以达到 9 层。服务端代码包含 5 个源文件和 2 个头文件，代码量为 500 多行，文件大小总共为 14.74KB，函数调用的深度最多可以达到 4 层。

CHAP 协议是一种点对点的挑战握手认证协议。它能够通过三次握手周期性地对对端的身份进行验证，可以在链路建立之后重复进行认证的过程，一般用于客户端让服务端确认自己的身份，目前在需要点对点认证的应用场景中仍然比较常见。由于在认证过程中它所使用的标识符和质询值是变化的，因此这个协议能够有效地抵御来自端点的重放攻击。CHAP 正常的信息交互过程如图 8-2 所示。

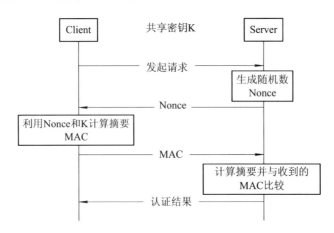

图 8-2   CHAP 信息交互过程

在认证开始之前，客户端和服务端共享一个长期密钥，这个密钥是保存在客户端和服务端上的，并不在链路中进行传播。当开始进行认证时，首先由客户端发起一个开始认证的请求消息，服务端收到后开始对客户端的身份进行确认。服务端首先发送一个挑战值（随机数）给客户端，客户端收到后利用这个挑战值和共享的密钥用单向哈希函数计算一个响应值，并把这个响应值发回给服务端，服务端进行相同的计算之后将自己得到的值和收到的客户端发来的值进行比较，若一致则认证成功，若不一致则认证失败，并且将认证的结果告知客户端。

8.2.2 CHAP 软件设计安全性验证

通过使用 7.5.2 节讲解的 Tamarin 工具，实现对 CHAP 软件设计方案的形式化建模和安全性验证。CHAP 协议中需要进行长期密钥的建立，同时攻击者拥有获取 CHAP 中长期密钥的能力。其攻击者能力模型表述如表 8-1 所示。

表 8-1 CHAP 协议密钥创建及攻击者能力定义

Tamarin 脚本	注　释
rule Register_ltk: ［ Fr(～k) ］ ——> ［ ! Ltk($ A, ～k) ］	创建角色 A 的长期密钥
rule Reveal_ltk: ［ ! Ltk(A, k) ］ ——［ Reveal(A) ］—> ［ Out(k) ］	攻击者拥有获取长期密钥的能力

在实体的初始化阶段，CHAP 协议需要考虑双方之间共享了一个长期密钥，如表 8-2 所示。

表 8-2 CHAP 协议实体初始化

Tamarin 脚本	注　释
rule Init_S: ［ Fr(～id), ! Ltk(S, k), ! Ltk(U, k) ］ ——[Create(S, ～id), Role('S')]—> ［ St_S_1(S, U, ～id, k) ］	初始化客户端，注意存在共享密钥
rule Init_U: ［ Fr(～id), ! Ltk(U, k), ! Ltk(S, k) ］ ——[Create(U, ～id), Role('U')]—> ［ St_U_1(U, S, ～id, k) ］	初始化服务端

之后需要对 CHAP 协议的具体步骤进行建模。CHAP 协议中，服务端计算自己发送的随机数和共享密钥的哈希值，与它收到的由客户端发送来的随机数和共享密钥计算出的

哈希值进行比较，通过这样的过程来完成认证。因此，需要在客户端发送哈希值的 rule 中加入 Running 标签，而在服务端计算哈希值的 rule 中加入 Commit 标签，具体模型如表 8-3 所示。

表 8-3 CHAP 模型建立

Tamarin 脚本	注 释
rule U_1： ［ Fr(～request)，St_U_1(U，S，～id，k) ］ ——［Send(U，～request)，Role('U')，Honest(S)，Honest(U)]—> ［ Out(～request)，St_U_2(U，S，～id，k，～request) ］	客户端发起认证请求
rule S_1： ［ In(request)，Fr(～nonce)，St_S_1(S，U，～id，k) ］ ——［Recv(S，request)，Send(S，～nonce)，Role('S')， Honest(S)，Honest(U)]—> ［ Out(～nonce)，St_S_2(S，U，～id，k，request，～nonce) ］	服务端生成并发送随机数
rule U_2： ［ In(nonce)，St_U_2(U，S，～id，k，request) ］ ——［Recv(U，nonce)，Send(U，mac(<nonce，k>))，Running(U，S， mac(<nonce，k>))，Role('U')，Honest(S)，Honest(U)]—> ［Out(mac(<nonce，k>))，St_U_3(U，S，～id，k，nonce， mac(<nonce，k>)) ］	客户端利用随机数和共享密钥计算并发送 MAC 值，由于这一步发送认证消息，因此需要加入 Running 标签
rule S_2： [In(mac(<nonce，k>))，Fr(～result)，St_S_2(S，U，～id，k， request，nonce)] ——［Recv(S，mac(<nonce，k>))，Send(S，～result)， Commit(S，U，mac(<nonce，k>))，Role('S')，Honest(S)， Honest(U)]—>［ Out(～result)，St_S_3(S，U，～id，k， request，nonce，mac(<nonce，k>)，～result) ］	服务端计算 MAC 值比较，由于这一步对认证消息进行确认，因此需要加入 Commit 标签

在 CHAP 协议中检查它的可执行性和四种强度的认证性，最后将建立的模型和规约的属性输入到 Tamarin 工具中进行验证。CHAP 协议的设计方案在 Tamarin 中的验证结果如图 8-3 所示。

由于 CHAP 是一种点对点的认证协议，它应该满足最强的认证性，即单射一致性。在 Tamarin 中运行所建立的模型可以看到，如果客户端和服务端之间共享的长期密钥没有被攻击者获取到，CHAP 协议的设计方案对于所有的安全目标都是满足的，它确实可以实现一个安全的点对点的认证。当然，该验证不包含对于随机数和密钥长度以及哈希算法可靠性的考虑，仅证明了当长度合适、算法可靠时，CHAP 协议采用这种信息的交互方式来完

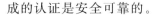

成的认证是安全可靠的。

```
summary of summaries:

analyzed: CHAP.spthy

  executable (exists-trace): verified (7 steps)
  aliveness_U (all-traces): verified (3 steps)
  week_agreement_U (all-traces): verified (6 steps)
  noninjective_agreement_U (all-traces): verified (6 steps)
  injective_agreement_U (all-traces): verified (10 steps)
```

图 8-3　CHAP 验证结果

同时，CHAP 协议的设计方案包含 4 次消息的交互以及 2 个哈希计算过程。建立的 Tamarin 模型不包含注释和空行部分一共有 49 行代码，对该协议的可执行性、存活性、弱一致性、非单射一致性和单射一致性共 5 条属性进行了验证。验证的消耗时间和 CPU 占用率等信息如图 8-4 所示。

```
Command being timed: "tamarin-prover CHAP.spthy --prove"
User time (seconds): 0.39
System time (seconds): 0.02
Percent of CPU this job got: 53%
Elapsed (wall clock) time (h:mm:ss or m:ss): 0:00.77
Average shared text size (kbytes): 0
Average unshared data size (kbytes): 0
Average stack size (kbytes): 0
Average total size (kbytes): 0
Maximum resident set size (kbytes): 18924
Average resident set size (kbytes): 0
Major (requiring I/O) page faults: 1
Minor (reclaiming a frame) page faults: 6638
Voluntary context switches: 213
Involuntary context switches: 925
Swaps: 0
File system inputs: 232
File system outputs: 0
Socket messages sent: 0
Socket messages received: 0
Signals delivered: 0
Page size (bytes): 4096
Exit status: 0
```

图 8-4　CHAP 设计方案分析性能评估

该验证过程消耗的用户时间为 0.39 秒，系统时间为 0.02 秒，总共经过的时间为 0.77 秒，CPU 的占用率为 53%。

8.2.3　CHAP 软件代码一致性验证

要验证代码的一致性，需要比较软件的实现和设计之间的异同，通过形式化的方法可实现对代码一致性的验证。为此需要把软件代码抽象整理为形式化模型。然而目前并没有直接从 C 代码转化为形式化描述的方法，可以通过先获得函数调用关系图，再转化为形式化的模型的方式来完成自动的形式化建模，具体步骤如下：

首先运用 Doxygen 工具生成客户端和服务端的函数调用图及 XML 文档，生成的 XML 文档大小分别为 422 KB 和 259 KB，生成的函数调用图如图 8-5 和图 8-6 所示。

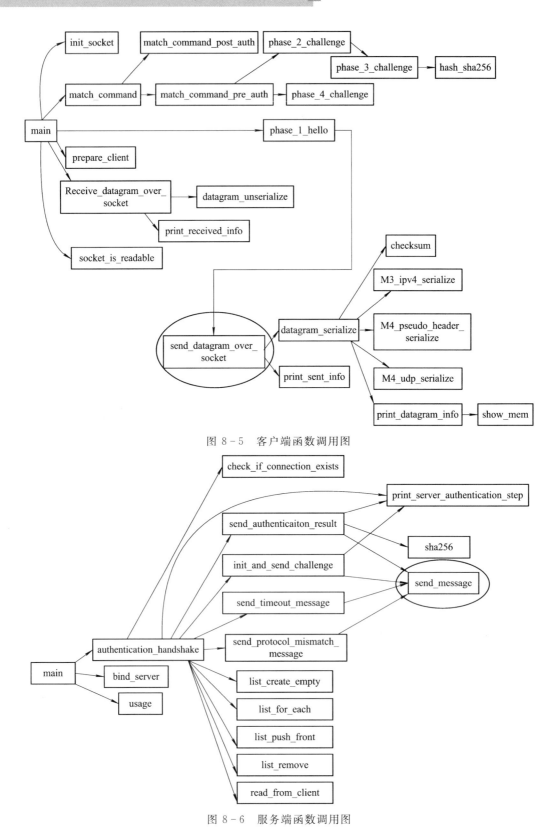

图 8-5 客户端函数调用图

图 8-6 服务端函数调用图

图 8-5 和图 8-6 中圈出的为发送函数。可以看到客户端有 24 个函数，但是和发送函数有直接关系的只有 2 个；而服务端有 17 个函数，和发送函数有直接关系的只有 4 个。对于无关的函数，并不需要用它们进行建模。

根据生成的函数调用关系，提取得到的出入口函数如图 8-7 和图 8-8 所示。

```
入口函数（初始状态）为：main

请选择出口函数（发送函数或被发送函数调用）：
0:show_mem
1:checksum
2:lvl3_ipv4_serialize
3:lvl4_pseudo_header_serialize
4:lvl4_udp_serialize
```

```
入口函数（初始状态）为：main

请选择出口函数（发送函数或发送函数调用）：
0:send_message
1:print_server_authentication_step
2:sha256
3:check_if_connection_exists
4:list_create_empty
```

图 8-7 客户端出入口函数　　　　　　　图 8-8 服务端出入口函数

参考 Doxygen 生成的调用关系图选择出口函数，提取出的功能函数如图 8-9 和图 8-10 所示。

```
该出口函数对应的功能函数为：
phase_1_hello
phase_3_challenge
```

```
该出口函数对应的功能函数为：
init_and_send_challenge
send_authentication_result
send_protocol_mismatch_message
send_timeout_message
```

图 8-9 客户端功能函数　　　　　　　图 8-10 服务端功能函数

从图 8-9 和图 8-10 中可以看到，客户端中进行交互的功能函数有 2 个，服务端中则存在 4 个，而根据设计方案可知，客户端和服务端进行交互的次数都是两次。由于这些函数之间是互斥的，不会同时进行交互，并且两个实体之间的交互必然存在对应的关系，因此从代码中可以得到客户端和服务端之间的交互次数应该都是两次，而服务端中出现的多余的功能函数应该是执行异常处理的过程。

下面对两端功能函数之间的顺序关系进行分析。客户端中 phase_3_challenge 通过 match_command 间接被 main 调用，而 phase_1_hello 直接被 main 调用，可以在 main 函数中通过找 match_command 和 phase_1_hello 之间的顺序来确定 phase_3_challenge 和 phase_1_hello 之间的运行顺序。服务端中的行为都是直接被 authentication_handshake 调用的，可以直接进入这个函数进行功能函数之间的顺序查找。查找的结果如图 8-11 和图 8-12 所示。

```
38:phase_1_hello
45:while-45
68:match_command
74:while_end-45
```

图 8-11 客户端顺序分析

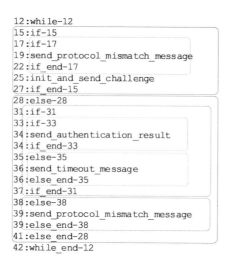

```
12:while-12
15:if-15
17:if-17
19:send_protocol_mismatch_message
22:if_end-17
25:init_and_send_challenge
27:if_end-15
28:else-28
31:if-31
33:if-33
34:send_authentication_result
34:if_end-33
35:else-35
36:send_timeout_message
36:else_end-35
37:if_end-31
38:else-38
39:send_protocol_mismatch_message
39:else_end-38
41:else_end-28
42:while_end-12
```

图 8-12   服务端顺序分析

从图 8-11 中可以看到，调用功能函数 phase_3_challenge 的 match_command 函数处于一个循环中，而功能函数 phase_1_hello 在这个循环之前被运行。由此可以判断，phase_1_hello 在 match_command 之前被运行，即 phase_1_hello 在 phase_3_challenge 之前运行。

从图 8-12 中可以看到，服务端的函数都在一个循环中，send_authentication_result 和 send_timeout_message 分别处于一个 if 和一个 else 中。由于这两个 if 和 else 行数相邻且都包含在一个 if 内部并处于同一层，所以可以判断 send_authentication_result 和 send_timeout_message 之间是并列的关系。而第二个 send_protocol_mismatch_message 又和上面的两个函数并列，以及这三个函数都和 init_and_send_challenge 并列，所以这几个函数之间都存在并列关系，它们并不会同时出现。

由于客户端是整个会话的发起方，所以服务端应该是根据客户端所发送来的消息选择性地执行某个函数来回复的。此时暂时不考虑异常处理的情况，在正常运行时，客户端先运行 phase_1_hello 再运行 phase_3_challenge，基于开源代码良好的可读性，服务端正常的情况下是先运行 init_and_send_challenge 再运行 send_authentication_result。但是，在没有看代码的情况下，也有可能会出现先运行 send_authentication_result 再运行 init_and_send_challenge 的情况，至于是否真的会出现这种情况，以及考虑运用另外两个功能函数进行异常处理的情况，可以之后再针对代码做具体的分析。

如果使用测试的方法来检验一致性，那么仅根据方案设计测试用例，当输入正常的数据发起会话时，通过输出只能得知代码确实能够完成正常的认证过程，而不能发现代码中还存在着异常处理方面的内容。该验证方案所检验的路径显然更加完备。

在 CHAP 代码中，参与的两个实体为客户端和服务端，整个流程开始的实体为客户端，客户端和服务端可能运行的功能函数之间的顺序以及交互的对象通过之前的分析已经得到，将这些代码依次输入得到的交互流程如图 8-13 所示。

```
参与的实体个数:2
第1个实体名称为

client
第1个实体发送的消息分别为

phase_1_hello phase_3_challenge
第1个实体发送的对象分别为

server server
第2个实体名称为

server
第2个实体发送的消息分别为

init_and_send_challenge send_authentication_result
第2个实体发送的对象分别为

client client

第一个运行的实体为: client
client --> server : phase_1_hello
server --> client : init_and_send_challenge
client --> server : phase_3_challenge
server --> client : send_authentication_result
```

图 8-13 功能函数交互流程

由于协议的设计方面一般只体现出正常进行的交互流程，而不考虑异常处理的情况，并且异常处理的情况是无法完成认证的，并不会对认证的安全性产生影响，因此只对功能函数间可能的运行顺序和正常的交互过程进行比较。从生成的交互流程可以看到，代码中功能函数之间的交互确实可以与设计方案中的正常交互流程相对应。

下面对函数调用图中每个功能函数的调用关系和代码中调用的内置函数进行分析，各个功能函数的调用关系以及涉及的一些参数都可以在 Doxygen 的 HTML 文件中得到。通过分析可知，phase_1_hello 除了调用发送函数外没有再调用其他的函数，其功能与第一步客户端发起认证保持一致。init_and_send_challenge 也没有调用额外的函数完成某些操作，其功能只是生成了随机数，可以与服务端部分生成随机数并发送的部分达成一致。客户端的 phase_3_challenge 功能函数和服务端的 send_authentication_result 功能函数除了调用了发送函数之外，还都调用了 sha256 函数进行摘要值的计算，都和方案中所描述的需要满足的功能一致。因此，该 CHAP 协议的客户端和服务端实现代码通过了与设计方案的一致性检验。

代码和设计方案一致性方面的分析包括提取客户端和服务端的出入口函数及功能函数，分析客户端和服务端功能函数之间的顺序关系，以及生成交互流程这几个部分。首先运用 Doxygen 工具生成 HTML 和 XML 文件，客户端部分大概需要 18 秒，服务端部分大概需要 13 秒。每个头文件和源文件都会生成一个对应的 XML 文件，客户端代码和服务端代码还会各自生成一个 index.xml 文件保存其他 XML 文件的信息。之后利用生成的文件分析部分运行所需要的时间和内存的占用情况，如图 8-14～图 8-19 所示。

验证分析的运行时间和内存占用情况不包括在命令行中进行输入的部分。运行时间不仅包括当前进程的系统和用户 CPU 时间，还包括等待时间等，是总的消耗时间。内存占用不仅包括进程专有的还包括它与其他进程共享的。为了减小误差，所有数据都是通过测量

10 组数据求平均值得到的。

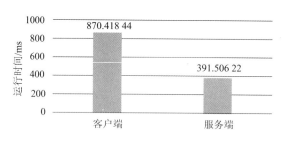

图 8-14 函数提取部分运行时间

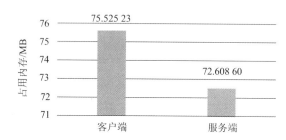

图 8-15 函数提取部分内存占用

从图 8-16 和图 8-17 中可以看到,由于客户端代码函数调用图的深度大于服务端代码函数调用图的深度,并且客户端生成的 XML 文件总大小也大于服务端的文件总大小,因此虽然客户端的代码量只略大于服务端代码量,但是在使用层序遍历对客户端代码进行功能函数的提取时所消耗的时间和内存都远大于服务端的。

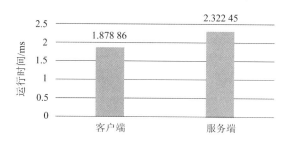

图 8-16 顺序分析部分运行时间

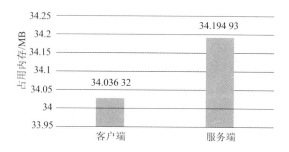

图 8-17 顺序分析部分内存占用

在对代码进行顺序分析部分,由于服务端的代码分支结构要比客户端更加复杂,所需要查找的功能函数也更多,因此服务端进行顺序分析时消耗的时间和内存都略大于客户端。

　　对于生成交互流程的部分，可以选择两个实体进行交互，每个实体交互次数改变和每个实体仅交互一次但是实体个数改变两种情况来分析其性能。从图 8 - 18 和图 8 - 19 中可以看到，随着交互次数和实体个数的增加，生成交互流程所消耗的时间和内存总体上都呈线性上升，并且在总的交互次数一致的情况下，两种情况的时间消耗相差不大，但实体个数增加对内存的消耗会更大。

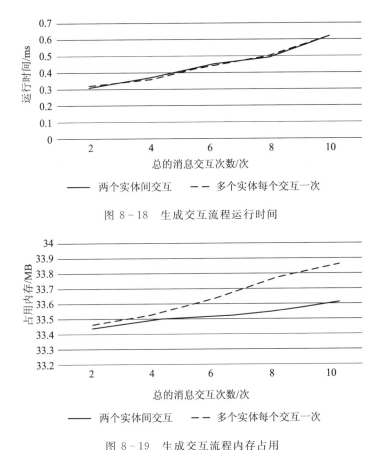

图 8 - 18　生成交互流程运行时间

图 8 - 19　生成交互流程内存占用

本 章 小 结

　　本章以 CHAP 协议为例，运用所提出的方案对设计层面安全性的检查方式进行了展示，并对 CHAP 协议实现代码和设计方案之间的一致性进行了验证，体现了所使用的一致性验证方案的可行性，并且该方案能够发现测试时可能忽略的路径。最后，分别对设计层面和代码层面的验证方案进行了性能分析，查看了使用 Tamarin 进行分析时建立模型的复杂程度，统计了用 Doxygen 和 Python 对代码进行自动化建模时的运行时间和内存占用情况。Tamarin 中模型的复杂程度对运行时间和 CPU 的占用有较大影响，而一致性验证上代码的复杂程度，尤其是函数调用的深度以及进行交互的实体个数，也对运行时间和内存占用情况产生一定影响，但总体而言消耗并不是非常大。

参 考 文 献

[1] 王湘浩，管纪文. 离散数学[M]. 北京：高等教育出版社，1983.

[2] 方世昌. 离散数学[M]. 西安：西安电子科技大学出版社，1985.

[3] 方世昌. 离散数学[M]. 3 版. 西安：西安电子科技大学出版社，2009.

[4] 徐洁磐，惠永涛，宋方敏. 离散数学及其在计算机中的应用[M]. 北京：人民邮电出版社，1997.

[5] 陈莉，刘晓霞. 离散数学[M]. 北京：高等教育出版社，2010.

[6] 吴明芬. 离散数学及其应用[M]. 北京：清华大学出版社，2020.

[7] 栾尚敏，文小艳，谭立云. 离散数学及其应用[M]. 北京：清华大学出版社，2021.

[8] 范九伦，张雪锋，刘宏月. 密码学基础[M]. 西安：西安电子科技大学出版社，2008.

[9] 杨晓元. 现代密码学[M]. 西安：西安电子科技大学出版社，2009.

[10] 张广泉. 形式化方法导论[M]. 北京：清华大学出版社，2015.

[11] 王亚弟，束妮娜，韩继红，等. 密码协议形式化分析[M]. 北京：机械工业出版社，2006.

[12] 袁崇义. Petri 网原理与应用[M]. 北京：电子工业出版社，2005.

[13] 肖美华. 安全协议形式化分析与验证[M]. 北京：科学出版社，2019.

[14] 谷利泽，郑世慧，杨义先. 现代密码学教程[M]. 2 版. 北京：北京邮电大学出版社，2015.

[15] 任伟，许瑞，宋军. 现代密码学[M]. 北京：机械工业出版社，2020.

[16] PELEDD. 软件可靠性方法[M]. 王林章，卜磊，陈鑫，等，译. 北京：机械工业出版社，2012.

[17] MICHAEL H，RYAN M. 面向计算机科学的数理逻辑：系统建模与推理[M]. 何伟，樊磊，译. 北京：机械工业出版社，2007.

[18] 李震. 软件安全性需求形式化建模和验证[M]. 镇江：江苏大学出版社，2019.

[19] 陆汝钤. 计算系统的形式语义（上、下册）[M]. 北京：清华大学出版社，2017.

[20] 顾永跟，傅育熙. 基于进程演算和知识推理的安全协议形式化分析[J]. 计算机研究与发展，2006，(5)：953 – 958.

[21] 王戟，李宣东. 形式化方法与工具专刊[J]. 软件学报，2011，22(6)：1121 – 1122.

[22] 王全来. 密码协议的形式化分析方法研究[D]. 郑州：解放军信息工程大学，2009.

[23] 谢鸿波. 安全协议形式化分析方法的关键技术研究[D]. 成都：电子科技大学，2011.

[24] 田建波. 认证协议的分析设计[D]. 西安：西安电子科技大学，1998.

[25] 钱勇. 认证协议设计与分析方法的研究[D]. 上海：上海交通大学，2001.

[26] 杨世平. 安全协议及其 BAN 逻辑分析研究[D]. 贵州：贵州大学，2007.

[27] 梅翀. 基于 Petri 网的安全协议分析与检测方法的研究[D]. 贵州：贵州大学，2008.

[28] CCF 形式化方法专业委员会，形式化方法的研究进展与趋势，2017—2018 中国计算机科学技术发展报告[R]. 北京：机械工业出版社，2018：1 – 68.

[29] PNUELI A，LIN H. Logic and Software Engineering[M]. Singapore：World Scientific，1996.

[30] HOARE C A R. Communicating sequential processes[M]. Englewood Cliffs：Prentice-hall，1985.

[31] BEATRICE，BERARD，et al. Systems and Software Verification[M]. Berlin：Springer-Verlag，1999.

[32] FRANCEZ N. Program Verification[M]. New Jersey：Addison-Wesley Publishing Company，1992.

[33] SYVERSON P F，Van OORSCHOT P C. On unifying some cryptographic protocol logics[C]//

Proceedings of 1994 IEEE Computer Society Symposium on Research in Security and Privacy, Oakland, 1994: 14 - 28.

[34] ABADI M, GORDON A D. A calculus for cryptographic protocols: thespi calculus[C]//Proceedings of the 4th ACM Conference on Computer and Communications Security, Zurich, 1997: 36 - 47.

[35] BOYD C, MAO W. On a limitation of BAN logic[C]//Workshop on the Theory and Application of Cryptographic Techniques. Berlin, Heidelberg: Springer Berlin Heidelberg, 1993: 240 - 247.

[36] WEDEL G, KESSLER V. Formal semantics for authentication logics[C]//Computer Security-ESORICS 96: 4th European Symposium on Research in Computer Security Rome, Italy, September 25 - 27, 1996 Proceedings 4. Springer Berlin Heidelberg, 1996: 219 - 241.

[37] EDRIS E K K, AIASH M, LOO J K K. Formal verification and analysis of primary authentication based on 5G-AKA protocol[C]//2020 Seventh International Conference on Software Defined Systems (SDS), Paris, 2020: 256 - 261.

[38] MEIER S, SCHMIDT B, CREMERS C, et al. The TAMARIN prover for the symbolic analysis of security protocols[C]//Computer Aided Verification: 25th International Conference, CAV 2013, Saint Petersburg, Russia, July 13 - 19, 2013. Proceedings 25. Springer Berlin Heidelberg, 2013: 696 - 701.

[39] BASIN D, DREIER J, HIRSCHI L, et al. A formal analysis of 5G authentication[C]//Proceedings of the 2018 ACM SIGSAC conference on computer and communications security, Toronto, 2018: 1383 - 1396.

[40] MEIER S, SCHMIDT B, CREMERS C, et al. The TAMARIN prover for the symbolic analysis of security protocols [C]//Computer Aided Verification: 25th International Conference, Saint Petersburg, 2013. Proceedings 25. Springer Berlin Heidelberg, 2013: 696 - 701.

[41] SCHMIDT B, SASSE R, CREMERS C, et al. Automated verification of group key agreement protocols[C]//2014 IEEE Symposium on Security and Privacy, San Jose, 2014: 179 - 194.

[42] HOLEV C A R. Communicating sequential processes[J]. Communications of the ACM, 1978, 21 (8): 666 - 677.

[43] MURATA T. Petri nets: Properties, analysis and applications[J]. Proceedings of the IEEE, 1989, 77(4): 541 - 580.

[44] DOLEV D, YAO A. On the security of public key protocols[J]. IEEE Transactions on information theory, 1983, 29(2): 198 - 208.

[45] BOUMEZBEUR R, LOGRIPPO L. Specifying telephone systems in LOTOS[J]. IEEE Communications Magazine, 1993, 31(8): 38 - 45.

[46] BURROWS M, ABADI M, NEEDHAM R. A logic of authentication[J]. ACM Transactions on Computer Systems (TOCS), 1990, 8(1): 18 - 36.

[47] SCHNEIDER S. Verifying authentication protocols in CSP[J]. IEEE Transactions on software engineering, 1998, 24(9): 741 - 758.

[48] BEHRMANN G, DAVID A, LARSEN K G. A tutorial on UPPAAL[J]. Formal methods for the design of real-time systems, 2004: 200 - 236.

[49] BEHRMANN G, DAVID A, LARSEN K G, et al. Formal methods for the design of real-time systems[J]. Lecture Notes in Computer Science, 2004, 3185: 200 - 236.

［50］ GORRIERI R. Labeled transition systems［J］. Process Algebras for Petri Nets：the Alphabetization of Distributed Systems，2017：15－34.

［51］ KULIK T，DONGOL B，LARSEN P G，et al. A survey of practical formal methods for security ［J］. Formal aspects of computing，2022，34(1)：1－39.

［52］ BLANCHET B. Modeling and verifying security protocols with the applied pi calculus and ProVerif ［J］. Foundations and Trends® in Privacy and Security，2016，1(1－2)：1－135.

［53］ JAMROGA W，KIM Y，KURPIEWSKI D，et al. Model checkers are cool：how to model check voting protocols in Uppaal［J］. arXiv preprint arXiv：2007.12412，2020.